O ERRO DE DES

ANTÓNIO R. DAMÁSIO

O ERRO DE DESCARTES
Emoção, razão e o cérebro humano

Tradução:
DORA VICENTE
GEORGINA SEGURADO

5ª reimpressão

COMPANHIA DAS LETRAS

Título original:
Descartes' error
Emotion, reason and the human brain

Revisão da edição portuguesa:
António Branco

Capa:
Ettore Bottini

Preparação:
Pedro Maia Soares
Cecília Ramos

Revisão:
Carmen S. da Costa
Ana Maria Barbosa

Dados Internacionais de Catalogação na Publicação (CIP)
(Câmara Brasileira do Livro, SP, Brasil)

Damásio, António R.
    O erro de Descartes : emoção, razão e o cérebro hu-
mano / António R. Damásio ; tradução portuguesa Dora
Vicente e Georgina Segurado. — São Paulo: Companhia
das Letras, 1996.

    Título original: Descartes'error: emotion, reason and
the human brain.
    ISBN — 85-7164-530-2

    1. Emoção — Aspectos fisiológicos 2. Neuropsicolo-
gia 3. Razão — Aspectos fisiológicos I. Título.

96-0531   CDD-153.43

    Índices para catálogo sistemático:
1. Emoção e razão : Psicologia 153.43
2. Razão e emoção : Psicologia 153.43

2000

Todos os direitos desta edição reservados à
EDITORA SCHWARCZ LTDA.
Rua Bandeira Paulista, 702, cj. 32
04532-002 — São Paulo — SP
Telefone: (11) 3846-0801
Fax: (11) 3846-0814
e-mail: editora@companhiadasletras.com.br

Para Hanna

ÍNDICE

PARTE 2

PARTE 3

INTRODUÇÃO

Ainda que não possa afirmar ao certo o que despertou o meu interesse pelos fundamentos neurais da razão, recordo-me claramente de quando me convenci de que a perspectiva tradicional sobre a natureza da racionalidade não poderia estar correta. Fui advertido, desde muito cedo, de que decisões sensatas provêm de uma cabeça fria e de que emoções e razão se misturam tanto quanto a água e o azeite. Cresci habituado a aceitar que os mecanismos da razão existiam numa região separada da mente onde as emoções não estavam autorizadas a penetrar e, quando pensava no cérebro subjacente a essa mente, assumia a existência de sistemas neurológicos diferentes para a razão e para a emoção. Essa era então uma perspectiva largamente difundida acerca da relação entre razão e emoção, tanto em termos mentais como em termos neurológicos.

Tinha agora, porém, diante de mim, o ser inteligente mais frio e menos emotivo que se poderia imaginar e, apesar disso, o seu raciocínio prático encontrava-se tão prejudicado que produzia, nas andanças da vida cotidiana, erros sucessivos numa contínua violação do que o leitor e eu consideraríamos ser socialmente adequado e pessoalmente vantajoso. Ele tivera uma mente completamente saudável até ser afetado por uma doença neurológica que danificou um setor específico do seu cérebro, originando, de um dia para o outro, essa profunda deficiência na sua capacidade de decisão. Os instrumentos habitualmente considerados necessários e suficientes para um comportamento racional encontravam-se intatos. Ele possuía o conhecimento, a atenção e a memória indispensáveis para tal; a sua linguagem era impecável; conseguia executar cálculos; lidar com a lógica de um problema abstrato. Apenas um outro defeito se aliava à sua deficiência de decisão: uma pronunciada alteração da capacidade de sentir emoções. Razão embotada e sentimentos deficientes surgiam a par, como conseqüências de uma lesão cerebral específica, e essa correlação foi para mim bastante sugestiva de que a emoção era um componente integral da maquinaria da razão. Duas décadas de trabalho clínico e experimental com muitos doentes neurológicos permitiram-me repetir inúmeras vezes essa observação e transformar uma pista numa hipótese testável.[1]

Comecei a escrever este livro com o intuito de propor que a razão pode não ser tão pura quanto a maioria de nós pensa que é ou desejaria que fosse, e que as emoções e os sentimentos podem não ser de todo uns intrusos no bastião da razão, podendo encontrar-se, pelo contrário, enredados nas suas teias, para o melhor e para o pior. É provável que as estratégias da razão humana não se tenham desenvolvido, quer em termos evolutivos, quer em termos de cada indivíduo particular, sem a força orientadora dos mecanismos de regulação biológica, dos quais a emoção e o sentimento são expressões notáveis. Além disso, mesmo depois de as estratégias de raciocínio se estabelecerem durante os anos de maturação, a atualização efetiva das suas potencialidades depende provavelmente, em larga medida, de um exercício continuado da capacidade para sentir emoções.

Não se pretende negar com isso que as emoções e os sentimentos podem provocar distúrbios destrutivos nos processos de raciocínio em determinadas circunstâncias. O bom senso tradicional ensinou-nos que isso acontece na realidade, e investigações recentes sobre o processo normal de raciocínio têm igualmente colocado em evidência a influência potencialmente prejudicial das emoções. É, por isso, ainda mais surpreendente e inédito que a *ausência* de emoções não seja menos incapacitadora nem menos suscetível de comprometer a racionalidade que nos torna distintamente humanos e nos permite decidir em conformidade com um sentido de futuro pessoal, convenção social e princípio moral.

Tampouco se pretende afirmar que, quando têm uma ação positiva, as emoções tomam as decisões por nós ou que não somos seres racionais. Limito-me a sugerir que certos aspectos do processo da emoção e do sentimento são indispensáveis para a racionalidade. No que têm de melhor, os sentimentos encaminham-nos na direção correta, levam-nos para o lugar apropriado do espaço de tomada de decisão onde podemos tirar partido dos instrumentos da lógica. Somos confrontados com a incerteza quando temos de fazer um juízo moral, decidir o rumo de uma relação pessoal, escolher meios que impeçam a nossa pobreza na velhice ou planejar a vida que se nos apresenta pela frente. As emoções e os sentimentos, juntamente com a oculta maquinaria fisiológica que lhes está subjacente, auxiliam-nos na assustadora tarefa de fazer previsões relativamente a um futuro incerto e planejar as nossas ações de acordo com essas previsões.

Começarei o livro com a análise do caso de Phineas Gage, que foi marcante no século XIX e em que, pela primeira vez, se tornou evidente uma ligação entre uma lesão cerebral específica e uma limitação da racionalidade, para em seguida examinar investigações recentes sobre os modernos companheiros de infortúnio de Gage e passar em revista descobertas neuropsicológicas pertinentes em seres humanos e em animais. Sugerirei ainda que a razão humana depende não de um único centro cerebral, mas de vários sistemas cerebrais que funcionam de forma concertada ao longo de muitos níveis de organização neuronal. Tanto as regiões cerebrais de "alto nível" como as de "baixo nível", desde os córtices pré-frontais até o hipotálamo e o tronco cerebral, cooperam umas com as outras na feitura da razão.

Os níveis mais baixos do edifício neurológico da razão são os mesmos que regulam o processamento das emoções e dos sentimentos e ainda as funções do corpo necessárias para a sobrevivência do organismo. Por sua vez, esses níveis mais baixos mantêm relações diretas e mútuas com praticamente todos os órgãos do corpo, colocando-o assim diretamente na cadeia de operações que dá origem aos desempenhos de mais alto nível da razão, da tomada de decisão e, por extensão, do comportamento social e da capacidade criadora. Todos esses aspectos, emoção, sentimento e regulação biológica, desempenham um papel na razão humana. As ordens de nível inferior do nosso organismo fazem parte do mesmo circuito que assegura o nível superior da razão.

É fascinante encontrar a sombra do nosso passado evolutivo no nível mais distintivamente humano da atividade mental, embora Charles Darwin já tivesse antevisto o essencial dessa descoberta ao escrever sobre a marca indelével das origens humildes que os seres humanos exibem na sua estrutura corporal.[2] Contudo, a dependência da razão superior relativamente ao cérebro de nível inferior não a transforma em razão inferior. O fato de agir de acordo com um dado princípio ético requerer a participação de circuitos modestos no cerne do cérebro não empobrece esse princípio ético. O edifício da ética não desaba, a moralidade não está ameaçada e, num indivíduo normal, a vontade continua a ser vontade. O que pode mudar é a nossa perspectiva acerca da maneira como a biologia tem contribuído para a origem de certos princípios éticos que emergem num determinado contexto social, quando muitos indivíduos com uma propensão biológica semelhante interagem em determinadas circunstâncias.

A emoção é o segundo tema central deste livro, um tema para o qual fui arrastado não por escolha antecipada, mas pela necessidade, ao procurar entender a maquinaria cognitiva e neurológica subjacente à razão e à tomada de decisões. Por isso, uma segunda idéia presente no livro é a de que a essência de um sentimento (o processo de viver uma emoção) não é uma qualidade mental ilusória associada a um objeto, mas sim a percepção direta de uma paisagem específica: a paisagem do corpo.

A minha investigação de doentes neurológicos em que a experiência dos sentimentos se encontrava diminuída por lesões cerebrais levou-me a pensar que os sentimentos não são tão intangíveis quanto se supunha. Pode-se circunscrevê-los em termos mentais, e talvez encontrar também o seu substrato neurológico. Desvio-me do pensamento neurobiológico atual ao propor que os sistemas, de que as emoções e os sentimentos dependem de forma crítica, incluem não só o sistema límbico, uma idéia tradicional, mas também alguns dos córtices pré-frontais do cérebro e, de forma mais importante, os setores cerebrais que recebem e integram os sinais enviados pelo corpo.

Concebo a essência das emoções e sentimentos como algo que podemos ver através de uma janela que abre diretamente para uma imagem continuamente atualizada da estrutura e do estado do nosso corpo. Se imaginarmos a vista dessa janela como uma paisagem, a "estrutura" do corpo é o análogo das formas dos objetos espacialmente dispostos, enquanto o "estado" do corpo se assemelha à luz, às sombras, ao movimento e ao som dos objetos nesse espaço. Na paisagem do seu corpo, os objetos são as vísceras (coração, pulmões, intestinos, músculos), enquanto a luz e a sombra, o movimento e o som representam um ponto na gama de operações possíveis desses órgãos num determinado momento. Em termos simples mas sugestivos, o sentimento é a "vista" momentânea de uma parte dessa paisagem corporal. Tem um conteúdo específico — o estado do corpo — e possui sistemas neurais específicos que o suportam — o sistema nervoso periférico e as regiões cerebrais que integram sinais relacionados com a estrutura e a regulação corporal. Dado que o sentir dessa paisagem corporal é temporalmente justaposto à percepção ou recordação de algo que não faz parte do corpo — um rosto, uma melodia, um aroma —, os sentimentos acabam por se tornar "qualificadores" dessa coisa que é percebida ou recordada. Mas há algo mais num sentimento do que essa essência. Como irei explicar, o estado do corpo que é qualificador, quer seja positivo ou negativo, é acompanhado e completado por um correspondente modo de pensamento: de alteração rápida e rico em idéias quando o estado do corpo está na faixa positiva e agradável do espectro, e de alteração lenta e repetitivo quando o estado do corpo se inclina em direção à faixa dolorosa.

Nessa perspectiva, emoções e sentimentos são os sensores para o encontro, ou falta dele, entre a natureza e as circunstâncias. E por natureza refiro-me tanto à natureza que herdamos enquanto conjunto de adaptações geneticamente estabelecidas, como à natureza que adquirimos por via do desenvolvimento individual através de interações com o nosso ambiente social, quer de forma consciente e voluntária, quer de forma inconsciente e involuntária. Os sentimentos, juntamente com as emoções que os originam, não são um luxo. Servem de guias internos e ajudam-nos a comunicar aos outros sinais que também os podem guiar. E os sentimentos não são nem intangíveis nem ilusórios. Ao contrário da opinião científica tradicional, são precisamente tão cognitivos como qualquer outra percepção. São o resultado de uma curiosa organização fisiológica que transformou o cérebro no público cativo das atividades teatrais do corpo.

Os sentimentos permitem-nos entrever o organismo em plena agitação biológica, vislumbrar alguns mecanismos da própria vida no desempenho das suas tarefas. Se não fosse a possibilidade de sentir os estados do corpo, que estão inerentemente destinados a ser dolorosos ou aprazíveis, não haveria sofrimento ou felicidade, desejo ou misericórdia, tragédia ou glória na condição humana.

À primeira vista, o conceito de espírito humano proposto aqui pode não ser intuitivo ou reconfortante. Na tentativa de trazer à luz do dia os fenômenos complexos da mente humana, corremos sempre o risco de os degradar ou destruir. Porém, isso só acontecerá se confundirmos o próprio fenômeno com os diferentes componentes e operações que podem estar por detrás da sua manifestação. Não é isso que aqui proponho.

Descobrir que um certo sentimento depende da atividade num determinado número de sistemas cerebrais específicos em interação com uma série de órgãos corporais não diminui o estatuto desse sentimento enquanto fenômeno humano. Tampouco a angústia ou a sublimidade que o amor ou a arte podem proporcionar são desvalorizadas pela compreensão de alguns dos diversos processos biológicos que fazem desses sentimentos o que eles são. Passa-se precisamente o inverso: o nosso maravilhamento aumenta perante os intricados mecanismos que tornam tal magia possível. A emoção e os sentimentos constituem a base daquilo que os seres humanos têm descrito há milênios como alma ou espírito humano.

Este livro compreende ainda um terceiro tema relacionado com os anteriores: a perspectiva de que o corpo, tal como é representado no cérebro, pode constituir o quadro de referência indispensável para os processos neurais que experienciamos como sendo a mente. O nosso próprio organismo, e não uma realidade externa absoluta, é utilizado como referência de base para as interpretações que fazemos do mundo que nos rodeia e para a construção do permanente sentido de subjetividade que é parte essencial de nossas experiências. De acordo com essa perspectiva, os nossos mais refinados pensamentos e as nossas melhores ações, as nossas maiores alegrias e as nossas mais profundas mágoas usam o corpo como instrumento de aferição.

Por mais surpreendente que pareça, a mente existe dentro de um organismo integrado e para ele; as nossas mentes não seriam o que são se não existisse uma interação entre o corpo e o cérebro durante o processo evolutivo, o desenvolvimento individual e no momento atual. A mente teve primeiro de se ocupar do corpo, ou nunca teria existido. De acordo com a referência de base que o corpo constantemente lhe fornece, a mente pode então ocupar-se de muitas outras coisas, reais e imaginárias.

Essa idéia encontra-se ancorada nas seguintes afirmações: 1) o cérebro humano e o resto do corpo constituem um organismo indissociável, formando um conjunto integrado por meio de circuitos reguladores bioquímicos e neurológicos mutuamente interativos (incluindo componentes endócrinos, imunológicos e neurais autônomos); 2) o organismo interage com o ambiente como um conjunto: a interação não é nem exclusivamente do corpo nem do cérebro; 3) as operações fisiológicas que denominamos por mente derivam desse conjunto estrutural e funcional e não apenas do cérebro: os fenômenos mentais só podem ser cabalmente compreendidos no contexto de um organismo em interação com o ambiente que o rodeia. O fato de o ambiente ser, em parte, um produto da atividade do próprio organismo apenas coloca ainda mais em destaque a complexidade das interações que devemos ter em conta.

Não é habitual falar de organismos quando se fala sobre cérebro e mente. Tem sido tão óbvio que a mente surge da atividade dos neurônios que apenas se fala desses como se o seu funcionamento pudesse ser independente do funcionamento do resto do organismo. Mas, à medida que fui investigando perturbações da memória, da linguagem e do raciocínio em diferentes seres humanos com lesões cerebrais, a idéia de que a atividade mental, dos seus aspectos mais simples aos mais sublimes, requer um cérebro e um corpo propriamente dito tornou-se notoriamente inescapável. Em relação ao cérebro, o corpo em sentido estrito não se limita a fornecer sustento e modulação: fornece, também, um tema básico para as representações cerebrais.

17

Existem fatos que apóiam essa idéia, razões pelas quais a idéia é plausível e razões pelas quais seria bom que as coisas fossem realmente assim. Entre essas últimas, em primeiro lugar está incluída a de que a proeminência do corpo aqui proposta pode esclarecer uma das mais incômodas questões que têm sido colocadas desde que os seres humanos começaram a interrogar-se sobre as suas mentes: como é que estamos conscientes do mundo que nos rodeia, como é que sabemos o que sabemos e como é que sabemos que sabemos?

Na perspectiva da hipótese exposta acima, o amor, o ódio e a angústia, as qualidades de bondade e crueldade, a solução planificada de um problema científico ou a criação de um novo artefato, todos eles têm por base os acontecimentos neurais que ocorrem dentro de um cérebro, desde que esse cérebro tenha estado e esteja nesse momento interagindo com o seu corpo. A alma respira através do corpo, e o sofrimento, quer comece no corpo ou numa imagem mental, acontece na carne.

Escrevi este livro como a minha versão de uma conversa com um amigo imaginário, curioso, inteligente e sensato, que sabia pouco acerca de neurociência, mas muito acerca da vida. Fizemos um acordo: a conversa tinha de ter benefícios mútuos. Para o meu amigo, esses benefícios consistiam em aprender coisas novas acerca do cérebro e daquelas misteriosas coisas mentais; para mim, consistia em esclarecer as minhas próprias idéias à medida que explicava a minha concepção do que são o corpo, o cérebro e a mente. Concordamos em que não transformaríamos essa conversa numa aula maçante, que não discordaríamos violentamente e que não tentaríamos abranger demasiado. Eu falaria sobre fatos estabelecidos, fatos não confirmados e hipóteses, mesmo quando não encontrasse nada para as sustentar a não ser bom senso e intuições. Falaria sobre trabalhos em progresso, sobre vários projetos de investigação então decorrentes e sobre trabalhos que só seriam iniciados muito tempo depois de a conversa terminar. Ficou também assente que, como convém a uma conversa, haveria desvios e diversões, assim como passagens que não seriam claras à primeira vista e que poderiam beneficiar-se de uma segunda visita. É por isso que regressarei, de quando em quando, a alguns tópicos para os abordar numa perspectiva diferente.

No início da conversa, tornei claro o meu ponto de vista sobre os limites da ciência: é com ceticismo que encaro a presunção da ciência relativamente à sua objetividade e ao seu caráter definitivo. Tenho dificuldade em aceitar que os resultados científicos, principalmente em neurobiologia, sejam algo mais do que aproximações provisórias para serem saboreadas por uns tempos e abandonadas logo que surjam melhores explicações. No entanto, o ceticismo relativo ao atual alcance da ciência, especialmente no que diz respeito à mente, não envolve menos entusiasmo na tentativa de melhorar as aproximações provisórias.

Talvez a complexidade da mente humana seja tal que a solução para o problema nunca possa vir a ser conhecida devido às nossas limitações intrínsecas. Talvez nem sequer devêssemos considerar que existe um problema e devêssemos, em vez disso, falar de um mistério, estabelecendo uma distinção entre as questões que podem ser adequadamente abordadas pela ciência e as que provavelmente nos iludirão sempre.[3] Mas, por mais que simpatize com aqueles que não conseguem imaginar como poderemos desvendar o mistério (os chamados "misterianos"[4]) e com aqueles que pensam que é possível resolvê-lo, mas que ficariam desapontados se a explicação tivesse por base qualquer coisa já conhecida, acredito, na maior parte do tempo, que acabaremos por resolvê-lo.

A esta altura, é provável que o leitor já tenha descoberto que essa conversa não se debruçou sobre Descartes nem sobre a filosofia, embora tenha sido por certo acerca da mente, do cérebro e do corpo. O meu amigo sugeriu que a conversa decorresse sob o signo de Descartes, visto não existir forma de tratar tais temas sem evocar a figura emblemática que moldou a abordagem mais difundida respeitante à relação mente-corpo. Foi nessa altura que me apercebi de que, de um modo curioso, o livro seria acerca do erro de Descartes. É natural que o leitor deseje saber qual foi esse erro, mas, de momento, nada direi. Prometo, no entanto, que tudo será revelado.

E só então começou a nossa conversa, com a estranha vida e época de Phineas Gage.

PARTE 1

1
CONSTERNAÇÃO EM VERMONT

PHINEAS P. GAGE

Corre o verão de 1848. Estamos na Nova Inglaterra. A vida de Phineas P. Gage, 25 anos de idade e capataz da construção civil, está prestes a sofrer uma reviravolta. Um século e meio mais tarde, a sua ruína ainda será rica em ensinamentos.

Gage trabalha para a Estrada de Ferro Rutland & Burlington e tem a seu cargo um grande número de homens, uma "brigada" cuja tarefa consiste em assentar os trilhos da ferrovia através de Vermont. Durante as duas últimas semanas, os homens têm avançado lentamente e a muito custo em direção à cidade de Cavendish, encontrando-se agora numa das margens do rio Negro. A empreitada está longe de ser fácil. O terreno é acidentado e com rochas aqui e além. Em vez de fazerem os trilhos contornar cada escarpa que encontram no trajeto, a estratégia consiste em explodir as rochas para abrir um caminho mais reto e nivelado. Gage coordena todas essas tarefas e está à altura de todas elas. Mede 1,70 metro, é atlético e os seus movimentos são decididos e precisos. Parece um Jimmy Cagney jovem — um *yankee doodle dandy* fazendo sapateado entre dormentes e trilhos —, movendo-se com vigor e graciosidade.

No entanto, aos olhos dos seus superiores, Gage não é apenas um outro par de braços. Definem-no como o homem "mais eficiente e capaz" que está ao seu serviço,[1] algo de verdadeiramente importante, pois o trabalho requer tanto destreza física quanto concentração apurada, em particular quando chega o momento de preparar as detonações. É preciso executar vários pas-

23

sos de forma metódica. Primeiro, é necessário fazer um buraco na rocha. Depois, encher o buraco até cerca de metade com pólvora, adicionar o rastilho e cobrir a pólvora com areia. A areia é então calcada com uma barra de ferro mediante uma cuidadosa seqüência de pancadas. Finalmente, o rastilho tem de ser acendido. Se tudo corre bem, a pólvora explode para dentro da rocha, e aqui a areia é essencial porque sem a sua proteção a explosão projeta-se para fora da rocha. A forma do ferro e o seu manuseamento também são importantes. Gage, que mandou fabricar uma barra de acordo com as suas próprias indicações, é um virtuose desse ofício.

E é agora que tudo se vai desenrolar. São 4h30 de uma tarde escaldante. Gage acabou de colocar a pólvora e o rastilho num buraco e disse ao homem que o estava ajudando para colocar a areia. Alguém atrás dele o chama e, por um breve instante, Gage olha para trás, por cima do ombro direito. Distraído, e antes de o seu ajudante introduzir a areia, Gage começa a calcar a pólvora diretamente com a barra de ferro. Num átimo, provoca uma faísca na rocha e a carga explosiva rebenta-lhe diretamente no rosto.[2]

A explosão é tão forte que toda a brigada está petrificada. São precisos alguns segundos para se aperceberem do que se passa. O estrondo não é normal e a rocha está intata. O som sibilante que se ouviu é também invulgar, como se se tratasse de um foguete lançado para o céu. Não é porém de fogo de artifício que se trata. É antes um ataque, e feroz. O ferro entra pela face esquerda de Gage, trespassa a base do crânio, atravessa a parte anterior do cérebro e sai a alta velocidade pelo topo da cabeça. Cai a mais de trinta metros de distância, envolto em sangue e cérebro. Phineas Gage foi jogado no chão. Está agora atordoado, silencioso, mas consciente. Tal como todos nós, espectadores impotentes.

"Acidente horrível" será a manchete dos jornais de Boston *Daily Courier* e *Daily Journal*, uma semana mais tarde, no dia 20 de setembro. "Acidente maravilhoso" será a estranha manchete do *Vermont Mercury* do dia 22 de setembro. "Passagem de uma barra de ferro através da cabeça" será a cabeçalho, num tom mais técnico, do *Boston Medical and Surgical Journal*. Diante da maneira trivial com que a história é descrita, poder-se-ia pensar que todos os escritores estavam familiarizados com os contos do bizarro e do horrível de Edgar Allan Poe. E talvez estivessem, embora não seja provável; os contos góticos de Poe ainda não são famosos, e o próprio Poe morrerá em breve, desconhecido e na miséria. Talvez o horror paire no ar.

Chamando a atenção para o fato de Gage não ter morrido instantaneamente e para a surpresa que isso causou, o artigo médico no jornal de Boston informa que, "imediatamente após a explosão, o doente foi projetado para trás"; que logo depois exibiu "alguns movimentos convulsivos nas extremidades" e "falou passado poucos minutos"; que "os seus homens (entre os quais era muito popular) o levaram em braços para a estrada, apenas a algumas varas de distância,* colocando-o num carro de bois, no qual ele viajou, firmemente sentado, cerca de um quilômetro até a estalagem do sr. Joseph Adams"; e que Gage "saiu sozinho do carro com uma pequena ajuda dos seus homens".

Permitam-me que apresente o sr. Adams. É o juiz de paz de Cavendish e o dono da estalagem e da taberna da cidade. É mais alto que Gage, tem o dobro da sua corpulência e é tão solícito quanto o seu aspecto de Falstaff sugere. Aproxima-se de Gage e pede imediatamente a alguém para chamar o dr. Harlow, um dos médicos da cidade. Enquanto esperam, imagino que diz: "Então, então, sr. Gage, que é que se passa aqui?". E por que não: "Ai, ai, em que apuros nos fomos meter"? Abana a cabeça, incrédulo, e conduz Gage para a sombra do alpendre da estalagem, que foi descrito como sendo uma *piazza*, o que o faz parecer enorme, espaçoso e aberto, mas não é enorme, nem espaçoso, nem aberto. É simplesmente um alpendre. E aí é possível que o sr. Adams esteja oferecendo ao nosso Gage uma limonada, ou talvez uma cidra fresca.

Passou já uma hora desde a explosão. O sol está declinando no céu e o calor é agora mais suportável. Um colega mais novo do dr. Harlow, o dr. Edward Williams, acaba de chegar. Anos mais tarde, o dr. Williams irá descrever a cena assim: "Nessa altura, ele estava sentado numa cadeira na *piazza* da estalagem do sr. Adams, em Cavendish. Quando parei a carruagem, ele disse: 'Doutor, tem aqui um trabalho que lhe vai dar o que fazer'. Re-

(*) Uma vara é equivalente a 5,03 metros. (N. T.)

parei logo na ferida existente na cabeça, antes mesmo de descer da minha carruagem, sendo as pulsações do cérebro claramente visíveis; a ferida tinha também um aspecto que, antes de eu ter examinado a cabeça, não consegui compreender de imediato: o topo da cabeça assemelhava-se, em certa medida, a um funil invertido; tal circunstância devia-se, descobri em seguida, ao fato de o osso estar fraturado em redor do orifício numa distância de cerca de cinco centímetros em todas as direções. Devia ter mencionado anteriormente que o orifício através do crânio e dos integumentos não andava longe dos quatro centímetros de diâmetro; as arestas desse orifício estavam reviradas e a totalidade da ferida apresentava-se como se um corpo cuneiforme tivesse passado de baixo para cima. O sr. Gage, durante o tempo em que estive a examinar o ferimento, ia descrevendo aos circunstantes o modo como tinha sido ferido; falava de uma forma tão racional e mostrava-se tão disposto a responder às perguntas que lhe faziam, que lhe coloquei diretamente as minhas questões, em vez de as dirigir aos homens que o acompanhavam na altura do acidente e que agora nos rodeavam. O sr. Gage relatou-me então algumas das circunstâncias, tal como a partir daí sempre as descreveu; e posso afirmar com segurança que nem nessa altura, nem em qualquer outra ocasião subseqüente, exceto numa, o deixei de considerar perfeitamente racional. A única ocasião à qual me refiro ocorreu cerca de quinze dias após o acidente, quando insistiu em me chamar John Kirwin; ainda assim, respondia corretamente a todas as minhas perguntas".[3]

A sobrevivência torna-se tanto mais surpreendente quanto se toma em consideração a forma e o peso da barra de ferro. Henry J. Bigelow, professor de cirurgia em Harvard, descreve-a assim: "O ferro que atravessou o crânio pesa cerca de seis quilos. Mede cerca de um metro de comprimento e tem aproximadamente três centímetros de diâmetro. A extremidade que penetrou primeiro é pontiaguda; o bico mede 21 centímetros de comprimento, tendo a sua ponta meio centímetro de diâmetro, são essas as circunstâncias às quais o doente deve provavelmente a sua vida. O ferro é único, tendo sido fabricado por um ferreiro da área para satisfazer as exigências do dono".[4] Gage toma a sério a sua profissão e as ferramentas que lhe são necessárias.

Sobreviver à explosão com uma tal ferida, ter sido capaz de falar, caminhar e permanecer coerente imediatamente após o acidente — tudo isso é deveras surpreendente. Mas igualmente surpreendente será também a sobrevivência à inevitável infecção que está prestes a desenvolver-se na ferida. O médico de Gage, John Harlow, está ciente da importância da desinfecção. Não pode contar com a ajuda de antibióticos, mas, utilizando os produtos químicos disponíveis, irá limpar a ferida, vigorosa e regularmente, e colocará o doente numa posição semideitada para proporcionar uma drenagem natural e fácil. Gage desenvolverá febres altas e pelo menos um abcesso, que Harlow prontamente removerá com o seu bisturi. No final, a juventude e a forte compleição de Gage ultrapassarão as probabilidades que se opõem à sua sobrevivência, assistidas, segundo a opinião de Harlow, pela intervenção divina. "Eu tratei-o, Deus curou-o."

Phineas Gage será dado como são em menos de dois meses. No entanto, esses resultados espantosos passam para segundo plano quando são comparados com a extraordinária modificação que a personalidade de Gage está prestes a sofrer. Sua disposição, seus gostos e aversões, seus sonhos e aspirações, tudo isso se irá modificar. O corpo de Gage pode estar vivo e são, mas tem um novo espírito a animá-lo.

GAGE DEIXOU DE SER GAGE

Podemos hoje em dia perceber exatamente o que aconteceu a partir do relato que o dr. Harlow elaborou vinte anos após o acidente.[5] Trata-se de um texto confiável que relata inúmeros fatos com um mínimo de interpretação. É um relato que faz sentido, tanto humana como neurologicamente, e a partir dele podemos compreender não só Gage, mas também seu médico. John Harlow tinha sido professor do ensino secundário antes de ingressar no Jefferson Medical College em Filadélfia e tinha iniciado sua carreira médica apenas alguns anos antes de tratar de Gage. Esse caso ocupou um lugar central na sua vida, e suspeito de que o levou a desejar ser acadêmico, fato que provavelmente não constava de seus planos quando chegou a Vermont para se estabelecer como médico. O sucesso do tratamento de Gage e a apre-

27

sentação dos resultados aos colegas de Boston devem ter constituído o auge de sua carreira. Deve ter ficado perturbado pelo fato de uma nuvem negra pairar sobre a cura de Gage.

A narrativa de Harlow descreve o modo como Gage recuperou suas forças e como seu restabelecimento físico foi completo. Gage podia tocar, ouvir, sentir, e nem os membros nem a língua estavam paralisados. Tinha perdido a visão do olho esquerdo, mas a do direito estava perfeita. Caminhava firmemente, utilizava as mãos com destreza e não tinha nenhuma dificuldade assinalável na fala ou na linguagem. No entanto, tal como Harlow relata, o "equilíbrio, por assim dizer, entre suas faculdades intelectuais e suas propensões animais fora destruído. As mudanças tornaram-se evidentes assim que amainou a fase crítica da lesão cerebral. Mostrava-se agora caprichoso, irreverente, usando por vezes a mais obscena das linguagens, o que não era anteriormente seu costume, manifestando pouca deferência para com os colegas, impaciente relativamente a restrições ou conselhos quando eles entravam em conflito com seus desejos, por vezes determinadamente obstinado, outras ainda caprichoso e vacilante, fazendo muitos planos para ações futuras que tão facilmente eram concebidos como abandonados... Sendo uma criança nas suas manifestações e capacidades intelectuais, possui as paixões animais de um homem maduro". Sua linguagem obscena era de tal forma degradante que as senhoras eram aconselhadas a não permanecer durante muito tempo na sua presença, para que ele não ferisse suas sensibilidades. As mais severas repreensões vindas do próprio Harlow falharam na tentativa de fazer que o nosso sobrevivente voltasse a ter um bom comportamento.

Esses novos traços de personalidade estavam em nítido contraste com os "hábitos moderados" e a "considerável energia de caráter" que Phineas Gage possuía antes do acidente. Tinha tido "uma mente bastante equilibrada e era considerado, por aqueles que o conheciam, um homem de negócios astuto e inteligente, muito enérgico e persistente na execução de todos os seus planos de ação". Não existe qualquer dúvida de que, no contexto do seu trabalho e da sua época, tinha sido bem-sucedido. Sofreu uma mudança tão radical que seus amigos e conhecidos dificilmente o reconheciam. Observavam entristecidos que "Gage já não era Gage". Era agora um homem tão diferente que os patrões tiveram de dispensá-lo pouco tempo depois de ter regressado ao trabalho, porque "consideravam a alteração de sua mente tão acentuada que não lhe podiam conceder seu antigo lugar". O problema não residia na falta de capacidade física ou competência, mas no seu novo caráter.

A derrocada continuou. Não sendo capaz de desempenhar as funções de capataz, Gage aceitou trabalhos em propriedades que se dedicavam à criação de cavalos. Acabaria por trabalhar em qualquer local, desistindo num acesso de capricho ou sendo dispensado por indisciplina. Como Harlow comenta, seu forte era "encontrar sempre algo que não lhe convinha". Foi então também que começou sua carreira como atração de circo. Gage exibiu-se no Museu de Barnum em Nova York, mostrando vangloriosamente a ferida e o ferro de calcar. (Harlow afirma que o ferro se tornou um companheiro constante, e salienta a forte ligação de Gage a objetos e animais, que era algo novo e fora do comum para Gage. Tenho observado essa característica, a que chamo "comportamento de colecionador", em doentes que sofreram ferimentos semelhantes ao de Gage e em indivíduos autistas.)

Nessa época, ainda mais do que agora, o circo vivia à custa da crueldade da natureza. A variedade endócrina incluía anões, a mulher mais gorda na face da Terra, o homem mais alto, o indivíduo com o maior queixo; a variedade neurológica incluía jovens com pele de elefante, vítimas de neurofibromatose — e, agora, Gage. É possível imaginá-lo nessa companhia felliniana, transmutando miséria em ouro.

Quatro anos depois do acidente, assistimos a outro golpe de teatro: Phineas Gage parte para a América do Sul. Trabalhou em cutelarias e foi cocheiro de diligências em Santiago e Valparaiso. Pouco se sabe sobre sua vida de expatriado, exceto no que diz respeito a sua saúde, que se deteriorou por volta de 1859.

Em 1860, Gage regressou aos Estados Unidos para viver com a mãe e a irmã, que se tinham mudado para San Francisco. De início, empregou-se numa fazenda em Santa Clara, mas não ficava por muito tempo no mesmo lugar, arranjando trabalho ocasional como operário na área da baía. É evidente que não era uma pessoa independente e que continuava a não ter o tipo de emprego estável e recompensador que tivera outrora. O fim da derrocada estava para aproximar-se.

Tenho uma imagem da cidade de San Francisco dessa época como sendo um local fervilhante, cheio de aventureiros empreendedores envolvidos na exploração de minas, da agricultura ou da marinha mercante. É nessa cidade que podemos encontrar a mãe de Gage e sua irmã, que era casada com um próspero comerciante de San Francisco (o sr. D. D. Shattuck), e essa é a imagem à qual o antigo Phineas Gage poderia ter pertencido. Contudo, não é aquela em que o teríamos encontrado caso fosse possível viajar para trás no tempo. Iríamos encontrá-lo bebendo e brigando num bairro de má reputação, parte do quadro vivo dos desalentados que, como Nathanael West descreveria décadas mais tarde e algumas centenas de quilômetros para o sul, "tinham vindo para a Califórnia para morrer".[6]

Os escassos documentos disponíveis sugerem que Gage veio a padecer de ataques epilépticos. O fim chegou a 21 de maio de 1861, após uma doença que se prolongou por pouco mais de um dia. Gage teve uma grande convulsão que o fez perder a consciência. Seguiu-se uma série de outras convulsões que ocorreram sem cessar. Nunca mais recobrou os sentidos. Penso que foi vítima de *status epilepticus*, uma condição na qual as convulsões se tornam quase contínuas, anunciando a morte. Tinha 38 anos de idade. Não houve qualquer referência a sua morte nos jornais de San Francisco.

POR QUE PHINEAS GAGE?

Por que razão merece essa triste história ser contada? Qual o possível significado de uma narrativa tão bizarra? A resposta é simples. Enquanto outros casos de lesões neurológicas, ocorridas na mesma época, revelaram que o cérebro era o alicerce da linguagem, da percepção e das funções motoras, fornecendo de um modo geral pormenores mais conclusivos, a história de Gage sugeriu este fato espantoso: em certo sentido, existiam sistemas no cérebro humano mais dedicados ao raciocínio do que quaisquer outros e, em particular, às dimensões pessoais e sociais do raciocínio. A observância de convenções sociais e regras éticas previamente adquiridas poderia ser perdida como resultado de uma lesão cerebral, mesmo quando nem o intelecto de base nem a linguagem mostravam estar comprometidos. Involuntariamente, o exemplo de Gage indicou que algo no cérebro estava envolvido especialmente em propriedades humanas únicas e que entre elas se encontra a capacidade de antecipar o futuro e de elaborar planos de acordo com essa antecipação no contexto de um ambiente social complexo; o sentido de responsabilidade perante si próprio e perante os outros; a capacidade de orquestrar deliberadamente sua própria sobrevivência sob o comando do livre-arbítrio.

O aspecto mais marcante dessa história desagradável consiste na discrepância entre a estrutura da personalidade normal que precedeu o acidente e as características de personalidade nefandas que emergiram a partir daí e permaneceram para o resto da vida de Gage. Ele tinha outrora sabido tudo o que precisava saber para efetuar escolhas que levassem ao melhoramento de sua pessoa. Tinha um sentido de responsabilidade pessoal e social que se refletia no modo como assegurava a promoção na carreira, se preocupava com a qualidade de seu trabalho e atraía a admiração de patrões e colegas. Estava bem adaptado em termos de convenções sociais e parecia ter seguido princípios éticos na sua conduta. Depois do acidente, deixou de demonstrar qualquer respeito pelas convenções sociais; os princípios éticos eram constantemente violados; as decisões que tomava não levavam em consideração seus interesses mais genuínos; era dado à invenção de narrativas que, segundo as palavras de Harlow, "não tinham nenhum fundamento, exceto na sua fantasia". Não existiam provas de que ele se preocupava com o futuro, nem qualquer sinal de previsão acerca do mesmo.

As alterações na personalidade de Gage não foram sutis. Ele já não conseguia fazer escolhas acertadas, e as que fazia não eram simplesmente neutras. Não eram as decisões reservadas e apagadas de alguém cuja mente está prejudicada e que receia agir, mas decisões ativamente desvantajosas. Pode arriscar-se a idéia de que ou seu sistema de valores era agora diferente ou, se era o mesmo, não existia maneira de seus antigos valores influenciarem as decisões que tomava. Não existem provas suficientes que nos permitam distinguir qual dessas hipóteses é a correta, embora minha investigação sobre doentes com lesões cerebrais semelhantes à de Phineas Gage me tenha convencido de que nenhuma das al-

ternativas retrata o que na realidade acontece nessas circunstâncias. Uma parte do sistema de valores continua a existir e pode
ser utilizada em termos abstratos, mas encontra-se desligada das
situações da vida real. Quando os Phineas Gages deste mundo
necessitam de lidar com a realidade, os antigos conhecimentos
influenciam o processo de tomada de decisão de forma mínima.

Um outro aspecto importante a reter na história de Gage consiste na discrepância entre o seu caráter degenerado e a integridade dos vários instrumentos da mente — atenção, percepção,
memória, linguagem, inteligência. Nesse tipo de discrepância, conhecida em neuropsicologia como *dissociação*, uma ou mais atua-
ções no contexto de um perfil geral de operações estão desenqua-
dradas do resto. No caso de Gage, o caráter diminuído estava
dissociado da cognição e do comportamento, que permaneciam
intatos. Em outros doentes com lesões em outras partes do cérebro, a linguagem pode ser o aspecto prejudicado, enquanto o caráter e outros aspectos cognitivos permanecem intatos; a linguagem é então a aptidão "dissociada". Estudos subseqüentes realizados em doentes com problemas análogos ao de Gage confir-
maram que seu perfil de dissociação específico ocorre de forma
consistente.

Deve ter sido difícil acreditar que a mudança de caráter não
se desvaneceria por si própria, e a princípio até o dr. Harlow re-
sistiu à idéia de que a modificação era permanente. Esse fato é
compreensível, visto que os elementos mais dramáticos na história de Gage residiam na sua própria sobrevivência e em seguida
na sobrevivência sem qualquer defeito que mais facilmente cha-
masse a atenção, como por exemplo paralisia, um defeito na fala
ou perda de memória. Em certo sentido, o realce das dificuldades sociais de Gage recentemente adquiridas era um ato de ingratidão tanto para a providência como para a medicina. No entanto, por volta de 1868, o dr. Harlow reconheceu finalmente a enorme extensão da alteração da personalidade de seu doente.

A sobrevivência de Gage foi devidamente registrada, mas com
a precaução reservada aos fenômenos aberrantes. O significado
das modificações do seu comportamento foi, em grande parte,
perdido. Existiram boas razões para essa negligência. Mesmo no
reduzido mundo da ciência cerebral existente na época, duas perspectivas começavam a delinear-se. Uma defendia que as funções

32

psicológicas, como a linguagem ou a memória, nunca poderiam ser imputadas a uma região cerebral particular. Se se tinha de aceitar, relutantemente, que o cérebro de fato produzia a mente, então esse fá-lo-ia como um todo e não como um conjunto de partes com funções específicas. A outra perspectiva defendia que, pelo contrário, o cérebro possuía partes especializadas que davam origem a funções mentais distintas. O fosso entre as duas perspectivas não resultava apenas da imaturidade da pesquisa sobre o cérebro; o debate prolongou-se por mais um século e, em certa medida, subsiste ainda hoje em dia.

Qualquer que tenha sido o debate científico que o caso de Gage fomentou, ele concentrou-se sobretudo na questão da localização da linguagem e do movimento no cérebro. Nunca abordou a conexão entre conduta social desviante e lesão do lobo frontal. Essa situação recorda-me uma frase de Warren McCulloch: "Quando aponto, olho para onde aponto e não para o meu dedo". (McCulloch foi um neurofisiologista famoso e um pioneiro no campo que se haveria de tornar a neurociência computacional; foi também um poeta e um profeta. Esta afirmação fazia normalmente parte de uma profecia.) Poucos foram os que olharam para onde Gage involuntariamente apontava. De fato, é difícil imaginar alguém nos dias de Gage com o conhecimento *e* a coragem para olhar na direção adequada. Era aceitável que os setores cerebrais cuja destruição teria provocado a parada cardíaca e a parada respiratória de Gage não tivessem sido tocados pelo bastão de ferro. Era também aceitável que os setores cerebrais que controlam a vigília estivessem afastados da rota do ferro e por isso tivessem sido poupados. Até se aceitava que o ferimento não tivesse deixado Gage inconsciente por um longo espaço de tempo. (O acontecimento antecipou o que é hoje do conhecimento comum com base em estudos sobre ferimentos na cabeça: o tipo do ferimento é uma variável crítica. Uma pancada violenta na cabeça, mesmo que nenhum osso seja quebrado e nenhuma arma penetre no cérebro, pode provocar uma enorme ruptura de vigília, por um longo espaço de tempo; as forças desencadeadas pelo golpe desorganizam profundamente a função cerebral. Um ferimento resultante de penetração no qual as forças estão concentradas num caminho estreito e estável, em vez de dissipar e acelerar o cérebro contra o crânio, pode causar uma disfunção

33

confinada ao tecido cerebral que é de fato destruído, poupando assim as funções dependentes de outras partes.) Porém, compreender a alteração de comportamento de Gage significaria acreditar que a conduta social normal requeria uma região cerebral correspondente particular, e esse conceito era ainda mais impensável do que seu equivalente para o movimento, os sentidos ou mesmo para a linguagem.

O caso de Gage foi, de fato, utilizado por aqueles que não acreditavam que as funções mentais pudessem estar associadas a áreas cerebrais específicas. Os dados médicos foram superficialmente analisados e defendeu-se que, se uma ferida como a de Gage podia não produzir paralisia ou limitações na fala, então era óbvio que nem o controle motor nem a linguagem podiam estar localizados nas relativamente pequenas regiões cerebrais que os neurologistas tinham identificado como o centro motor e o centro da linguagem. Eles argumentaram — erradamente, como veremos mais tarde — que a ferida de Gage tinha danificado esses centros diretamente.[7]

O fisiologista britânico David Ferrier foi um dos poucos que se deu ao trabalho de analisar as descobertas com competência e sabedoria.[8] O conhecimento de Ferrier sobre outros casos de lesões cerebrais acompanhadas de alterações de comportamento, assim como suas próprias experiências pioneiras sobre estimulação elétrica e remoção do córtex cerebral em animais, colocaram-no numa posição única para avaliar as descobertas de Harlow. Ele concluiu que a ferida não tinha afetado nem o "centro" motor nem o "centro" da linguagem, mas danificado a parte do cérebro que ele próprio denominara de córtex pré-frontal; concluiu ainda que tais danos poderiam estar relacionados com a modificação peculiar que ocorreu na personalidade de Gage, que ele comparou com as alterações comportamentais que tinha observado em animais com lesões frontais e as quais descreveu, pitorescamente, como uma "degradação mental". As únicas vozes aprovativas que Harlow e Ferrier podem ter ouvido, nos seus mundos tão separados, vieram dos seguidores da frenologia.

Aquilo que veio a ser conhecido como frenologia viu a luz do dia como "organologia", tendo sido fundada por Franz Joseph Gall no final do século XVIII. Surgindo primeiro na Europa, onde gozou de um *succès de scandale* nos círculos intelectuais de Viena, Weimar e Paris, e posteriormente na América, onde foi introduzida por um discípulo e então amigo de Gall, Johann Caspar Spurzheim, a frenologia prosseguiu de vento em popa como uma curiosa mistura de psicologia primitiva, neurociência e filosofia prática. Ela teve uma influência notável na ciência e nas humanidades durante a maior parte do século XIX, embora essa influência não tenha sido amplamente reconhecida e os influenciados tenham tido o cuidado de se distanciar do movimento.

Algumas das idéias de Gall são assombrosas para a época. Ele afirmou categoricamente que o cérebro era o órgão do espírito. Com não menos certeza, defendeu que o cérebro era constituído por um agregado de muitos órgãos e que cada um deles possuía uma faculdade psicológica específica. Não só se distanciou do pensamento dualista vigente, que separava completamente a biologia da mente, como também intuiu corretamente que existiam muitas partes que formavam essa coisa chamada cérebro e que existia também especialização em termos das funções desempenhadas por essas partes.[9] Essa última foi uma intuição fabulosa, na medida em que a especialização do cérebro é atualmente um fato incontestável. No entanto, não é surpreendente ele não se ter apercebido de que a função de cada parte individual do cérebro não é independente, mas uma contribuição para o funcionamento de sistemas mais vastos, compostos por essas partes individuais. Dificilmente se pode culpar Gall por essa falha. Seria preciso que passassem dois séculos para que uma perspectiva "moderna" acabasse por vingar. Podemos agora dizer com segurança que não existem "centros" individuais para a visão, para a linguagem ou ainda para a razão ou para o comportamento social. O que na realidade existe são "sistemas" formados por várias unidades cerebrais interligadas. Anatômica mas não funcionalmente, essas unidades cerebrais são nada mais nada menos que os velhos "centros" resultantes da teoria de base frenológica. E esses sistemas dedicam-se, de fato, a operações relativamente independentes que constituem a base das funções mentais. É também verdade que as unidades cerebrais individuais, em virtude da posição relativa em que se encontram no sistema, contribuem com diferentes componentes para a operação do sistema e por isso não são permutáveis. Esse é um ponto muito importante: o que determina a contribuição de uma determinada unidade cerebral para a operação do sistema em que está inserida não é apenas a estrutura da unidade em si, mas também seu *lugar* no sistema.

A localização de uma unidade é de extrema importância. É por essa razão que, ao longo deste livro, falarei tanto sobre neuroanatomia, a anatomia do cérebro, identificarei as diferentes regiões do cérebro e pedirei ao leitor que aceite a menção repetida de seus nomes e ainda dos nomes de outras regiões com as quais estão interligadas. Em várias ocasiões, referir-me-ei à suposta função de determinadas regiões cerebrais, mas tais referências devem ser sempre consideradas no contexto dos sistemas aos quais essas regiões pertencem. Não vou cair na armadilha frenológica. Para que fique esclarecido: a mente resulta não só da operação de cada um dos diferentes componentes, mas também da operação concertada dos sistemas múltiplos constituídos por esses diferentes componentes.

Se, por um lado, temos de reconhecer mérito no conceito de especialização cerebral proposto por Gall, uma idéia impressionante quando se considera o escasso conhecimento da sua época, por outro, também o devemos censurar pela noção de "centro" cerebral que inspirou. Os centros cerebrais ficaram indelevelmente associados às "funções mentais" com o trabalho dos neurologistas e fisiologistas do século XIX. Devemos criticar igualmente as propostas absurdas da frenologia, como por exemplo a idéia de que os diferentes "órgãos" cerebrais geravam faculdades mentais que eram proporcionais ao tamanho do órgão, ou a idéia de que todos os órgãos e as faculdades eram inatos. A noção do tamanho como índice de "potência" ou de "energia" de uma determinada faculdade mental está divertidamente errada, embora alguns neurocientistas contemporâneos não se tenham coibido de utilizar precisamente a mesma noção nos seus trabalhos. Uma extensão dessa hipótese, aquela que mais arruinou a frenologia e na qual muitas pessoas pensam quando ouvem a palavra, consistiu na proposta de que os órgãos cerebrais podiam ser externamente identificados pela observação das bossas no crânio. Quanto à idéia de que os órgãos e as faculdades eram inatas, é possível observar sua influência durante o século XIX tanto na literatura como em outros domínios; a magnitude do seu erro será discutida no capítulo 5.

A conexão entre a frenologia e a história de Phineas Gage merece uma referência especial. Durante sua procura de dados e informações acerca de Gage, M. B. MacMillan[10] trouxe a público uma pista acerca de um tal Nelson Sizer, uma figura dos círculos frenológicos de 1800 que proferiu várias palestras na Nova Inglaterra, tendo visitado Vermont no início do ano de 1840, antes de o acidente de Gage ocorrer. Sizer conheceu John Harlow em 1842. No seu livro, por sinal bastante enfadonho,[11] Sizer refere que "o dr. Harlow era então um jovem médico e assistia, como membro da comissão, às nossas palestras sobre frenologia, em 1842". Nas escolas médicas da época, situadas na costa leste dos Estados Unidos da América, existiam vários seguidores da frenologia e Harlow estava bastante familiarizado com suas teses. É provável que ele as tenha ouvido na Filadélfia, um nicho da frenologia, ou em New Haven ou Boston, onde Spurzheim estivera em 1832, pouco tempo depois da morte de Gall, para ser aclamado como líder científico e sensação social. A vida mundana da Nova Inglaterra levou o infeliz Spurzheim para a cova. Sua morte prematura ocorreu em questão de semanas, embora tenha sido seguida de gratidão: na mesma noite do funeral, era fundada a Sociedade Frenológica de Boston.

Tenha ou não Harlow chegado a ouvir Spurzheim, é atormentador descobrir que teve, pelo menos, uma aula de frenologia com Nelson Sizer quando esse último visitou Cavendish (tendo-se alojado — onde mais poderia ser? — na estalagem do sr. Adams). Essa influência pode muito bem explicar a arrojada conclusão de Harlow de que a transformação do comportamento de Gage era devida a uma lesão cerebral específica e não resultante de uma reação geral ao acidente. Curiosamente, Harlow não se baseia na frenologia para justificar suas interpretações.

Sizer acabou por regressar a Cavendish (onde ficou mais uma vez na estalagem do sr. Adams — no quarto em que Gage se tinha restabelecido, naturalmente) e estava bem informado sobre a história de Gage. Quando Sizer escreveu o livro sobre frenologia, em 1882, mencionou Phineas Gage: "Examinamos a história [de Harlow] do caso ocorrido em 1848 com empenhado e crescente interesse e não esquecemos também que o pobre doente esteve hospedado no mesmo hotel e no mesmo quarto".[11] A conclusão de Sizer foi a de que a barra de ferro tinha passado "na vizinhança da Benevolência e à frente da Veneração". Benevolência e Veneração? Bem, a Benevolência e a Veneração não eram freiras de um convento da Ordem das Carmelitas. Eram "centros" frenológicos, "órgãos" cerebrais. A Benevolência e a Veneração permitiam às pessoas ter um comportamento adequado — bondade e respeito pelos outros. Munido desse conhecimento, o leitor poderá compreender a opinião final de Sizer sobre Gage: "Seu órgão da Veneração parecia ter sido danificado e a Profanação foi o resultado provável". E de que maneira!

UM CASO PARADIGMÁTICO "A POSTERIORI"

Não restam dúvidas de que a alteração da personalidade de Gage foi provocada por uma lesão cerebral circunscrita a um local específico. Todavia, essa explicação só se tornaria evidente duas décadas depois do acidente e só veio a tornar-se vagamente aceitável neste século. Durante muito tempo, a maioria das pessoas, incluindo John Harlow, acreditou que "a porção do cérebro atravessada era, por variadas razões, a parte da substância cerebral melhor adaptada para suportar o ferimento":[12] por outras palavras, uma parte do cérebro que não fazia grande coisa, sendo por isso dispensável. Mas nada poderia estar mais longe da verdade, como o próprio Harlow percebeu mais tarde. Em 1868, ele escrevia que a recuperação mental de Gage "foi apenas parcial, tendo suas faculdades intelectuais sido inequivocamente prejudicadas, embora não totalmente perdidas; nada que se assemelhe à demência, ainda que as mesmas se encontrassem enfraquecidas nas suas manifestações, sendo as operações mentais perfeitas em gênero, mas não em grau ou quantidade". A mensagem fortuita no caso de Gage era a de que observar convenções sociais, comportar-se segundo princípios éticos e tomar decisões vantajosas para a própria sobrevivência e progresso requerem o conhecimento de normas e estratégias comportamentais *e* a integridade de sistemas específicos do cérebro. O problema dessa mensagem residia na falta de evidência necessária para a tornar compreensível e definitiva. Assim, e ao contrário, a mensagem acabou por se tomar um mistério e chegou até nós como o "enigma" da função do lobo frontal. Levantou mais questões do que deu respostas.

Como ponto de partida, tudo o que sabíamos acerca da lesão cerebral de Gage era que ela provavelmente se localizava no lobo frontal. Isso é um pouco como dizer que Chicago fica nos Estados Unidos — é correto mas não específico ou elucidativo o suficiente. Tomando como certo que a lesão causada envolveu muito provavelmente o lobo frontal, qual o local exato dessa região em que terá ocorrido? No lobo esquerdo? No direito? Em ambos? Em outra região também? Como veremos no próximo capítulo, as novas tecnologias de visualização ajudaram-nos a obter a resposta para esse quebra-cabeças.

Em seguida, temos a natureza da deficiência no caráter de Gage. Como é que se desenvolveu essa anomalia? A causa primeira foi certamente um buraco na cabeça, o que apenas nos diz por que razão a deficiência surgiu, não *como* surgiu. Será que um buraco em qualquer parte do lobo frontal levaria ao mesmo resultado? Qualquer que possa ser a resposta a essa questão, por que meios a destruição de uma região do cérebro pode causar alterações na personalidade? Caso existam regiões específicas no lobo frontal, como são constituídas e como funcionam num cérebro intato? Formam uma espécie de "centro" para o comportamento social? Haverá módulos, selecionados pela evolução, com algoritmos capazes de nos dizer como se deve usar a razão e tomar decisões? E como é que esses módulos interagem com o ambiente durante o desenvolvimento, de modo a permitir o raciocínio e a tomada de decisões de forma normal? Ou será que tais módulos não existem?

Quais foram os mecanismos envolvidos no fracasso de Gage em termos de tomada de decisões? É possível que o conhecimento necessário para refletir sobre um dado problema tenha sido destruído ou se tornado inacessível ao ponto de ele ter deixado de poder decidir convenientemente. É também possível que o necessário conhecimento tenha permanecido intato e acessível, mas que as estratégias de raciocínio tenham sido comprometidas. Se foi esse o caso, quais os passos do raciocínio que foram perturbados? Mais concretamente, que passos existem naqueles que são reconhecidos como normais? E, se tivermos a sorte de discernir a natureza de alguns desses passos, qual será a realidade neural que lhes está subjacente?

Por mais intrigantes que pareçam todas essas questões, talvez não sejam tão importantes quanto a questão que rodeia o estatuto de Gage como ser humano. Poderá Gage ser descrito como estando dotado de livre-arbítrio? Teria sensibilidade relativamente ao que está certo e errado, ou era vítima de seu novo *design* cerebral, de tal forma que as decisões lhe eram impostas e por isso inevitáveis? Era responsável pelos seus atos? Se concluirmos que não era, que nos pode isso dizer sobre o sentido de responsabilidade em termos mais gerais? Existem muitos Gage a nossa volta, indivíduos cuja desgraça social é perturbadoramente semelhante. Alguns têm lesões em conseqüência de tumores cerebrais, de ferimentos na cabeça ou de outras doenças de caráter neurológico. Outros, no entanto, não tiveram qualquer doença neurológica e comportam-se, ainda assim, como Gage, por razões que têm a ver com seus cérebros ou com a sociedade em que nasceram. Precisamos compreender a natureza desses seres humanos cujas ações podem ser destrutivas tanto para si próprios como para os outros, caso pretendamos resolver humanamente os problemas que eles colocam. Nem o encarceramento nem a pena de morte — respostas que a sociedade atualmente oferece para esses indivíduos — contribuem para a compreensão do problema ou para sua resolução. De fato, devíamos levar mais longe essa questão e interrogar-nos acerca da nossa responsabilidade quando nós, indivíduos ditos "normais", deslizamos para a irracionalidade que marcou a grande queda de Phineas Gage.

Gage perdeu algo de exclusivamente humano: a capacidade de planejar o futuro enquanto ser social. Até que ponto esteve consciente dessa perda? Poderá ser descrito como um ser consciente de si mesmo, tal como qualquer de nós? Será sensato afirmar que sua alma foi prejudicada ou que a perdeu? E, se assim foi, o que pensaria Descartes se tivesse conhecimento desse caso e possuísse os conhecimentos que hoje possuímos sobre neurobiologia? Ter-se-ia interrogado acerca da glândula pineal de Gage?

2
A REVELAÇÃO DO CÉREBRO DE GAGE

O PROBLEMA

Na época do caso de Phineas Gage, os neurologistas Paul Broca, na França, e Karl Wernicke, na Alemanha, chamaram a atenção do mundo da medicina com estudos sobre doentes com lesões cerebrais. De forma independente, Broca e Wernicke propuseram que a lesão de uma área bem circunscrita no cérebro constituía a causa das recentes disfunções lingüísticas adquiridas por esses doentes.[1] O distúrbio da linguagem tornou-se tecnicamente conhecido por afasia. As lesões, supuseram Broca e Wernicke, eram, pois, reveladoras das fundações neurais de dois diferentes aspectos do processamento da linguagem em indivíduos normais. Suas propostas eram controversas e não havia qualquer pressa em subscrevê-las, mas o mundo acabou por lhes dar atenção. Com alguma relutância e muitas correções, essas propostas foram sendo gradualmente aceitas. No entanto, o trabalho de Harlow sobre Gage ou os comentários de David Ferrier nunca receberam a mesma atenção ou despertaram com a mesma intensidade a imaginação de seus colegas.

Houve várias razões para isso. Mesmo que uma dada tendência filosófica permitisse conceber o cérebro como a base da mente, era difícil aceitar a perspectiva de que algo tão próximo da alma humana como o juízo ético, ou tão determinado em termos culturais como a conduta social, pudesse depender significativamente de uma região específica do cérebro. Além disso, é preciso não esquecer que Harlow era um amador quando comparado com os professores Broca e Wernicke, não sendo capaz de reunir as provas necessárias para sustentar convincentemente seu ponto de vista. A inexistência de uma identificação do local preciso da lesão cerebral é o ponto em que tal incapacidade se torna manifestamente mais óbvia. Broca podia afirmar com certeza qual o local no cérebro onde ocorrera a lesão que tinha causado o distúrbio da linguagem — ou afasia — nos doentes. Tinha estudado os cérebros na mesa de autópsias. O mesmo se passava com Wernicke, que tinha verificado no estado *post mortem* de seus doentes que uma porção posterior do lobo temporal esquerdo estava parcialmente destruída — e notado que o aspecto das faculdades lingüísticas que tinha sido afetado era diferente daquele que tinha sido identificado por Broca. Harlow não fora capaz de fazer qualquer observação desse gênero. Não só teve de arriscar uma relação entre a lesão cerebral de Gage e a alteração de seu comportamento, como teve também primeiro de conjecturar acerca da própria localização da lesão. Não pôde provar satisfatoriamente a quem quer que fosse que estava certo em relação a qualquer fato.

As dificuldades de Harlow agravaram-se com a publicação das recentes descobertas de Broca. Broca mostrou que lesões no lobo frontal esquerdo, terceira circunvolução frontal, causavam limitações da linguagem nos doentes. A entrada e saída da barra de ferro sugeria que a lesão de Gage poder-se-ia localizar no lobo frontal esquerdo. Contudo, Gage não apresentava qualquer distúrbio da linguagem, ao passo que os doentes de Broca não registraram qualquer alteração de caráter. Como poderiam existir resultados tão diferentes? Dado o escasso conhecimento da época sobre neuroanatomia funcional, algumas pessoas pensaram que as lesões se localizavam aproximadamente na mesma região e que os diferentes resultados apenas revelavam a loucura daqueles que pretendiam encontrar especializações funcionais no cérebro.

Quando Gage faleceu, em 1861, não lhe foi feita nenhuma autópsia. Harlow só veio a ter conhecimento de sua morte cinco anos depois. A guerra civil tinha fustigado esse período e notícias desse tipo não tinham circulação rápida. Harlow deve ter ficado abatido com a morte de Gage e profundamente deprimido com a perda da oportunidade de estudar o cérebro dele. Ficou abalado ao ponto de escrever à irmã de Gage para lhe endereçar

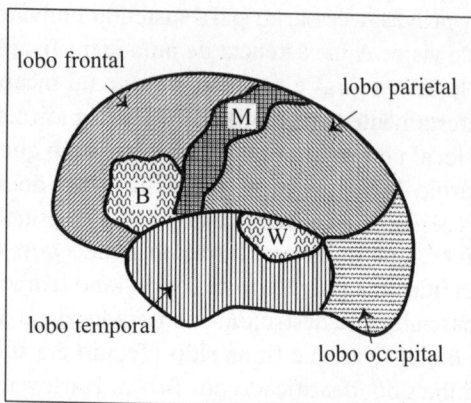

1. B — área de Broca; M — área motora;
W — área de Wernicke. Os quatro lobos estão
identificados na figura. Os críticos de Harlow de-
fendiam que a lesão de Gage envolvia a área de
Broca, ou a área motora, ou mesmo ambas, e
usavam essa suposição para atacar a idéia de que
existia uma especialização funcional no cérebro
humano.

um pedido estranho: que autorizasse a exumação do corpo para
que o crânio pudesse ser recuperado e guardado como registro
do caso.

Phineas Gage foi, uma vez mais, o protagonista involuntá-
rio de uma cena macabra. A irmã e seu marido, D. D. Shattuck,
juntamente com um tal dr. Coon (que era então o presidente da
Câmara de San Francisco) e o médico da família, assistiram à
abertura do caixão e à remoção do crânio por um coveiro. O ferro de calcar, que tinha sido colocado ao lado do corpo de Gage,
foi igualmente recuperado e enviado com o crânio para o dr. Harlow. O crânio e a barra de ferro têm sido desde então companheiros no Warren Medical Museum da Harvard Medical School,
em Boston.

Para Harlow, a possibilidade de exibir o crânio e o ferro foi
o melhor que conseguiu para provar que seu caso não tinha sido

uma invenção e que um homem com uma tal ferida tinha de fato existido. Para Hanna Damásio, cerca de 120 anos mais tarde, o crânio de Gage foi o trampolim para um trabalho de detetive que completou a tarefa inacabada de Harlow e estabeleceu a ligação entre Gage e a moderna investigação das funções do lobo frontal.

Ela começou por tomar em consideração a trajetória geral do ferro, o que consistiu em si mesmo um exercício curioso. Ao penetrar pela face esquerda em direção ao crânio, o ferro atravessou a parte posterior da cavidade orbital esquerda (a cavidade ocupada pelo olho), situada imediatamente acima. Prosseguindo sua trajetória, o ferro deve ter penetrado na parte frontal do cérebro perto da linha central, embora seja difícil dizer exatamente onde. Visto a trajetória do ferro sugerir uma inclinação para a direita, o mesmo pode ter atingido primeiro o lado esquerdo e só depois uma parte do lado direito. O sítio inicial onde se registrou a lesão cerebral foi provavelmente a região frontal orbital, imediatamente acima das órbitas. No seu percurso, o ferro teria destruído uma parte da superfície interior do lobo frontal esquerdo e talvez do direito. Por fim, à saída, o ferro teria danificado uma parte da região dorsal, ou posterior, do lobo frontal no lado esquerdo e talvez também no direito.

As incertezas dessa conjetura eram óbvias. Existia um leque de potenciais trajetórias que o ferro poderia ter tomado, através de um cérebro "padrão" idealizado, e não existia qualquer forma de saber se, ou como, esse cérebro se assemelhava ao de Gage. O problema agravava-se porque, embora a neuroanatomia preserve ciosamente relações topológicas entre o seus componentes, existem graus consideráveis de variação topográfica individual que tornam os cérebros bastante mais diferentes do que carros da mesma marca. Esse ponto pode ser convenientemente ilustrado com as paradoxais semelhanças e diferenças dos rostos humanos: eles possuem um número invariável de componentes e uma disposição espacial invariável (as relações topológicas desses componentes são as mesmas em todos os rostos humanos). No entanto, os rostos são infinitamente diversos e individualmente distinguíveis devido às pequenas diferenças anatômicas no tamanho, contorno e posicionamento dessas partes invariáveis (a topografia precisa varia de rosto para rosto). Assim, a possibilidade de variação do cérebro de indivíduo para indivíduo aumentava a probabilidade de a conjetura apresentada acima estar errada.

Hanna Damásio procurou tirar partido da neuroanatomia moderna e das tecnologias de ponta no campo da neurovisualização.[2] Mais concretamente, utilizou uma nova tecnologia, inventada por ela, para reconstruir em três dimensões as imagens cerebrais de seres humanos vivos. A técnica, conhecida por Brainvox,[3] baseia-se na manipulação computadorizada de dados brutos obtidos a partir de exames do cérebro por ressonância magnética de alta resolução. Em seres humanos vivos normais ou em doentes neurológicos, essa técnica fornece uma imagem do cérebro que não é de modo algum diferente da imagem que se pode obter na mesa de autópsias. Trata-se de uma maravilha lúgubre e perturbadora. Imagine o que o príncipe Hamlet poderia ter feito caso lhe tivesse sido permitido contemplar seu próprio quilo e meio de cérebro meditabundo e indeciso em vez da caveira vazia que o coveiro lhe forneceu.

UM APARTE SOBRE A ANATOMIA DO SISTEMA NERVOSO

Pode ser útil delinear aqui um esboço da anatomia do sistema nervoso humano. Por que perder algum tempo com esse tópico? No capítulo anterior, quando discuti a frenologia e a relação entre a estrutura e a função do cérebro, mencionei a importância da neuroanatomia ou anatomia do cérebro. Realço-a de novo porque a neuroanatomia é a disciplina fundamental em neurociência, desde o nível microscópico dos neurônios individuais (células nervosas) até o nível macroscópico dos sistemas que se estendem por todo o cérebro. Não pode haver qualquer esperança de entendimento dos vários níveis de funcionamento do cérebro se não possuirmos um conhecimento pormenorizado da geografia cerebral em escalas diversas.

Quando consideramos o sistema nervoso na sua totalidade, é possível distinguir facilmente as divisões central e periférica. A reconstrução tridimensional da figura 2 apresenta o cérebro, que é o componente principal do sistema nervoso central. Além do cérebro, com os hemisférios esquerdo e direito unidos pelo corpo caloso (um conjunto espesso de fibras nervosas que liga bidirecionalmente os hemisférios),

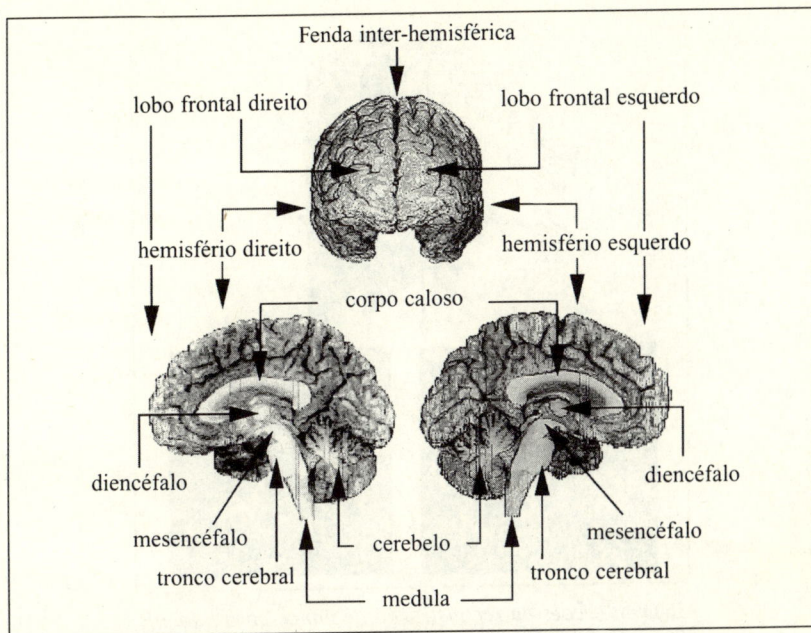

Fenda inter-hemisférica

lobo frontal direito — lobo frontal esquerdo

hemisfério direito — hemisfério esquerdo

corpo caloso

diencéfalo — diencéfalo

mesencéfalo — mesencéfalo

tronco cerebral — cerebelo — tronco cerebral

medula

2. Cérebro humano vivo reconstruído em três dimensões. A imagem superior central mostra-nos o cérebro visto de frente. O corpo caloso encontra-se escondido sob a fenda inter-hemisférica. As imagens inferiores, à esquerda e à direita, mostram os dois hemisférios do mesmo cérebro, separados ao meio como numa operação de abertura do cérebro. As principais estruturas anatômicas estão identificadas na figura. A cobertura convoluta dos hemisférios cerebrais é o córtex cerebral.

o sistema nervoso central inclui o diencéfalo (um grupo central de núcleos nervosos escondidos sob os hemisférios, que inclui o tálamo e o hipotálamo), o mesencéfalo, o tronco cerebral, o cerebelo e a medula espinal.

O sistema nervoso central está "neuralmente" ligado a praticamente todos os recantos e recessos do resto do corpo por nervos, que no seu conjunto constituem o sistema nervoso periférico. Os nervos transportam impulsos do cérebro para o corpo e do corpo para o cérebro. No entanto, como será discutido no capítulo 5, o cérebro e o corpo estão também quimicamente interligados por substâncias, como os hormônios e os peptídeos, que são liberadas no segundo e conduzidas para o primeiro pela corrente sanguínea.

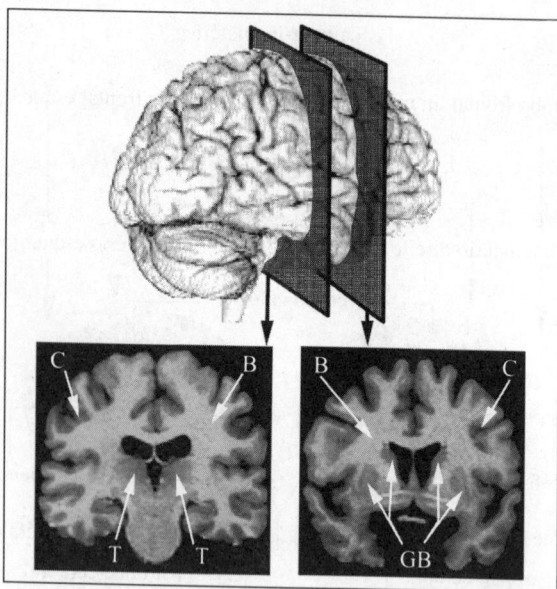

3. Duas seções da reconstrução de um cérebro humano vivo obtidas por técnicas de imagem de ressonância magnética (IRM) e pela técnica de Brainvox. Os planos de secionamento estão identificados na imagem superior central. A diferença entre a massa cinzenta (C) e a massa branca (B) é facilmente visível. A massa cinzenta aparece no córtex cerebral, que é a área envolvente que preenche os contornos de todas as protuberâncias e cavidades na seção e nos núcleos profundos, assim como os gânglios basais (GB) e o tálamo (T).

Quando se seciona o sistema nervoso central, podemos estabelecer sem dificuldade a diferença entre os setores escuros e claros (figura 3). Os setores escuros são conhecidos como massa cinzenta, embora sua verdadeira cor seja normalmente castanho. Os setores claros são conhecidos como massa branca. A massa cinzenta corresponde em grande parte a grupos de corpos celulares dos neurônios, enquanto a massa branca corresponde em larga medida aos axônios, ou fibras nervosas, que saem dos corpos celulares da massa cinzenta.

A massa cinzenta ocorre em duas variedades. Numa delas, os neurônios estão dispostos em camadas, como num

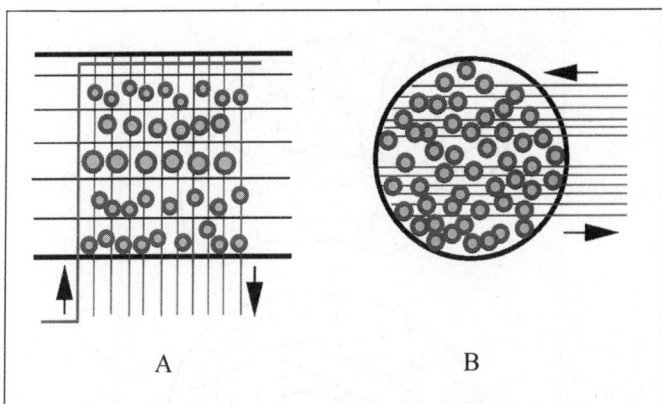

4. *A — diagrama da arquitetura celular do corte cerebral com a sua estrutura característica por camadas; B — diagrama da arquitetura celular de um núcleo.*

bolo, formando um *córtex*. Como exemplos, temos o córtex cerebral, que cobre os hemisférios cerebrais, e o córtex cerebeloso, que envolve o cerebelo. Na segunda variedade de massa cinzenta, os neurônios encontram-se organizados não em camadas, mas como castanhas de caju em cacho no interior de uma taça. Nesse caso, formam um *núcleo*. Existem grandes núcleos como o caudado, o putâmen e o pallidum, tranqüilamente escondidos nas profundezas de cada hemisfério; ou a amígdala, oculta dentro de cada lobo temporal; existem grandes conjuntos de núcleos menores, como os que formam o tálamo; e pequenos núcleos individuais, como a *substantia nigra* ou o *nucleus ceruleus*, situados no tronco cerebral.

A estrutura do cérebro à qual a neurociência tem dedicado a maior parte de seu esforço de investigação é o córtex cerebral. Esse pode ser visualizado como um manto envolvente do cérebro cobrindo todas as superfícies, incluindo as que se encontram localizadas nas profundezas das fendas conhecidas como fissuras e sulcos, as quais conferem ao cérebro sua aparência enrugada característica (ver figura 2). A espessura desse cobertor de múltiplas camadas é de cerca de três milímetros e as camadas são paralelas entre si relativamente à superfície do cérebro (ver figura 4). Toda a mas-

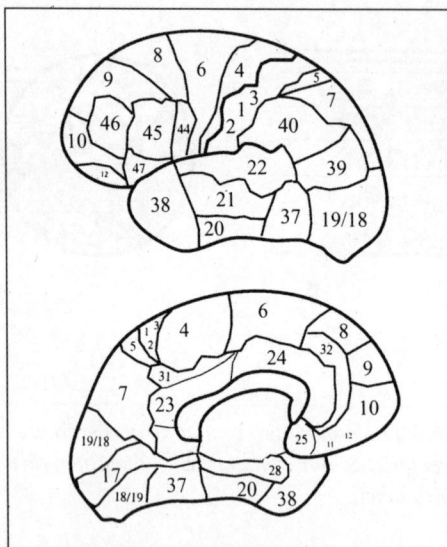

5. Um mapa das principais áreas identificadas por Brodmann nos seus estudos de arquitetura celular (citoarquitetura). Esse não é nem
um mapa de frenologia nem um mapa contemporâneo das funções cerebrais. Constitui apenas uma referência anatômica conveniente. Algumas áreas são muito pequenas para serem
aqui apresentadas, ou estão escondidas nas
profundezas dos regos e sulcos. A imagem superior corresponde ao aspecto externo do hemisfério esquerdo e a imagem inferior, ao aspecto interno.

sa cinzenta abaixo do córtex (núcleos grandes e pequenos e
o córtex cerebeloso) é conhecida como subcortical. A parte
evolutivamente moderna do córtex cerebral é designada por
neocórtex. A maior parte do córtex evolutivamente mais antigo é conhecida como córtex límbico (ver abaixo). Ao longo do livro, irei referir-me com assiduidade quer ao córtex
cerebral (isto é, o neocórtex), quer ao córtex límbico e suas
partes específicas.

A figura 5 mostra-nos um mapa do córtex cerebral freqüentemente utilizado, elaborado com base nas suas diferen-

tes áreas citoarquitetônicas (regiões de arquitetura celular distintas). Esse mapa é conhecido como o mapa de Brodmann e suas áreas são designadas por números.

Uma das divisões do sistema nervoso central a que me referirei com freqüência é tanto cortical como subcortical e é conhecida como "sistema límbico". (Esse termo serve para designar diversas estruturas evolutivamente antigas e, apesar de muitos neurocientistas terem relutância em usá-lo, muitas vezes é conveniente tê-lo à mão.) As estruturas principais do "sistema límbico" são a circunvolução cingulada (no córtex cerebral), a amígdala e o prosencéfalo basal (dois conjuntos de núcleos).

O tecido nervoso (ou neural) é constituído por células nervosas (neurônios), apoiadas por células da glia. Os neurônios são as células essenciais para a atividade cerebral. Nos nossos cérebros existem bilhões desses neurônios organizados em circuitos locais, os quais, por sua vez, constituem regiões corticais (se estão dispostos em camadas) ou núcleos (se estão agregados em grupos que não formam camadas). Por último, as regiões corticais e os núcleos estão interligados de modo a formar sistemas, e sistemas de sistemas, com níveis de complexidade progressivamente mais elevados. Para ter uma idéia da escala dos elementos envolvidos, deve-se levar em consideração que todos os neurônios e circuitos locais são microscópicos, enquanto as regiões corticais, os núcleos e os sistemas são macroscópicos.

Os neurônios possuem três componentes importantes: um corpo celular; uma fibra principal de saída, o axônio; e fibras de entrada, ou dendritos (ver figura 6). Os neurônios estão interligados em circuitos formados pelo equivalente aos fios elétricos condutores (as fibras axônicas dos neurônios) e aos conectores (sinapses, os pontos nos quais os axônios estabelecem contato com os dendritos de outros neurônios).

Quando os neurônios se tornam ativos (um estado conhecido na gíria da neurociência como "disparo"), é propagada uma corrente elétrica a partir do corpo celular e ao longo do axônio. Essa corrente é o potencial de ação e, quando

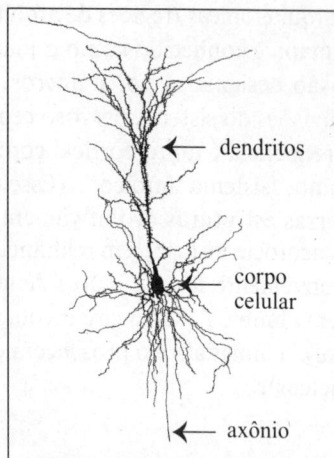

6. Diagrama de um neurônio com seus componentes principais: corpo celular, axônio e dendritos.

atinge a sinapse, desencadeia a liberação de substâncias químicas conhecidas por neurotransmissores (o glutamato é um desses transmissores). Por sua vez, os neurotransmissores atuam nos receptores. Num neurônio de excitação, a interação cooperativa de muitos outros neurônios, cujas sinapses estão adjacentes e que poderão ou não liberar seus próprios transmissores, determina se o próximo neurônio disparará ou não, ou seja, se produzirá seu próprio potencial de ação que conduzirá à liberação do neurotransmissor, e assim sucessivamente.

As sinapses podem ser estimuladoras ou inibidoras. A potência sináptica determina a possibilidade de os impulsos continuarem a ser transmitidos até o neurônio seguinte, bem como a facilidade com que isso ocorrerá. Em geral, e se o neurônio for de excitação, uma sinapse estimuladora facilita a transmissão de um dado impulso, enquanto uma sinapse inibidora o dificulta ou bloqueia.[4]

Uma questão de neuroanatomia que devo referir antes de concluir este aparte tem a ver com a natureza das conexões entre os neurônios. Não é raro depararmo-nos com cientistas incrédulos quanto à possibilidade de algum dia virem a compreender o cérebro quando são confrontados com a complexidade das conexões entre os neurônios. Alguns preferem esconder-se atrás da idéia de que tudo está interligado entre si e de que a mente e o comportamento emergem dessa conexão caótica, de uma forma que a neuroanatomia nunca conseguirá revelar. Felizmente, estão enganados. Consideremos o seguinte: em média, cada neurônio possui cerca de mil sinapses, embora alguns possam ter 5 ou 6 mil. Esse número pode parecer muito elevado, mas, quando consideramos o fato de existirem 10 bilhões de neurônios e mais de 10 *trilhões* de sinapses, apercebemo-nos de que cada neurônio por si tem de fato bem poucas conexões. Selecione alguns neurônios no córtex cerebral ou nos núcleos, aleatoriamente ou de acordo com suas preferências anatômicas, e descobrirá que cada neurônio se comunica com um pequeno grupo de outros neurônios, mas nunca com a maioria ou todos os restantes. Com efeito, muitos neurônios comunicam-se apenas com outros neurônios da vizinhança, dentro de circuitos relativamente locais de regiões e núcleos corticais; outros, apesar de os axônios se prolongarem por vários milímetros, ou mesmo centímetros, ao longo do cérebro, apenas estabelecem contato com um pequeno número de outros neurônios. As principais conseqüências desse arranjo são as seguintes: 1) o que um neurônio faz depende do conjunto* dos outros neurônios vizinhos no qual o primeiro se insere; 2) o que os sistemas fazem depende de como os conjuntos se influenciam mutuamente numa arquitetura de conjuntos interligados; e 3) a contribuição de cada um dos conjuntos para o funcionamento do sistema a que pertence depende da sua localização nesse sistema. Em outras palavras, a especialização no cérebro mencionada no aparte sobre frenologia do capítulo 1 é uma conseqüência do lugar ocupado por esses conjuntos de neurônios no seio de um sistema de grande escala.

(*) *Assembly*, no original. (N. T.)

Níveis de arquitetura neural

Neurônios
Circuitos locais
Núcleos subcorticais
Regiões corticais
Sistemas
Sistemas de sistemas

Em suma, o cérebro é um supersistema de sistemas. Cada sistema é composto por uma complexa interligação de pequenas, mas macroscópicas, regiões corticais e núcleos subcorticais, que por sua vez são constituídos por circuitos locais, microscópicos, formados por neurônios, todos eles ligados por sinapses. (É comum encontrar termos como "circuito" e "rede" utilizados como sinônimos de "sistema". Para evitar confusão, é importante indicar a escala de referência, microscópica ou macroscópica. Neste texto, a não ser que se especifique algo diferente, os sistemas são sempre macroscópicos e os circuitos são microscópicos.)

A SOLUÇÃO

Dado que Phineas Gage não podia ser examinado, Hanna Damásio teve de idealizar uma abordagem indireta que lhe permitisse ter acesso ao seu cérebro.[5] Contou com a ajuda de Albert Galaburda, um neurologista da Harvard Medical School, que se deslocou ao Warren Medical Museum e fotografou cuidadosamente o crânio de Gage de diferentes ângulos e mediu as distâncias entre as áreas ósseas danificadas e uma série de marcas ósseas padrão.

A análise dessas fotografias, combinada com as descrições da ferida, permitiu restringir o leque de trajetos possíveis da barra de ferro. As fotos permitiram também a Hanna Damásio, juntamente com seu colega neurologista Thomas Grabowski, recriar o crânio de Gage sob a forma de coordenadas tridimensionais, e dessas derivar as coordenadas mais prováveis do cérebro que melhor se ajustava a esse crânio. Com a ajuda do colaborador

Randall Frank, um engenheiro, Hanna Damásio executou então uma simulação num computador altamente potente. Eles recriaram uma barra de ferro tridimensional com as dimensões exatas do ferro de calcar de Gage e "empalaram-no" num cérebro cuja forma e tamanho eram semelhantes ao de Gage, segundo o leque, agora restrito, de trajetórias possíveis do ferro durante o acidente. Os resultados obtidos são apresentados nas figuras 7 e 8.

Podemos agora confirmar a hipótese de David Ferrier de que, apesar da quantidade de cérebro perdida, o ferro não atingiu as regiões cerebrais necessárias para as funções motoras e para a linguagem. (As áreas intatas de ambos os hemisférios incluem os córtices motor e pré-motor, assim como o opérculo frontal, no lado esquerdo, designado por área de Broca.) Podemos afirmar com segurança que os danos foram mais extensos no hemisfério esquerdo do que no direito, abrangendo mais os setores anteriores do que os posteriores da região frontal. A lesão comprometeu sobretudo os córtices pré-frontais nas superfícies ventral e interna de ambos os hemisférios, preservando os aspectos laterais, ou externos, dos referidos córtices.

Parte de uma região que as investigações mais recentes têm revelado ser crítica para a tomada normal de decisões, a região

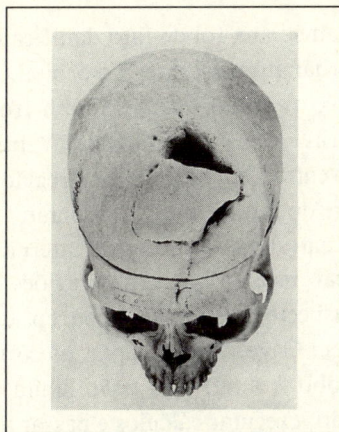

7. Fotografia do crânio de Gage obtida em 1992.

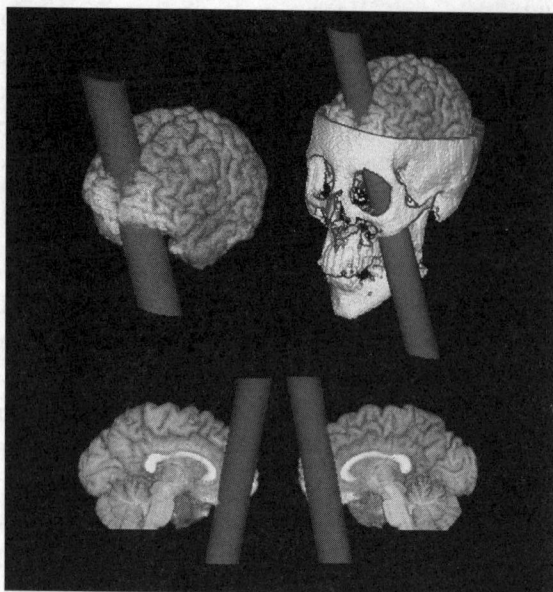

8. *Painéis superiores: Uma reconstrução do cérebro e do crânio de Gage com a trajetória provável da barra de ferro assinalada em cinzento escuro. Painéis inferiores: Uma imagem de ambos os hemisférios, esquerdo e direito, vistos do interior, mostrando como o ferro danificou as estruturas do lobo frontal em ambos os lados.*

pré-frontal ventromediana foi de fato danificada em Gage. (Na terminologia neuroanatômica, a região orbital é também conhecida como a região *ventromediana* do lobo frontal, sendo esse o termo que referirei ao longo do livro. "Ventral" e "ventro" vêm de *venter*, "ventre" em latim, e essa região é, por assim dizer, o baixo-ventre do lobo frontal; "mediano" designa a proximidade da linha central ou da superfície interna de uma estrutura.) A reconstrução revelou que certas regiões consideradas vitais para outros aspectos das funções neuropsicológicas não foram danificadas em Gage. Por exemplo, os córtices situados na parte lateral do lobo frontal, cuja lesão limita a capacidade de controlar a atenção, executar cálculos e passar apropriadamente de estímulo para estímulo, estavam intatos.

Essa abordagem moderna permitiu obter certas conclusões.

Hanna Damásio e seus colegas podiam afirmar concretamente que foi uma lesão seletiva dos córtices pré-frontais do cérebro de Phineas Gage que comprometeu sua capacidade de planejar o futuro, de se conduzir de acordo com as regras sociais que tinha previamente aprendido e de decidir sobre o curso de ações que poderiam vir a ser mais vantajosas para sua sobrevivência. O que faltava agora era o conhecimento de como a mente de Gage pode ter funcionado quando ele exibia um comportamento tão anômalo. E para isso tínhamos de investigar os modernos companheiros de infortúnio de Phineas Gage.

3

UM PHINEAS GAGE MODERNO

Pouco tempo depois de ter começado a observar doentes cujo comportamento se assemelhava ao de Gage e de ter ficado intrigado com os resultados de lesões pré-frontais — há cerca de vinte anos —, pediram-me que examinasse um doente com uma versão especialmente pura desse estado patológico. Diziam-me que o doente havia sofrido uma alteração radical da personalidade, e os médicos tinham uma pergunta específica: queriam saber se essa mudança bizarra, tão incompatível com o comportamento anterior, era uma verdadeira doença. Elliot, como lhe chamarei daqui em diante, encontrava-se então na casa dos trinta.[1] Incapaz de manter um emprego, vivia com a ajuda da família, e a questão premente residia no fato de a Previdência Social lhe recusar o pagamento de pensão por invalidez. Aos olhos de toda a gente, Elliot era um homem inteligente, competente e robusto que tinha de ser chamado à razão e voltar ao trabalho. Vários profissionais da medicina tinham declarado que suas faculdades mentais estavam intatas — o que significava que, na melhor das hipóteses, Elliot era preguiçoso e, na pior, um impostor.

Recebi Elliot de imediato e, ao contrário do que esperava, encontrei uma pessoa agradável e um pouco misteriosa, muito simpática mas emocionalmente contida. Possuía uma compostura respeitável e diplomática, revestida por um sorriso irônico que subentendia sabedoria superior e uma tênue condescendência com as loucuras do mundo. Era frio, distante e impassível, até mesmo perante a discussão de acontecimentos pessoais potencialmente embaraçosos. Lembrava-me Addison DeWitt, o personagem desempenhado por George Sanders em *A malvada*.

Elliot não só era coerente e inteligente como tinha um conhecimento perfeito do que se passava no mundo a sua volta. Datas, nomes, pormenores dos noticiários, tinha tudo na ponta da língua. Discutia assuntos políticos com o humor que eles freqüentemente merecem, e parecia compreender a situação da economia. Seu conhecimento sobre o mundo dos negócios, no qual tinha trabalhado, permanecia intato. Tinham-me dito que as capacidades profissionais se mantinham inalteradas, o que parecia plausível. Possuía uma memória impecável da história de sua vida, que incluía os mais recentes e estranhos acontecimentos. E, de fato, vinham acontecendo as coisas mais estranhas.

Elliot fora um bom marido e pai, tivera um excelente emprego numa firma comercial e fora um exemplo para os irmãos e colegas mais novos. Tinha atingido um invejável estatuto pessoal, profissional e social. Mas sua vida começara a esboroar-se. Passara a sentir violentas dores de cabeça e a capacidade de concentração tinha se deteriorado em pouco tempo. À medida que seu estado piorava, parecia perder o sentido de responsabilidade, e seu trabalho tinha de ser concluído ou corrigido por outros. O médico da família suspeitou da existência de um tumor cerebral e, infelizmente, ele estava correto.

O tumor era grande e crescia rapidamente. Na época em que foi diagnosticado, tinha atingido o tamanho de uma pequena laranja. Era um meningioma, assim chamado porque emerge das membranas que revestem a superfície do cérebro, as quais se denominam meninges. Mais tarde, tive conhecimento de que o tumor de Elliot começara a crescer na linha mediana, logo acima das cavidades nasais, acima do plano formado pelo teto das órbitas. À medida que aumentava de volume, o tumor ia comprimindo para cima, a partir de suas superfícies inferiores, ambos os lobos frontais.

Os meningiomas são geralmente tumores benignos, pelo menos no que diz respeito ao tecido tumoral, mas se não forem removidos por cirurgia tornam-se tão fatais como os tumores a que chamamos malignos. Devido ao seu crescimento, os meningiomas vão comprimindo o tecido cerebral e acabam por destruí-lo e conduzir à morte. A cirurgia era necessária para que Elliot sobrevivesse. A operação foi executada por uma excelente equipe médica e o tumor foi removido. Como é comum acontecer nesses casos, o tecido do lobo frontal danificado pelo tumor teve também de ser removido. A cirurgia foi um sucesso em todos os aspectos e, como esse tipo de tumor não tende a desenvolver-se outra vez, as perspectivas eram excelentes. Mas a parte que não correu tão bem teve a ver com a reviravolta que a personalidade de Elliot sofreu. As alterações, que tinham começado durante a convalescença física, surpreenderam os familiares e os amigos. Para ser exato, a inteligência, a capacidade de locomoção e de falar de Elliot permaneceram ilesas. No entanto, sob muitos pontos de vista, Elliot já não era Elliot.

Consideremos o início de um dia de sua vida: para começar a manhã e preparar-se para ir trabalhar, necessitava de incentivo. Uma vez no trabalho, era incapaz de utilizar o tempo adequadamente, e não era possível confiar que respeitasse os prazos prometidos. Quando o trabalho requeria a interrupção de uma atividade para ocupar-se de outra, ele podia persistir na primeira, perdendo aparentemente de vista o objetivo principal. Ou podia interromper a atividade com que estava ocupado para se dedicar a algo que o cativasse mais naquele preciso momento. Imagine, por exemplo, uma tarefa que envolva a leitura e a classificação de documentos de um determinado cliente. Elliot poderia lê-los, compreendendo inteiramente a importância do material, e saberia com certeza como classificá-los de acordo com a semelhança ou a disparidade de seu conteúdo. O problema consistia na possibilidade de abandonar subitamente a tarefa de classificação que tinha iniciado para se pôr a ler um desses papéis, de forma cuidadosa e inteligente, durante todo o resto do dia. Elliot podia passar uma tarde inteira ponderando não sobre o critério de classificação que devia ser aplicado: data, tamanho do documento, relevância para o caso ou qualquer outro. O ritmo do trabalho era quebrado. Podia dizer-se que o passo específico do trabalho em que Elliot tinha encalhado estava na realidade sendo executado com *demasiada perfeição*, mas à custa do objetivo global. Podia dizer-se que Elliot se tinha tornado irracional em relação ao plano mais amplo de comportamento, que dizia respeito a sua prioridade principal, enquanto dentro de planos menores de comportamento, que diziam respeito a tarefas subsidiárias, suas ações eram desnecessariamente pormenorizadas.

Sua base de conhecimento parecia ter sobrevivido e podia executar as mais diversas ações tão bem como antes. Mas não se podia esperar que executasse a ação apropriada no momento necessário. Nada há de surpreendente no fato de, após repetidos conselhos e advertências de colegas e superiores terem sido ignorados, Elliot ter sido despedido. Seguiram-se outros empregos — e outras dispensas. A vida de Elliot seguia agora ao sabor de um novo ritmo.

Não estando mais amarrado a um emprego regular, Elliot dedicou-se a novos passatempos e aventuras comerciais. Desenvolveu hábitos de colecionador — o que, por si só, não é nada negativo, mas também nada prático quando o tema da coleção são objetos de sucata. Os novos negócios estendiam-se da construção civil até a gestão de investimentos. Num deles, aliou-se a um sócio desonesto. Os vários avisos dos amigos foram ignorados e o esquema terminou na falência. Todas as suas economias tinham sido investidas na malfadada empresa, e com ela se perderam. Era desconcertante como um homem com os conhecimentos de Elliot podia tomar decisões financeiras e comerciais tão desastradas.

Mulher, filhos e amigos não conseguiam compreender como uma pessoa instruída e devidamente prevenida podia agir de forma tão insensata e, como era talvez de esperar, alguns deles perderam a paciência. Veio um primeiro divórcio. Depois, um curto casamento com uma mulher que nem a família nem os amigos aprovavam. Após mais perambulações sem uma fonte de rendimentos, finalmente, veio o golpe derradeiro na ótica daqueles que ainda se preocupavam com ele e o observavam de longe: a recusa dos pagamentos da Previdência Social referentes à invalidez.

A pensão de Elliot foi restabelecida. No relatório que escrevi sobre ele, expliquei que suas falhas eram de fato provocadas por uma doença neurológica. Era verdade que estava ainda fisicamente apto e que a maioria de suas capacidades mentais estava intata. Porém, sua aptidão para tomar decisões estava prejudicada, assim como a capacidade para elaborar um planejamento eficaz das horas que tinha pela frente, para não falar na planificação dos meses e dos anos futuros. Essas alterações não eram de forma alguma comparáveis aos deslizes que, de vez em quando, cometemos nas nossas decisões. Indivíduos normais e inteligentes com uma educação similar à dele cometem erros e tomam decisões incorretas, mas não com conseqüências sistematicamente tão desastrosas. As alterações em Elliot possuíam uma ordem de grandeza superior e constituíam um sinal de doença. Não eram o resultado de uma prévia insuficiência de caráter e não estavam certamente sob o controle intencional do doente; a causa original, de uma forma bastante simples, consistia na lesão de um determinado setor do cérebro. Ademais, as alterações possuíam um caráter crônico. O estado de Elliot não era transitório. Tinha vindo para ficar.

A tragédia desse homem, que em todo o resto era saudável e inteligente, resultava do fato de, apesar de não ser nem estúpido nem ignorante, agir freqüentemente como se fosse. Seu mecanismo de tomada de decisões estava tão defeituoso que ele já não podia funcionar efetivamente como ser social. Mesmo quando posto em confronto com os resultados desastrosos de suas decisões, não aprendia com os erros. Parecia estar para além de qualquer possibilidade de salvação, tal como o transgressor incurável que profere sincero arrependimento quando sai da prisão mas comete outro crime pouco tempo depois. Pode-se talvez afirmar que seu livre-arbítrio tinha sido comprometido e arriscar, em resposta à pergunta que me fiz em relação a Gage, que o livre-arbítrio de Gage tinha sido também comprometido.

Em alguns aspectos, Elliot era um novo Phineas Gage, caído em desgraça social, incapaz de raciocinar e de decidir de forma que conduzisse à manutenção e ao melhoramento de sua pessoa e de sua família. Já não era capaz de funcionar como ser humano independente e, tal como Gage, também tinha desenvolvido hábitos de colecionador. Em outros aspectos, no entanto, Elliot era diferente. Era menos intenso do que Gage parece ter sido e nunca recorria à obscenidade. Se as diferenças correspondem a localizações ligeiramente diferentes das lesões ou a diferenças existentes nos respectivos passados socioculturais, a diferentes personalidades em termos de tendência mórbida ou até a diferentes idades, eis uma questão empírica para a qual, por enquanto, não tenho resposta.

Mesmo antes de estudar o cérebro de Elliot com as técnicas modernas de neuroimagem, eu sabia que a lesão envolvia o lobo frontal; seu perfil neuropsicológico apontava apenas para essa região. Tal como veremos no capítulo 4, lesões em outros locais (por exemplo, no lado direito do córtex somatossensorial) podem comprometer a capacidade de tomada de decisões, mas nesses casos há outros defeitos associados (paralisias, perturbações sensoriais).

Os estudos de tomografia computadorizada e de ressonância magnética efetuados em Elliot revelaram que os lobos frontais direito e esquerdo tinham sido afetados e que a lesão do direito era muito superior à do esquerdo. De fato, a superfície externa do lobo frontal esquerdo estava intata e todos os danos sofridos pelo lado esquerdo concentravam-se nos setores orbital e mediano. No lado direito, esses setores estavam também danificados, porém, além deles, o cerne do lobo (a massa branca que se encontra por baixo do córtex cerebral) tinha sido destruído. Uma grande porção dos córtices frontais direitos tinha deixado de ter qualquer viabilidade funcional.

Em ambos os lados, as partes do lobo frontal responsáveis pelo controle dos movimentos (as regiões motora e pré-motora) não tinham sido danificadas. O que não era de espantar, visto Elliot apresentar movimentos inteiramente normais. Também, como seria de esperar, os córtices frontais relacionados com a linguagem (a área de Broca e seus arredores) estavam intatos. A região imediatamente atrás da base do lobo frontal, o prosencéfalo basal, estava igualmente intata. Essa região é uma das muitas necessárias para a aprendizagem e para a memória. Se ela tivesse sido atingida, a memória de Elliot teria ficado prejudicada.

Havia algum sinal de quaisquer outras lesões no cérebro de Elliot? A resposta é um não definitivo. As regiões temporal, occipital e parietal estavam intatas em ambos os hemisférios, esquerdo e direito. O mesmo acontecia em relação aos grandes núcleos de massa cinzenta localizados abaixo do córtex: os gânglios basais e o tálamo. As lesões estavam assim confinadas aos córtices pré-frontais. Tal como em Gage, o setor ventromediano desses córtices tinha sofrido a maior parte da lesão. No entanto, em Elliot ela era mais extensa no lado direito do que no esquerdo.

Poder-se-ia pensar que muito pouco desse cérebro tinha sido destruído e que grande parte fora preservada. No entanto, a quantidade danificada por uma lesão não é o que mais conta nas conseqüências das lesões cerebrais. O cérebro não é uma extensa massa disforme de neurônios que fazem a mesma coisa onde quer que se encontrem. Acontece que as estruturas destruídas em Gage e Elliot são aquelas necessárias para que o raciocínio culmine numa tomada de decisão.

UMA MENTE NOVA

Lembro-me de ter ficado impressionado com a sanidade intelectual de Elliot, mas recordo-me também de achar que outros doentes com lesões no lobo frontal *pareciam* estar sãos e, no entanto, possuíam alterações intelectuais sutis, apenas detectáveis por meio de testes neuropsicológicos especiais. As alterações de comportamento tinham sido freqüentemente atribuídas a deficiências na memória ou na atenção. Mas o estudo de Elliot levou-me a abandonar essa explicação.

Elliot fora examinado anteriormente em outra instituição, onde o diagnóstico tinha negado a existência da chamada "síndrome orgânica cerebral". Em outras palavras, Elliot não demonstrou limitações quando foi submetido a testes padrão de inteligência. Seu cociente de inteligência (o chamado QI) encontrava-se na gama superior, e sua posição na Escala de Inteligência para Adultos de Wechsler não indicava a existência de qualquer anormalidade. Conclui-se que seus problemas não eram resultado de "doença orgânica" ou de "disfunção neurológica" — em outras palavras, doença cerebral —, mas reflexo de problemas de ajustamento "emocional" e "psicológico" — ou seja, problemas mentais —, os quais poderiam ser resolvidos por psicoterapia. Só depois de uma série de sessões terapêuticas se ter revelado infrutífera é que Elliot foi enviado para nossa unidade. (A distinção entre doenças do "cérebro" e da "mente", entre problemas "neurológicos" e "psicológicos" ou "psiquiátricos", constitui uma herança cultural infeliz que penetra na sociedade e na medicina. Reflete uma ignorância básica da relação entre o cérebro e a mente. As doenças do cérebro são vistas como tragédias que assolam as pessoas, as quais não podem ser culpadas pelo seu estado, enquanto as doenças da mente, especialmente aquelas que afetam a conduta e as emoções, são vistas como inconveniências sociais nas quais os doentes têm muitas responsabilidades. Os indivíduos são culpados por imperfeições de caráter, por modulação emocional deficiente, e assim por diante; a falta de força de vontade é, supostamente, o problema primário.)

O leitor pode perguntar, e com razão, como é possível uma avaliação médica anterior tão errada. Poderia alguém tão prejudicado como Elliot ter um bom desempenho nos testes psicológicos? De fato, sim. Doentes com anomalias profundas em termos de comportamento social podem ter um excelente desempenho em muitos testes de inteligência, ou mesmo na maioria deles. Essa é a realidade frustrante com a qual clínicos e investigadores se têm debatido durante décadas. A doença cerebral pode existir, mas os testes de laboratório falham na medição de limitações significativas. Claro que o problema reside nos testes, e não nos doentes. Os testes não são adequados para as funções que estão comprometidas e, por isso, não conseguem medir nenhuma limitação. Conhecendo o estado e a lesão de Elliot, previ que ele seria considerado normal pela maioria dos testes neuropsicológicos, mas anormal num pequeno número de testes sensíveis a alterações nos córtices frontais. Como veremos mais à frente, Elliot viria de novo a surpreender-me.

Os testes psicológicos e neuropsicológicos padrão revelaram um intelecto superior.[2] Em todos os subtestes da Escala de Inteligência para Adultos de Wechsler, Elliot exibiu capacidades de nível superior ou médio. Sua memória imediata de dígitos era de nível superior, assim como a memória verbal de curto prazo e a memória visual de padrões geométricos. A memória defasada da lista de palavras e da ilustração complexa de Rey encontrava-se dentro dos níveis normais. A realização do Exame de Afasia Multilingüística (uma coleção de testes que avaliam vários aspectos da compreensão e produção da linguagem) foi normal. Suas capacidades de percepção visual e de construção revelaram-se normais nos testes de Benton para a Discriminação Facial e para o Juízo de Orientação Linear e nos testes de orientação geográfica e de construção bi e tridimensional de blocos. A cópia da figura complexa de Rey-Osterrieth também se revelou normal.

Elliot executou adequadamente os testes de memória que utilizam interferência. Um dos testes envolveu a evocação de trigramas consonantes, após defasagens temporais de três, nove e dezoito segundos, com a distração de uma contagem decrescente; outro, a evocação de itens, após uma defasagem de quinze segundos, dispendido na elaboração de cálculos. A maior parte dos doentes com lesões no lobo frontal executa esses testes de forma anormal; Elliot desempenhou bem ambas as tarefas, com uma precisão de 100% e 95%, respectivamente.

Em suma, a capacidade perceptiva, a memória do passado, a memória de curto prazo, a aprendizagem de novos fatos, a linguagem e a capacidade de efetuar cálculos aritméticos estavam intatas. A atenção — a capacidade de concentração num determinado conteúdo mental em detrimento de outros — estava também intata; igualmente intata estava a memória de trabalho,* a qual consiste na capacidade de reter informação durante um período de muitos segundos e de a manipular mentalmente.

A memória é testada habitualmente no domínio das palavras ou números, dos objetos ou de suas características. Por exemplo, após ser informado de um número de telefone, o indivíduo é solicitado a repeti-lo imediatamente na ordem inversa, omitindo os dígitos ímpares.

Minha previsão de que Elliot falharia nos testes concebidos para detectar disfunções no lobo frontal não estava correta. Ele revelou-se tão intato em termos intelectuais que até os testes especiais não lhe apresentaram nenhuma dificuldade. Um bom exemplo foi seu comportamento no Teste de Escolha de Cartões de Wisconsin, o mais proeminente do pequeno grupo dos chamados testes do lobo frontal, o qual envolve a ordenação de uma longa série de cartões cuja imagem pode ser classificada de acordo com a cor (por exemplo, vermelho ou verde), forma (estrelas, círculos, quadrados) e números (um, dois ou três elementos). Quando o examinador substitui o critério segundo o qual o inquirido está fazendo a ordenação, esse tem de se aperceber da mudança rapidamente e adotar um novo critério. Nos anos 60, a psicóloga Brenda Milner mostrou que é freqüente os doentes com lesões nos córtices pré-frontais apresentarem limitações sig-

---

(*) *Working memory*, no original. (N. T.)

nificativas nessa tarefa, descoberta que tem sido repetidamente confirmada por outros investigadores.[3] Os doentes tendem a fixar-se num critério em vez de alterar o mecanismo de ordenação de forma apropriada. Elliot alcançou seis categorias em setenta ordenações — algo que a maioria dos doentes com lesões no lobo frontal não consegue fazer. Transpôs a tarefa, não revelando qualquer diferença em face de indivíduos sem lesões. Ao longo dos anos, ele tem conservado esse tipo de desempenho no teste Wisconsin e em tarefas semelhantes. O desempenho normal de Elliot nesse teste revelou sua capacidade de utilizar memória de trabalho e também a competência de sua lógica e capacidade de alterar o cenário mental.

A capacidade de fazer estimativas acerca de um determinado assunto com base em conhecimento incompleto é outro índice de função intelectual superior, que se encontra freqüentemente afetada nos doentes com lesões no lobo frontal. Dois investigadores, Tim Shallice e M. Evans, delinearam uma tarefa que permite a avaliação dessa capacidade por meio de um conjunto de questões para as quais qualquer um não teria uma resposta exata (a não ser que um de nós seja um colecionador de trivialidades) e cuja solução requer conjeturas acerca de uma grande variedade de fatos desconexos bem como operações lógicas sobre esses fatos, de modo a chegar a uma inferência válida.[4] Imagine, por exemplo, que lhe perguntem quantas girafas existem na cidade de Nova York ou quantos elefantes existem no estado de Iowa. É preciso levar em consideração que nenhuma dessas espécies é nativa da América do Norte e que os jardins zoológicos e os parques de vida selvagem são, por isso, os únicos locais onde podem ser encontradas; é preciso também ter em conta o mapa global da cidade de Nova York ou do estado de Iowa e delinear quantos desses locais é provável existir em cada um desses espaços; e, a partir de um outro "banco de dados" de seu conhecimento, poderá estimar o número provável de girafas e de elefantes em *cada* um desses locais; e adicionar, por fim, tudo isso, obtendo um número. (Espero que você responda com um número razoável e satisfatório; ficaria porém surpreendido — e preocupado — se soubesse o número exato.) Em essência, você tem de produzir uma estimativa aceitável, baseada em fragmentos de conhecimento não relacionado; e possuir uma competência lógica normal, uma atenção normal e uma memória de trabalho normal. Elliot, que podia agir tão irracionalmente, produziu estimativas cognitivas dentro da gama normal.

A essa altura, Elliot tinha vencido a maioria das dificuldades que lhe tinham sido postas. Contudo, ainda não se submetera a um teste de personalidade — seria agora, pensei. Qual seria a probabilidade de se sair bem no principal teste de personalidade, o Inventário Multifásico de Personalidade de Minnesota,[5] também conhecido por MMPI (*Minnesota Multiphasic Personality Inventory*)? Como o leitor já deve ter adivinhado, Elliot também se revelou normal nesse teste. Produziu um perfil válido com um desempenho perfeitamente genuíno.

Após todos esses testes e à luz dos resultados, Elliot aparecia como um homem com um intelecto normal que era incapaz de decidir de forma adequada, especialmente quando a decisão envolvia matéria pessoal e social. Poderia ser o caso de o raciocínio e a tomada de decisões nos domínios pessoal e social serem diferentes do raciocínio e do pensamento nos domínios referentes a objetos, espaço, números e palavras? Será que dependiam de sistemas e processos neurais diferentes? Tive de aceitar o fato de que, apesar das grandes alterações que acompanharam sua lesão cerebral, nada mais poderia ser medido no laboratório com os instrumentos neuropsicológicos tradicionais. Havia outros doentes que tinham demonstrado esse tipo de dissociação, mas nenhum de forma tão devastadora, pelo menos em termos do impacto que provocaram sobre os investigadores. Para medir qualquer limitação, teríamos de desenvolver novas abordagens. E, se quiséssemos explicar satisfatoriamente as deficiências do comportamento de Elliot, teríamos de desistir da avaliação tradicional; os desempenhos impecáveis dele mostravam que não podíamos acusar os suspeitos habituais.

RESPOSTA AO DESAFIO

Poucas coisas podem ser tão salutares quando se encontra um obstáculo intelectual como dar umas férias ao problema ou a nós próprios. Assim sendo, fiz uma pausa em relação ao problema de Elliot e, quando regressei, descobri que minha perspectiva acerca do caso tinha começado a mudar. Apercebi-me de que tinha estado excessivamente preocupado com o estado da inteligência de Elliot e com os instrumentos de sua racionalidade e de que não havia prestado muita atenção as suas emoções, por diversas razões. À primeira vista, as emoções de Elliot nada tinham fora do comum. Ele era, como mencionei antes, emocionalmente contido, mas há muitas pessoas ilustres e de sociabilidade exemplar que têm sido emocionalmente contidas. Com certeza ele não era hiperemotivo; não ria ou chorava à toa nem parecia triste nem alegre, embora tivesse um sentido de humor sutil bem mais atraente e socialmente aceitável que o de várias pessoas que conheço. Numa análise mais aprofundada, contudo, havia qualquer coisa que faltava, e eu tinha ignorado a principal prova desse fato: Elliot era capaz de relatar a tragédia de sua vida com uma imparcialidade que não se ajustava à dimensão dos acontecimentos. Agia sempre de forma controlada, descrevendo as cenas como um espectador impassível e desligado. Não havia nunca sinal de seu próprio sofrimento, apesar de ser o protagonista. Em si mesmo, esse fato não era propriamente um problema: restrições desse tipo são bem-vindas, do ponto de vista de um médico-ouvinte, dado que reduzem os custos emocionais do observador. Mas, à medida que falava com Elliot, horas a fio, tornou-se claro que sua distância era invulgar. Ele não exercia qualquer restrição aos seus sentimentos. Era calmo. Descontraído. Suas narrativas fluíam sem esforço. Não inibia a expressão da ressonância emocional interna ou silenciava o tumulto interior apenas porque não tinha nenhum tumulto para silenciar. Isso não era uma fleuma culturalmente adquirida. De uma forma curiosa, e sem querer protetora, ele não era afetado pela própria tragédia. Apercebi-me de que eu sofria mais quando ouvia as histórias de Elliot do que ele próprio parecia sofrer. Para ser exato, senti que, apenas pelo fato de *pensar* naquelas histórias, eu sofria mais do que ele.

Pouco a pouco, a imagem desse desafeiçoamento foi se construindo, em parte, pelas minhas observações, em parte, pelo relato do doente e, em parte, pelo testemunho de familiares. Elliot manifestava suas emoções de forma mais branda do que o tinha feito antes da doença. Abordava a vida com a mesma nota neutra. Nas muitas horas de conversa que tivemos, nunca detectei traço de emoção: nenhuma tristeza, nenhuma impaciência, nem qualquer frustração com meu interrogatório incessante e repetitivo. Descobri que o comportamento que adotara comigo era o mesmo que apresentava no seu dia-a-dia. Raras vezes se zangava e, nas poucas ocasiões em que se enfurecia, a explosão era curta, regressando rapidamente ao seu novo modo de ser, calmo e sem rancores.

Mais tarde, e de uma forma espontânea, eu viria a obter diretamente de Elliot a prova de que necessitava. Meu colega Daniel Tranel estava realizando uma experiência psicofisiológica na qual apresentava aos doentes estímulos visuais emocionalmente carregados — por exemplo, imagens de edifícios ruindo em terremotos, casas incendiando, pessoas feridas na seqüência de acidentes sangrentos ou na iminência de se afogar em enchentes. Enquanto interrogávamos Elliot, depois de uma das muitas sessões em que viu essas imagens, ele me disse, sem qualquer equívoco, que seus sentimentos tinham se alterado desde a doença. Conseguia aperceber-se de que os tópicos que antes lhe suscitavam emoções fortes já não lhe provocavam nenhuma reação, positiva ou negativa.

A informação que acabava de nos dar era espantosa. Tente colocar-se no lugar dele. Tente imaginar que a contemplação de uma pintura que adora ou a audição de sua música favorita não lhe proporcionem prazer. Tente imaginar-se para sempre destituído dessa possibilidade e, no entanto, consciente do conteúdo intelectual do estímulo visual ou musical, assim como perfeitamente consciente de que outrora esse lhe tinha proporcionado prazer. O estado de Elliot poderia ser resumido como *saber mas não sentir*.

Comecei a ficar intrigado com a possibilidade de a alteração das emoções e dos sentimentos poder ter algum papel nas falhas de decisão de Elliot. Para apoiar essa idéia, contudo, eram necessários estudos adicionais com ele e outros doentes. Antes de mais nada, era necessário excluir, sem sombra de dúvida, a possibilidade de uma sutil dificuldade intelectual poder explicar, por si só, os problemas de Elliot.

RACIOCINAR E DECIDIR

A exclusão sistemática de deficiências intelectuais sutis necessitou de várias abordagens. Era importante estabelecer se Elliot ainda conhecia as normas e os princípios de comportamento cuja utilização ignorava dia após dia. Por outras palavras, teria ele perdido o conhecimento relativo ao comportamento social de tal modo que, mesmo com os mecanismos de raciocínio normais, não seria capaz de resolver um determinado problema? Ou estava ele ainda de posse desse conhecimento, já não sendo, no entanto, capaz de mobilizá-lo e manipulá-lo? Ou seria capaz de ter acesso ao conhecimento, mas incapaz de utilizá-lo e fazer uma escolha?

Fui ajudado nessa investigação por Paul Eslinger, então meu discípulo. Começamos por apresentar a Elliot uma série de problemas centrados em dilemas éticos e questões financeiras. Por exemplo, digamos que ele necessitasse de dinheiro; se lhe surgisse uma oportunidade, com a garantia de que não seria descoberto, cometeria ele um roubo? Ou, se ele conhecesse a situação das ações companhia X durante o mês passado, venderia as que possuía ou compraria mais? As respostas de Elliot não foram diferentes daquelas que qualquer um de nós no laboratório poderia dar. Seus juízos éticos seguiam princípios que todos nós partilhamos. Elliot estava ciente da forma como as convenções sociais se aplicam aos problemas. Suas decisões financeiras pareciam razoáveis. Os problemas que preparamos não tinham nada de especialmente sofisticado, mas era espantoso, apesar disso, descobrir que Elliot os resolvia de maneira normal, dado que, na vida real, seu comportamento era um catálogo de violações nos domínios abrangidos pelos problemas apresentados. Essa dissociação entre a deficiência na vida real e a normalidade no laboratório constituía um novo desafio.

Mais tarde, meu colega Jeffrey Saver responderia a esse desafio com o estudo do comportamento de Elliot numa série de tarefas relacionadas com convenções sociais e valores morais. Permita-me que descreva essas tarefas.

A primeira consistia na criação de opções de ação. Esse instrumento foi projetado para medir a capacidade de criar soluções alternativas para problemas sociais hipotéticos. Quatro situações sociais desagradáveis são verbalmente apresentadas no teste, e pede-se ao doente que produza diferentes opções de resposta verbal para cada problema (as quais se espera que ele descreva verbalmente). Numa situação, o protagonista quebra um vaso de flores da esposa; pede-se ao doente que defina ações que poderiam ser tomadas pelo protagonista de modo a evitar que a esposa fique zangada. Emprega-se um conjunto padronizado de questões, tais como "Que mais pode ele fazer?", para estimular soluções alternativas. Calcula-se o número de soluções alternativas, relevantes e discretas, concebidas pelo doente, antes e depois da estimulação. Comparado com o desempenho de um grupo de controle, Elliot não exibiu qualquer déficit no número de soluções relevantes geradas antes da estimulação, no número total de soluções relevantes ou na relevância dessas soluções.

A segunda tarefa visava obter uma amostra da inclinação espontânea do doente para considerar as conseqüências das ações. O doente é confrontado com quatro situações hipotéticas nas quais surge a tentação de transgredir convenções sociais comuns. Num caso, o protagonista entrega um cheque num banco e, por engano, o caixa entrega-lhe dinheiro a mais. Pede-se ao doente que descreva a possível evolução desse cenário, indicando os pensamentos do protagonista que precedem uma ação e quaisquer pensamentos ou acontecimentos subseqüentes. A pontuação reflete a freqüência com que as respostas incluem a consideração das conseqüências resultantes da escolha de uma dada opção. Nessa tarefa, o desempenho de Elliot foi ainda superior ao do grupo de controle.

A terceira tarefa, o Procedimento de Resolução de Problemas Meios-Fins, visava à avaliação da capacidade do doente de conceber meios eficazes para atingir um objetivo social. O doente é confrontado com dez cenários diferentes, devendo conceber medidas apropriadas e eficazes para atingir um objetivo especificado, de modo a satisfazer uma necessidade social — por exemplo, o estabelecimento de uma amizade, a preservação de um relacionamento romântico ou a resolução de uma dificuldade profissional. Poder-se-á informar o indivíduo de que alguém está se mudando para um bairro novo, que adquire muitos bons amigos e que se sente em casa nesse local. Pede-se então ao doente que elabore uma história, descrevendo os acontecimentos que conduziram a esse resultado feliz. A pontuação consiste no número de ações efetivas que conduzem ao resultado. Elliot desempenhou essa tarefa impecavelmente.

A quarta tarefa diz respeito à capacidade de prever as conseqüências sociais de acontecimentos. Em cada um dos trinta itens do teste, o doente observa um painel onde um desenho apresenta uma situação interpessoal e pede-se que escolha, entre três outros painéis, aquele que retrata o resultado mais provável do painel inicial. A pontuação reflete o número de escolhas corretas. Elliot não se comportou de maneira diferente da dos indivíduos normais que formavam o grupo de controle.

A quinta e última tarefa, a Entrevista de Juízo Moral de Questões Padrão (uma versão modificada do dilema de Heinz, idealizada por L. Kohlberg e seus colegas),[6] tinha por finalidade avaliar o estágio de desenvolvimento do raciocínio moral. Perante uma situação social que coloca dois imperativos morais em conflito, solicita-se ao doente que indique uma solução para o problema e que forneça uma justificação ética detalhada para essa solução. Numa dessas situações, por exemplo, o doente tem de decidir, e explicar, se o protagonista deve ou não roubar um medicamento de modo a impedir a morte de sua mulher. A pontuação emprega critérios explícitos de ordenação por estágios com o objetivo de atribuir um nível específico de desenvolvimento moral a cada juízo produzido durante a entrevista.

O resultado da entrevista classifica o doente como pertencendo a um de cinco estágios de raciocínio moral sucessivamente mais complexos. Essas categorias de raciocínio moral incluem níveis pré-convencionais (estágio 1, obediência e orientação da punição; estágio 2, finalidade instrumental e permuta); níveis convencionais (estágio 3, acordo interpessoal e conformidade; estágio 4, acordo social e manutenção do sistema); e um nível pós-convencional (estágio 5, contrato social, utilidade, direitos individuais). Foram realizados estudos que sugerem que aos 36 anos de idade, 89% dos homens americanos de classe média evoluem para o estágio convencional de raciocínio moral, e 11% evoluem para o estágio pós-convencional. Elliot atingiu um resultado global de $\frac{4}{5}$, o que indica uma categoria de pensamento moral entre o estágio convencional avançado e o pós-convencional incipiente. Um resultado excelente.

Em suma, Elliot possuía uma capacidade normal de gerar opções de resposta para situações sociais e de considerar espontaneamente as conseqüências de determinadas opções de resposta. Possuía da mesma forma a capacidade de conceber meios para atingir objetivos sociais, de predizer o resultado provável de situações sociais e de empreender raciocínios morais em um nível de desenvolvimento avançado. Os resultados indicavam claramente que a lesão do setor ventromediano do lobo frontal não tinha destruído os registros do conhecimento social tal como esses foram recuperados nas condições experimentais descritas acima.[7]

Apesar de a manutenção do alto nível de desempenho de Elliot ser coerente com os bons resultados obtidos nos testes convencionais de memória e intelecto, isso estava em nítido contraste com a capacidade de decisão profundamente deficiente que ele exibia na vida real. Como se poderia explicar tal discrepância? Para encontrar a explicação dessa dissociação dramática, consideremos as várias diferenças existentes entre as condições e exigências dessas tarefas e as condições e exigências da vida real.

Exceto para a última tarefa, não existia necessidade de fazer uma escolha entre várias opções. Era suficiente tecer conjeturas acerca de opções e conseqüências prováveis. Por outras palavras, revelava-se suficiente raciocinar sobre o problema, mas não era necessário levar o raciocínio a culminar numa decisão. O desempenho normal dessa tarefa demonstrou a existência de conhecimento social e de acesso a ele, mas não revelou nada sobre o processo ou a escolha em si. A vida real tem o poder de nos forçar a fazer escolhas. Se não nos submetemos a essa pressão, podemos tornar-nos tão indecisos como Elliot.

A distinção acima referida tem exemplo ilustrativo nas próprias palavras de Elliot. No fim de uma sessão, depois de ter produzido uma quantidade abundante de opções de ação, todas elas válidas e exeqüíveis, Elliot sorriu, aparentemente satisfeito com sua imaginação fértil, mas acrescentou: "E, depois de tudo isso, ainda não saberia o que fazer!".

Mesmo que tivéssemos utilizado testes que impusessem a Elliot fazer uma escolha em cada item, as condições continuariam a diferir das circunstâncias da vida real. Ele estaria lidando apenas com o conjunto original de restrições e não com novas restrições resultantes de uma resposta inicial. Se se tratasse da "vida real", para cada opção oferecida por Elliot numa determinada situação, haveria uma contra-resposta, o que teria modificado a situação e requerido um conjunto adicional de opções, a ser fornecidas por Elliot, o que conduziria a mais uma resposta ainda e, por sua vez, à necessidade de um outro conjunto de opções, e assim por diante. Em outras palavras, a evolução contínua, ilimitada e incerta das situações da vida real não constava das tarefas laboratoriais. No entanto, o objetivo do estudo de Jeffrey Saver era analisar o estado e a acessibilidade da base de conhecimentos em si mesmos e não o processo de raciocínio e de decisão.

Devo salientar outras diferenças entre a vida real e as tarefas laboratoriais. A escala de tempo dos acontecimentos considerados nas tarefas estava condensada, em vez de corresponder à real. Não era *real-time*. Em algumas circunstâncias, o processamento no tempo real pode requerer a retenção de informação na mente — representações de pessoas, objetos ou cenas, por exemplo — por períodos mais longos, especialmente se surgem novas opções ou conseqüências que requerem comparação. Além disso, nas nossas tarefas, as situações e questões foram apresentadas quase por completo por meio da linguagem. É muito freqüente a vida real apresentar-nos uma mistura maior de material imagético e lingüístico. Somos confrontados com pessoas e com objetos; com imagens, sons, aromas etc.; com cenas de intensidades variadas; e com todo o tipo de narrativas verbais ou pictóricas que criamos para acompanhá-los.

À parte essas lacunas, tínhamos feito progressos. Os resultados sugeriam que não devíamos atribuir a deficiência da capacidade de decisão de Elliot à ausência de conhecimento social, a um acesso deficiente a tal conhecimento, a uma limitação elementar do raciocínio ou, ainda menos, a um defeito elementar na atenção ou na memória de trabalho relativo ao processamento do conhecimento de fatos necessário para tomar decisões nos domínios pessoal e social. A deficiência parecia radicar-se nos estágios de raciocínio mais avançados, próximo da ou no momento em que a concretização de uma escolha ou a seleção de uma resposta devem ocorrer. Em outras palavras, o que quer que corresse mal, corria numa fase avançada do processo. Elliot era incapaz de fazer uma escolha eficiente e podia não chegar sequer a fazer uma escolha, ou escolher mal. Recordamos como ele divagava diante de uma dada tarefa e passava horas enfiado num beco sem saída. Ao sermos confrontados com uma tarefa, um sem-número de opções abrem-se a nossa frente, e temos de selecionar corretamente nosso caminho, dia após dia, se quisermos continuar em frente. Elliot já não conseguia selecionar esse caminho. A razão dessa incapacidade era o mistério.

Eu estava agora certo de que Elliot tinha muito em comum com Phineas Gage. Os comportamentos sociais e as deficiências na tomada de decisões eram compatíveis com uma base de conhecimentos sociais normal e com a preservação de funções neuropsicológicas do mais alto nível, tais como a memória convencional, a linguagem, a atenção elementar, a memória de trabalho elementar e o raciocínio elementar. Além disso, estava certo de que, no caso de Elliot, o defeito era acompanhado de uma redução na capacidade de reação emocional e da vivência dos sentimentos. (É provável que o defeito emocional também estivesse presente no caso de Gage, mas os documentos existentes não nos permitem ter a certeza. Podemos deduzir que Gage não sentia vergonha ou embaraço, dado o uso que fazia da linguagem obscena e da exposição pública de sua própria desgraça.) Também tinha uma forte suspeita de que a falta de emoções e sentimentos não era um espectador inocente perto da deficiência de comportamento social. As emoções conturbadas contribuíam provavelmente para o problema. Comecei a pensar que a frieza do raciocínio de Elliot o impedia de atribuir diferentes "valores" às diferentes opções, tornando a sua paisagem de tomada de decisões desesperadamente plana. Poderia também ser o caso de essa mesma frieza ter tornado a sua paisagem mental demasiado instável e efêmera, desprovida do tempo necessário para a seleção de respostas. Em outras palavras, poderia tratar-se não de um defeito básico mas sutil na memória de trabalho que alteraria o remanescente do processo de raciocínio necessário para a emergência da decisão. Fosse como fosse, a tentativa de compreender tanto Elliot como Gage prometia uma entrada na neurobiologia da racionalidade.

4
A SANGUE-FRIO

É bem sabido que, sob certas circunstâncias, as emoções perturbam o raciocínio. As provas disso são abundantes e estão na origem dos bons conselhos com que temos sido educados. Mantenha a cabeça fria, mantenha as emoções afastadas! Não deixe que as paixões interfiram no bom juízo. Em resultado disso, concebemos habitualmente as emoções como uma faculdade mental supranumerária, um parceiro do nosso pensamento racional que é dispensável e imposto pela natureza. Se a emoção é aprazível, fruímo-la como um luxo; se é dolorosa, sofremo-la como um intruso indesejado. Em qualquer dos casos, o conselho dos sábios será o de que devemos experienciar as emoções e os sentimentos apenas em quantidades adequadas. Devemos ser razoáveis.

Há muita sabedoria nessa crença tão aceita, e não vou negar que as emoções não controladas e mal orientadas podem constituir uma das principais origens do comportamento irracional. Tampouco negarei que um raciocínio aparentemente normal pode ser perturbado por inflexões sutis enraizadas nas emoções. Por exemplo, é mais provável que um doente aceite de bom grado um determinado tratamento se lhe disserem que 90% das pessoas tratadas em casos semelhantes se encontram vivas ao fim de cinco anos do que se for informado de que 10% morreram.[1] Embora o resultado final seja precisamente o mesmo, é natural que os sentimentos que surgem associados à idéia de morte conduzam à rejeição de uma opção que seria aceita sob a outra ótica: eis um exemplo acabado de uma inferência irracional. O fato de essa irracionalidade não resultar da ausência de conhecimento pode ser atestado pelo fato de que os doentes que são médicos respondem da mesma forma que os doentes que não são. Todavia, o que é ignorado pela abordagem tradicional é uma noção que emerge do estudo de doentes como Elliot e de outras observações que mencionarei mais à frente: *a redução das emoções pode constituir uma fonte igualmente importante de comportamento irracional*. Essa ligação aparentemente ilógica entre ausência de emoções e comportamento anômalo pode ensinar-nos muito sobre o mecanismo biológico da razão.

Comecei a tentar delimitar essa noção recorrendo à abordagem da neuropsicologia experimental.[2] Essa abordagem depende, em termos gerais, dos seguintes passos: encontrar correlações sistemáticas entre lesões em determinados locais do cérebro e perturbações do comportamento e da cognição; validar os resultados pelo estabelecimento do que é conhecido como dissociações duplas, nas quais as lesões no local A provocam a perturbação X mas não a perturbação Y, enquanto lesões no local B causam a perturbação Y mas não a X; formular tanto hipóteses gerais como particulares, de acordo com as quais um sistema neural normal constituído por diferentes componentes (isto é, regiões corticais e núcleos subcorticais) desempenha uma operação cognitiva/comportamental normal com diferentes componentes específicos; e, finalmente, avaliar a validade das hipóteses formuladas com novos casos de lesões cerebrais, nos quais uma dada lesão num determinado local funciona como uma espécie de *sonda* para verificar se a lesão provocou o efeito que se esperava de acordo com as hipóteses iniciais.

A finalidade da abordagem neuropsicológica é, pois, a de explicar a forma como certas operações cognitivas e seus componentes estão relacionados com os sistemas neurais e seus componentes. A neuropsicologia não se ocupa, ou pelo menos não deve ocupar-se, da descoberta da "localização" cerebral de um dado "sintoma" ou "síndrome".

Minha primeira preocupação foi verificar se as observações sobre Elliot se repetiam em outros doentes. Foi o que aconteceu, de fato. Até hoje, estudamos doze doentes* com lesões pré-fron-

(*) Até 1993. (N. A.)

78

tais do tipo registrado em Elliot, e em nenhum dos casos deixamos de encontrar uma associação entre deficiência na tomada de decisões e perda de emoções e sentimentos. A capacidade da razão e a experiência de emoções estão reduzidas em conjunto, e suas limitações sobressaem num perfil neuropsicológico em que a atenção, a memória, a inteligência e a linguagem em termos de seus níveis básicos parecem tão intatas que nunca poderiam ser invocadas como explicação das falhas dos doentes na capacidade de juízo.

Mas a notória diminuição concomitante da razão e dos sentimentos não surge apenas após uma lesão pré-frontal. Neste capítulo, mostrarei como essa combinação de limitações pode surgir da lesão de outras regiões cerebrais específicas e como tais correlações sugerem uma interação entre os sistemas subjacentes aos processos normais da emoção e da razão.

EVIDÊNCIA A PARTIR DE OUTROS CASOS DE LESÕES PRÉ-FRONTAIS

Gostaria de comentar, numa perspectiva histórica, os casos de lesões pré-frontais. Phineas Gage não é a única fonte histórica importante para a tentativa de compreender as bases neurais do raciocínio e da capacidade de decisão; podemos encontrar quatro outras fontes para ajudar a delinear o perfil básico.

O primeiro caso, que será aqui identificado como "doente A", foi estudado em 1932 por Brickner, um neurologista da Columbia University. O doente A era um corretor da Bolsa, vivia em Nova York, tinha 39 anos e era pessoal e profissionalmente bem-sucedido. Esse doente desenvolveu um tumor cerebral como o de Elliot, um meningioma.[3] O tumor comprimiu os lobos frontais e produziu um resultado semelhante ao que observamos em Elliot. Walter Dandy, pioneiro da neurocirurgia, conseguiu remover o tumor que ameaçava a vida do doente, mas não antes de ter causado lesões extensas nos córtices cerebrais nos lobos frontais, esquerdo e direito. As áreas afetadas incluíram todas aquelas também perdidas em Elliot e Gage, mas de forma um pouco mais extensa. No lado esquerdo, todos os córtices frontais localizados à frente das áreas responsáveis pela linguagem foram removidos. No lado direito, a excisão foi maior e incluiu todo o córtex em frente das áreas que controlam o movimento. Os córtices na superfície ventral (orbital) e na parte inferior da superfície interna (mediana) de ambos os lados dos lobos frontais foram também removidos. A circunvolução do ângulo foi poupada. (A descrição cirúrgica completa foi confirmada, vinte anos depois, na autópsia.)

O doente A possuía uma percepção normal. Sua orientação em relação a pessoas, locais e tempo era normal, assim como a memória convencional de fatos recentes e remotos. As capacidades lingüística e motora não tinham sido afetadas, e a inteligência parecia intata, de acordo com os testes psicológicos disponíveis na época. Foi muito discutido o fato de ele conseguir executar cálculos e jogar um bom jogo de damas. Mas, apesar de sua impressionante saúde física e das louváveis capacidades mentais, o doente A nunca regressou ao trabalho. Ficou em casa formulando

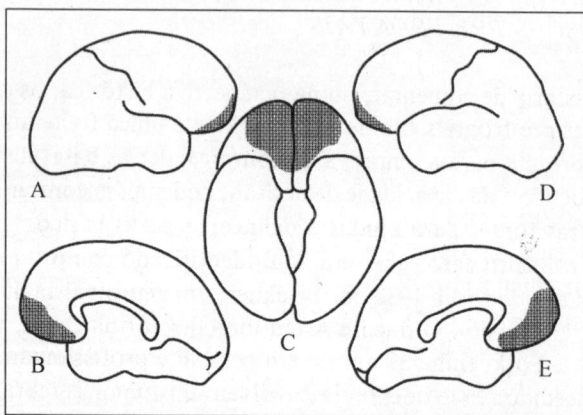

9. As áreas sombreadas representam os setores ventral e mediano do lobo frontal, os quais se encontram comprometidos de forma consistente em doentes com a "matriz de Gage". É de notar que o setor dorsolateral dos lobos frontais não é afetado. A) Hemisfério cerebral direito, perspectiva externa (lateral). B) Hemisfério cerebral direito, perspectiva interna (mediano); C) O cérebro visto por baixo (aspecto ventral ou orbital). D) Hemisfério esquerdo, perspectiva externa; E) Hemisfério esquerdo, perspectiva interna.

planos para seu regresso profissional, mas nunca chegou a implementar o mais simples deles. Outra vida destroçada.

A personalidade de A tinha se alterado profundamente. A modéstia de outrora desaparecera. Tinha sido um homem cortês e ponderado, mas agora seus comentários sobre outras pessoas, incluindo a mulher, eram desrespeitosos e, por vezes, francamente cruéis. Vangloriava-se de suas façanhas profissionais, físicas e sexuais, embora não trabalhasse, não praticasse qualquer esporte e tivesse cessado a atividade sexual com a mulher ou com qualquer outra pessoa. A maior parte de sua conversa girava em torno de façanhas míticas e era apimentada por comentários trocistas, geralmente à custa de outros. Em certas ocasiões, quando frustrado, agia de forma verbalmente insultuosa, embora nunca fisicamente violenta.

A vida emocional do doente A parecia empobrecida. De vez em quando, poderia ter uma fugaz explosão emocional, mas na maior parte do tempo tal exposição não ocorria. Não existem sinais de que nutrisse sentimentos por outros, nem sinal de vergonha, tristeza ou angústia perante a reviravolta trágica de sua vida. O afeto global pode ser sugestivamente descrito como superficial. De um modo geral, o doente A tinha se tornado passivo e dependente. Passou o resto da vida aos cuidados da família. Ensinaram-lhe a trabalhar com uma impressora, na qual fazia cartões de visita, e essa tornou-se sua única atividade produtiva.

O doente A exibia claramente as características cognitivas e comportamentais que estou tentando delimitar e a que chamarei de "matriz de Phineas Gage": depois de sofrer a lesão dos córtices frontais, sua capacidade para escolher o curso de ação mais vantajoso foi perdida; apesar de ter conservado capacidades intelectuais intatas, as emoções e os sentimentos estavam comprometidos. Deve notar-se que, em torno dessa matriz, existem diferenças quando diversos casos são comparados. Mas é inerente à natureza das síndromes terem uma matriz, um núcleo de sintomas partilhados, e uma variação de sintomas na periferia desse núcleo. Tal como indiquei ao discutir as diferenças superficiais entre os casos de Gage e de Elliot, é prematuro estabelecer a causa dessas diferenças. Neste ponto, quero simplesmente realçar a existência de um núcleo partilhado pelos diferentes doentes.

A segunda fonte histórica data de 1940.[4] Donald Hebb e
Wilder Penfield, da McGill University, no Canadá, descreveram
um doente que tinha sofrido um grave acidente aos dezesseis anos
de idade, e a descrição revelou um ponto importante. Phineas Gage, o doente A e os outros doentes modernos com o mesmo tipo
de problema eram adultos normais e já tinham atingido uma personalidade madura quando sofreram lesões nos lobos frontais e
passaram a exibir sinais de comportamento anormal. Qual teria
sido o resultado se as lesões tivessem ocorrido durante o desenvolvimento, em algum momento da infância ou da adolescência?
Deveria prever-se que nunca desenvolveriam uma personalidade
normal e que o sentido social nunca amadureceria? É precisamente
isso que tem sido encontrado nesse tipo de casos. O doente de
Hebb e Penfield teve uma fratura composta dos ossos frontais
que comprimiu e destruiu ambos os lados dos córtices frontais.
Tinha sido uma criança e um adolescente normais; depois do ferimento, contudo, não só a continuação do desenvolvimento social foi bloqueada como o comportamento social se deteriorou.

Talvez ainda mais elucidativo seja o terceiro caso, descrito
por S. S. Ackerly e A. L. Benton em 1948.[5] Esse doente sofreu
uma lesão do lobo frontal pouco depois do nascimento e, por isso, atravessou a infância e a adolescência desprovido de muitos
dos sistemas cerebrais que julgo necessários para a emergência
de uma personalidade humana normal. Confirmando essa expectativa, seu comportamento foi sempre anormal. Embora não fosse
uma criança estúpida e os instrumentos básicos de sua mente pa-
recessem intatos, nunca adquiriu um comportamento social normal. Quando, aos dezenove anos de idade, foi submetido a uma
exploração neurocirúrgica, a intervenção revelou que o lobo frontal esquerdo era pouco mais do que uma cavidade oca e que a
totalidade do lobo frontal direito estava ausente em conseqüência de um atrofiamento. Lesões graves, ocorridas no momento
do nascimento, tinham danificado irreversivelmente a maior parte
dos córtices frontais.

Esse doente nunca foi capaz de se manter empregado. Após
alguns dias de boa disciplina, perdia o interesse pela atividade e
acabava mesmo por roubar ou se comportar de forma desordei-
ra. Qualquer saída da rotina facilmente o induzia em frustração
e poderia provocar-lhe uma explosão de mau humor, embora, em

geral, tendesse a ser dócil e educado. (Foi descrito como possuindo uma "cortesia de mordomo inglês".) Seus interesses sexuais eram reduzidos e nunca se envolveu emocionalmente com nenhuma companhia. O comportamento era estereotipado, desprovido de imaginação, destituído de iniciativa. Nunca adquiriu capacidades profissionais ou *hobbies*. A recompensa ou a punição não pareciam influenciar seu comportamento. A memória era caprichosa; falhava quando se esperava que tivesse aprendido e aprendia espetacularmente em matérias de menor importância, como, por exemplo, o conhecimento detalhado de marcas de automóveis. O doente não era nem feliz nem triste, e tanto o prazer como a dor pareciam ser de curta duração.

Os doentes de Hebb e Penfield e de Ackerly e Benton partilhavam um conjunto de traços de personalidade. Rígidos e perseverantes na forma de encarar a vida, eram ambos incapazes de organizar uma atividade futura e de conservar um emprego rentável; faltava-lhes originalidade e criatividade; tinham tendência a vangloriar-se e a apresentar uma imagem favorável deles próprios; exibiam modos geralmente corretos mas estereotipados; estavam menos aptos do que outros para sentir prazer e reagir à dor; tinham impulsos sexuais e exploratórios diminuídos; e demonstravam uma ausência de defeitos motores, sensoriais ou de comunicação e uma inteligência geral dentro do que seria de esperar dado seu passado sociocultural. Doentes similares são freqüentes e, naqueles que tenho observado, as conseqüências são semelhantes. Assemelham-se ao doente de Ackerly e Benton, tanto na história clínica como no comportamento social. Uma maneira de descrever seu estado é dizer que eles nunca constroem uma teoria apropriada acerca de si próprios ou do seu papel social na perspectiva do passado e do futuro. E o que não conseguem construir para si próprios também não conseguem construir para os outros. Encontram-se privados de uma teoria da sua própria mente e da mente daqueles com quem interagem.[6]

A quarta fonte de evidência histórica vem de um lugar inesperado: a literatura sobre leucotomia pré-frontal. Essa operação cirúrgica, desenvolvida em 1936 pelo neurologista português Egas Moniz, destinava-se a tratar a ansiedade e a agitação associadas a estados psiquiátricos como as doenças obsessivo-compulsivas e a esquizofrenia.[7] De acordo com o modo como foi originalmente planejada por Moniz e executada pelo seu colaborador, o neurocirurgião Almeida Lima, a cirurgia produzia pequenas áreas de lesão na massa branca profunda de ambos os lobos frontais. (O nome da operação é bastante simples: *leukos*, em grego, significa "branco", e *tomos*, "seção"; "pré-frontal" indica a região que era alvo da operação.) Tal como discutimos no capítulo 2, a massa branca localizada por debaixo do córtex cerebral é constituída por feixes de axônios ou fibras nervosas, sendo cada um deles um prolongamento de um neurônio. O axônio é o meio que o neurônio usa para estabelecer contato com outro neurônio. Os feixes de axônios atravessam a substância cerebral na massa branca, ligando diferentes regiões do córtex cerebral. Algumas conexões são locais, entre regiões do córtex separadas por apenas poucos milímetros, enquanto outras ligam regiões muito afastadas, como, por exemplo, regiões corticais de um dos hemisférios cerebrais a regiões corticais do outro. Existem também conexões, numa direção ou na outra, entre regiões corticais e núcleos subcorticais, que são os agregados de neurônios sob o córtex cerebral. Um feixe de axônios que sai de uma determinada região e destina-se a um dado alvo é freqüentemente referido como uma "projeção". Uma seqüência de projeções através de várias estações-alvo é conhecida como "via".*

A idéia inovadora que Moniz concebera era a de que, nos doentes com ansiedade e agitação patológica, as projeções e as vias de massa branca na região frontal tinham estabelecido circuitos anormalmente repetitivos e hiperativos. Não existiam ainda dados que permitissem sustentar tal hipótese, embora estudos recentes sobre a atividade da região orbital em doentes obsessivos e depressivos sugiram que Moniz talvez estivesse correto, pelo menos em parte, mesmo onde os pormenores pudessem estar errados. Mas, se a idéia de Moniz era arrojada e avançada para a evidência disponível na época, ela era pouco mais do que tímida em comparação com o tratamento que ele propunha. Raciocinando com base no caso do doente A e em outros resultados de experiências com animais, que serão discutidos mais adiante, Moniz prognosticou que uma separação cirúrgica dessas conexões aboliria a ansiedade e a agitação, deixando inalteradas as capaci-

(*) *Pathway*, no original. (N. T.)

dades intelectuais. Acreditava que tal tipo de operação curaria o sofrimento dos doentes e lhes permitiria levar uma vida mental normal. Motivado pelo estado de desespero que observou em tantos doentes não tratados, Moniz planejou e empreendeu a operação.

Os resultados das primeiras leucotomias pré-frontais deram algum apoio às previsões de Moniz. A ansiedade e a agitação dos doentes tinha sido abolida, e funções como a linguagem e a memória convencional permaneciam, em larga medida, intatas. Contudo, não seria correto assumir que a cirurgia não prejudicou os doentes em outros aspectos. Os comportamentos, que nunca tinham sido normais, eram agora anormais de uma maneira diferente. A ansiedade extrema deu lugar à calma extrema. As emoções pareciam estagnadas; os doentes não pareciam sofrer. O intelecto vigoroso que tinha produzido idéias obsessivas ou delirantes estava em sossego. A força motriz do doente para responder e agir, por mais errada que fosse, estava silenciada.

Os dados acerca dessas primeiras operações estão longe de ser ideais. Foram recolhidos há muito tempo com os instrumentos e o limitado conhecimento neuropsicológico da época, e não se encontram tão livres de preconceitos, positivos ou negativos, como seria de desejar. A controvérsia sobre essa modalidade de tratamento foi avassaladora. No entanto, os estudos existentes apontam para os seguintes fatos: primeiro, a lesão da massa branca subjacente às regiões orbital e mediana do lobo frontal alterou as emoções e os sentimentos, reduzindo-os drasticamente; segundo, os instrumentos básicos de percepção, memória, linguagem e movimento não foram afetados; e, terceiro, tanto quanto é possível distinguir os sinais de comportamento novos daqueles que conduziram à intervenção, parece que os doentes leucotomizados eram menos criativos e resolutos do que anteriormente.

Por uma questão de justiça para com Moniz e para com as primeiras leucotomias pré-frontais, deve salientar-se que os doentes receberam algum benefício com a cirurgia. Uma maior deficiência em termos de tomada de decisão talvez fosse mais fácil de suportar do que a ansiedade descontrolada. Por muito que uma mutilação cirúrgica do cérebro seja inaceitável, temos de nos lembrar que nos anos 30 o tratamento típico para tais doentes envolvia o enclausuramento em instituições mentais e a administração de doses massivas de sedativos, os quais apenas moderavam a ansiedade e agitação quando os doentes ficavam virtualmente atordoados ou dormiam. As poucas alternativas à leucotomia incluíam a camisa-de-força e a terapia de choque. Só no fim dos anos 50 é que começaram a aparecer drogas psicotrópicas como a torazina. Devemos também recordar que ainda hoje não temos maneira de saber se os efeitos a longo prazo de tais drogas são menos destrutivos para o cérebro do que uma forma seletiva de cirurgia. Não é possível formar uma opinião definitiva sobre esse tema.

Não há, no entanto, qualquer necessidade de reservas quanto à versão muito mais destrutiva da intervenção de Moniz conhecida como lobotomia frontal. A operação concebida por Moniz provocava lesões cerebrais limitadas. Em contraste, a lobotomia frontal era normalmente um trabalho de açougueiro que provocava lesões extensas. Essa intervenção tornou-se mundialmente infame pela forma questionável como era prescrita e pela mutilação desnecessária que produzia.[8]

Com base na documentação histórica e nos dados obtidos em nosso laboratório, chegamos às seguintes conclusões provisórias:

1. Se o setor ventromediano estiver incluído na lesão, a lesão bilateral dos córtices pré-frontais está consistentemente associada a limitações do raciocínio e tomada de decisão e das emoções e sentimentos.

2. Quando limitações no raciocínio e tomada de decisão e nas emoções e sentimentos se tornam salientes, em contraste com um perfil neuropsicológico em larga medida intato, a lesão é muito extensa no setor ventromediano; além disso, o domínio pessoal e social é o mais afetado.

3. Nos casos de lesão pré-frontal em que os setores dorsal e lateral são pelo menos tão extensamente lesionados como o setor ventromediano, as limitações no raciocínio e tomada de decisão já não se encontram concentradas no domínio pessoal e social. Essas limitações, assim como as limitações nas emoções e sentimentos, são acompanhadas por alterações na atenção e na memória de trabalho, detectadas por testes em que se utilizam objetos, palavras e números.

O que precisávamos saber agora era se esses estranhos companheiros — raciocínio e tomada de decisão prejudicados e emoções e sentimentos limitados — podiam aparecer sozinhos ou em outra companhia neuropsicológica como resultado da lesão de qualquer outra zona do cérebro.

A resposta foi afirmativa. Os estranhos companheiros apareciam de forma proeminente como resultado de lesões em outras regiões. Uma dessas regiões era um setor do hemisfério cerebral direito (mas não do esquerdo) que contém os vários córtices responsáveis pelo processamento de sinais emitidos pelo corpo. Uma outra incluía estruturas do sistema límbico, como a amígdala.

EVIDÊNCIA A PARTIR DE LESÕES EM REGIÕES NÃO FRONTAIS

Existe outro estado neurológico importante que partilha a matriz de Phineas Gage mesmo quando, superficialmente, os doentes afetados não se parecem com Gage. A anosognosia, nome pelo qual esse estado é conhecido, é uma das apresentações neuropsicológicas mais bizarras possíveis de encontrar. A palavra — que deriva do grego *nosos*, "doença", e *gnosis*, "conhecimento" — exprime a incapacidade de uma pessoa estar consciente de sua própria doença. Imagine uma vítima de um acidente vascular cerebral de grandes proporções, totalmente paralisada do lado esquerdo do corpo, incapaz de mover a mão e o braço, a perna e o pé, com metade da cara imóvel, incapaz de se levantar ou andar. E agora imagine essa mesma pessoa alheia a todo esse problema, afirmando que nada se passa de especial e respondendo à pergunta "Como é que se *sente*?" com um sincero "Ótimo". (O termo *anosognosia* tem sido também utilizado para designar ignorância da cegueira ou da afasia. Nesta discussão, refiro-me apenas à forma prototípica desse estado tal como foi acima mencionado e pela primeira vez descrito por Babinski.[9])

Qualquer pessoa que não esteja familiarizada com a anosognosia poderá pensar que essa "negação" da doença tem uma motivação "psicológica", que é uma reação de adaptação ao sofrimento. Posso afirmar com segurança que não é isso que acontece. Consideremos a imagem simétrica da tragédia, aquela em que o lado *direito* do corpo está paralisado e não o esquerdo. Os doentes assim afetados não têm habitualmente anosognosia e, embora apresentem muitas vezes séria incapacidade de utilizar a linguagem e possam sofrer de afasia, estão plenamente cientes de sua situação. Além disso, alguns doentes com uma devastadora paralisia do lado esquerdo, mas causada por um padrão de lesão cerebral diferente daquele que provoca paralisia e anosognosia, podem ter uma mente e um comportamento normais e aperceberem-se de sua limitação. Em suma, a paralisia do lado esquerdo, causada por um determinado padrão de lesões cerebrais, é acompanhada por anosognosia; a paralisia do lado direito, causada pelo padrão simétrico de lesão cerebral, não é acompanhada por anosognosia; a paralisia do lado esquerdo provocada por padrões de lesão cerebral diferentes daqueles associados à anosognosia não é acompanhada por desconhecimento dessa paralisia. Assim, a anosognosia ocorre de forma sistemática com a lesão de uma determinada região do cérebro, e apenas dessa região, em doentes que podem parecer, para pessoas que não estão familiarizadas com os mistérios neurológicos, mais felizes do que aqueles que têm metade do corpo paralisada e se encontram limitados na linguagem. A "negação" da doença resulta da perda de uma função cognitiva específica. Essa perda depende de um determinado sistema cerebral que pode ser danificado por um acidente vascular ou por várias outras doenças neurológicas.

Os doentes com anosognosia típica precisam ser confrontados com sua deficiência gritante para descobrirem o problema de que sofrem. Sempre que eu perguntava a minha doente D. J. pela sua paralisia do lado esquerdo, que era completa, ela começava por me dizer que seus movimentos eram completamente normais, que talvez tivessem estado limitados, mas que agora já estava bem. Se lhe pedisse para mover o braço esquerdo, ela procurava-o diligentemente e, depois de olhar para o membro inerte, perguntava-me se eu queria de fato que "ele" se movesse "por si próprio". Se eu dissesse que sim, por favor, ela tomava então consciência visual da ausência de qualquer movimento naquele braço e diria "não me parece que ele consiga fazer muita coisa sozinho". Como sinal de cooperação, ela oferecia o braço bom para mover o braço mau: "Consigo movê-lo com minha mão direita".

Essa incapacidade de sentir o defeito de forma automática, rápida e interna através do sistema sensorial do corpo nunca desaparece nos casos de anosognosia grave, embora em casos moderados possa ser disfarçada. Por exemplo, um doente pode possuir a memória visual do membro paralisado e por inferência aperceber-se de que algo ocorre com aquela parte do corpo. Ou um doente pode lembrar-se das inúmeras afirmações, feitas pelos familiares e pela equipe médica, de que existe uma paralisia, existe uma doença, e de que as coisas não estão bem. Com base nessa fonte de informação externa, um dos nossos anosognósicos mais inteligentes diz consistentemente: "Eu *costumava* ter esse problema" ou "Eu *costumava* ignorar a minha paralisia". Claro que o problema ainda existe e que ele ainda continua a ignorá-lo. A ausência de atualização direta do verdadeiro estado do corpo e da pessoa é algo verdadeiramente espantoso. (Infelizmente, essa distinção sutil entre a consciência direta e indireta do doente sobre seu estado é com freqüência omitida ou encoberta nas discussões sobre anosognosia. Para uma rara exceção, ver A. Marcel.[10])

Não menos dramático do que o esquecimento que os doentes anosognósicos possuem em relação a seus membros afetados é a falta de preocupação que demonstram pela sua situação em geral, a ausência de emoções que exibem e a falta de sentimentos que relatam quando sobre isso são questionados. A notícia de que tiveram uma grande apoplexia, de que o risco de problemas adicionais no cérebro ou no coração é muito grande, ou de que sofrem de um câncer invasor que agora se disseminou no cérebro — em suma, as notícias de que provavelmente suas vidas nunca mais serão as mesmas — são em geral recebidas com tranqüilidade, por vezes mesmo com humor negro, mas nunca com angústia ou tristeza, lágrimas ou fúria, desespero ou pânico. É importante notar que, se dermos um conjunto comparável de más notícias a um doente com a lesão simétrica no hemisfério esquerdo, a reação é inteiramente normal. As emoções e os sentimentos não existem nos doentes anosognósicos, e isso talvez seja o único aspecto feliz de suas tragédias. Talvez o fato de a planificação do futuro desses doentes e as tomadas de decisões pessoais e sociais estarem profundamente prejudicadas não seja surpreendente. A paralisia é provavelmente o menor de seus problemas.

Através da realização de um estudo sistemático de doentes anosognósicos, o neuropsicólogo Steven Anderson demonstrou que eles são tão negligentes com as conseqüências de suas doenças como com as paralisias.[11] São incapazes de antever os problemas que se avizinham; quando os prevêem, parecem incapazes de sofrer como seria de esperar. Não conseguem construir uma teoria adequada para o que lhes está acontecendo, para o que poderá acontecer no futuro e para o que os outros pensam deles. Igualmente importante é o fato de não estarem cientes de que suas próprias especulações são inadequadas. Quando a auto-imagem de alguém está tão comprometida, talvez seja impossível dar-se conta de que os pensamentos e ações daquele eu não são mais normais.

Os doentes com o tipo de anosognosia acima descrito possuem lesões no hemisfério direito. Embora a caracterização completa das correlações anatômicas da anosognosia seja um projeto em curso, é sabido que está associada à destruição de um grupo específico de córtices cerebrais do hemisfério direito conhecidos como somatossensoriais (da raiz grega *soma*, ''corpo''; o sistema somatossensorial é responsável tanto pelo sentido externo do tato, temperatura e dor, como pelo sentido interno da posição das articulações, estado visceral e dor) e que incluem os córtices da ínsula, das áreas citoarquitetônicas 3, 1, 2 (na região parietal) e da área S_2 (também parietal, situada nas profundezas do sulco de Sylvius). (Observe-se que sempre que utilizo o termo somático ou somatossensorial tenho em mente o soma, ou corpo, no sentido geral, e me refiro a todos os tipos de sensações do corpo, incluindo as sensações viscerais.) A lesão afeta também a massa branca do hemisfério direito, destruindo a interconexão entre as regiões acima mencionadas, as quais recebem sinais vindos de todo o corpo (músculos, articulações, órgãos internos), e a interconexão com o tálamo, os gânglios basais e os córtices motor e pré-frontal. A mera lesão parcial do sistema de multicomponentes aqui descrito *não* provoca o tipo de anosognosia que estou discutindo.

Desde há muito a minha suposição de trabalho tem sido a de que as áreas cerebrais que se intercomunicam dentro da região do hemisfério direito danificado na anosognosia produzem, por meio de suas interações cooperativas, o mapa mais completo e integrado do estado atual do corpo.

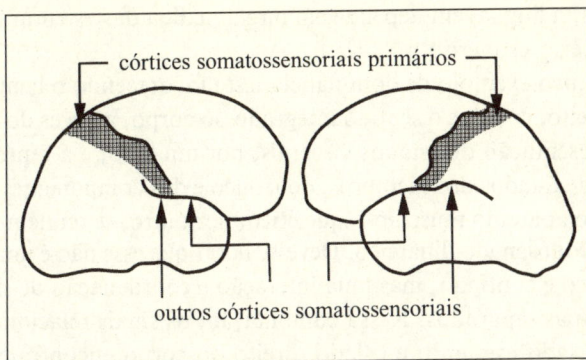

córtices somatossensoriais primários

outros córtices somatossensoriais

10. Diagrama de um cérebro humano em que se apresen-
tam os hemisférios direito e esquerdo vistos de fora. As áreas
sombreadas abrangem os córtices somatossensoriais primá-
rios. Outras áreas somatossensoriais, respectivamente a se-
gunda área sensorial (S₂) e a ínsula, estão enterradas no in-
terior do sulco de Sylvius, que é imediatamente anterior e
posterior em relação à base do córtex somatossensorial pri-
mário, e não são visíveis numa apresentação da superfície.
Suas localizações aproximadas na profundidade estão iden-
tificadas pelas setas.

O leitor pode indagar por que esse mapa pende apenas para
o hemisfério direito em vez de ser bilateral; afinal de contas, o
corpo tem duas metades quase simétricas. A resposta é que nas
espécies humanas, assim como nas não humanas, as funções parecem estar assimetricamente repartidas pelos hemisférios cerebrais por razões provavelmente relacionadas com a necessidade
da existência de um controlador final, em vez de dois, quando
chega o momento de escolher uma ação ou um pensamento. Se
ambos os lados tivessem a mesma importância na elaboração de
um movimento, poderíamos desembocar num conflito — nossa
mão direita poderia interferir com a esquerda e teríamos menos
possibilidade de produzir novos movimentos coordenados que en-
volvessem mais de um membro. Para uma série de funções, as
estruturas de um dado hemisfério têm de ter vantagem sobre o
outro; essas estruturas chamam-se *dominantes*.

O exemplo de dominância melhor conhecido diz respeito à
linguagem. Em mais de 95% das pessoas, o que inclui muitos ca-

91

nhotos, a linguagem depende em larga medida das estruturas do hemisfério esquerdo.*

Outro exemplo de dominância, este favorecendo o hemisfério direito, envolve o sentido integrado do corpo, através do qual a representação de estados viscerais, por um lado, e a representação de estados dos membros, do tronco e dos componentes centrais do aparelho músculo-esquelético, por outro, se reúnem num mapa coordenado dinâmico. Deve-se notar que esse não é um mapa único e contíguo, mas uma interação e coordenação de sinais em mapas separados. Nessa combinação, os sinais relacionados com o lado esquerdo e o lado direito do corpo encontram um espaço de interação mais extenso no hemisfério direito, nos três setores corticais somatossensoriais anteriormente indicados. De forma intrigante, a representação do espaço extrapessoal, assim como os processos da emoção, também envolvem uma dominância do hemisfério direito.[12] Com isso não se pretende dizer que as estruturas equivalentes no hemisfério esquerdo não representam o corpo ou o espaço, apenas que as representações são diferentes: as representações do hemisfério esquerdo são provavelmente parciais e não integradas.

Os doentes com anosognosia assemelham-se, em alguns aspectos, aos doentes com lesões pré-frontais. Os anosognósicos, por exemplo, são incapazes de efetuar decisões apropriadas sobre assuntos pessoais e sociais. E os doentes pré-frontais com capacidade de decisão prejudicada são, tal como os anosognósicos, habitualmente indiferentes ao seu estado de saúde e parecem possuir uma tolerância invulgar à dor.

Alguns leitores poderão ficar surpreendidos com tudo isso e perguntar-se por que não têm ouvido falar mais vezes sobre as limitações na tomada de decisão exibidas pelos anosognósicos. Por que o pouco interesse concedido ao raciocínio prejudicado após lesão cerebral tem estado centrado em doentes com lesões pré-frontais? Poderíamos notar, na procura de uma explicação, que os doentes com lesões pré-frontais parecem neurologicamente normais (seus movimentos, sensações e linguagem encontram-se intatos; a alteração encontra-se nos sentimentos e raciocínios prejudicados) e por isso podem enquadrar-se numa série de intera-

(*) Ver o trabalho de Alexandre Castro Caldas. (N. A.)

ções sociais que mais facilmente darão a conhecer seus raciocínios deficientes. Por outro lado, não há nenhuma dúvida de que os anosognósicos são doentes devido às enormes limitações motoras e sensoriais, e isso estreita o leque de interações sociais em que podem inserir-se. Por outras palavras, as oportunidades que se lhes oferecem de se colocar em risco são drasticamente reduzidas. Mesmo assim, a deficiência na tomada de decisões encontra-se presente, pronta a manifestar-se sempre que haja oportunidade, pronta a minar os melhores planos de reabilitação traçados pelas famílias e pela equipe médica para tais doentes. Dada a incapacidade de se aperceber da profundidade de seu problema, esses doentes mostram pouca ou nenhuma inclinação a cooperar com terapeutas e não mostram nenhuma motivação para se recuperar. Por que haveriam eles de querer recuperar-se se estão inconscientes do seu mal? A manifestação de alegria ou de indiferença é ilusória, visto não ser voluntária e não estar baseada no conhecimento da situação. No entanto, é freqüente essas manifestações serem erradamente interpretadas como adaptativas e o pessoal clínico ser induzido em erro, fazendo um prognóstico mais positivo para os doentes que aparentam alegria do que para seus companheiros de infortúnio chorosos e angustiados.

Um exemplo pertinente é o do juiz do Supremo Tribunal americano, William O. Douglas, que sofreu em 1975 um acidente vascular no hemisfério direito.[13] A ausência de deficiências na linguagem era um bom presságio para seu regresso ao cargo de juiz, ou pelo menos foi o que as pessoas pensaram, na esperança de não perder prematuramente esse brilhante e importante membro do Tribunal. Mas os tristes acontecimentos que se seguiram constituem uma história diferente e mostram como as conseqüências podem ser problemáticas quando se permite que um doente com essas limitações estabeleça interações sociais amplas.

Os sinais prenunciadores surgiram cedo, quando Douglas saiu do hospital pelos seus próprios meios, contra a opinião dos médicos (ele repetiria isso mais de uma vez, fazendo-se transportar para o Tribunal ou para compras desgastantes e banquetes). Esse comportamento, assim como a maneira jocosa com a qual ele atribuía sua hospitalização a uma "queda" e repudiava a paralisia do lado esquerdo como um mito, foram atribuídos a sua proverbial firmeza e humor. Quando foi forçado a admitir, numa entrevista coletiva, que não conseguia andar ou sair da cadeira de rodas sem ajuda, afastou o assunto dizendo: "Andar tem muito pouco a ver com o trabalho do Tribunal". Ainda assim, convidou os jornalistas para dar um passeio a pé com ele no mês seguinte. Mais tarde, após os esforços renovados de reabilitação se terem revelado infrutíferos, Douglas respondeu a um visitante que lhe perguntara pela sua perna esquerda: "Tenho marcado gols de quarenta metros de distância com ela" e precisou que tinha a intenção de assinar contrato com os Washington Redskins. Quando o visitante, atordoado, contrapôs educadamente que sua idade avançada poderia dificultar tal projeto, o juiz riu e disse: "Sim, mas você tem de ver como eu os marco". Mas o pior estava ainda para vir, à medida que Douglas repetidamente deixava de observar as convenções sociais com os outros juízes e com os funcionários do Tribunal. Embora estivesse incapacitado de desempenhar suas funções, recusava-se firmemente a apresentar a demissão e, mesmo depois de ser forçado a fazê-lo, comportava-se freqüentemente como se não estivesse demitido.

Assim, os anosognósicos do tipo aqui descrito possuem algo mais do que apenas uma mera paralisia do lado esquerdo de que não estão cientes. Possuem também uma deficiência no raciocínio e na tomada de decisões, bem como nas emoções e nos sentimentos.

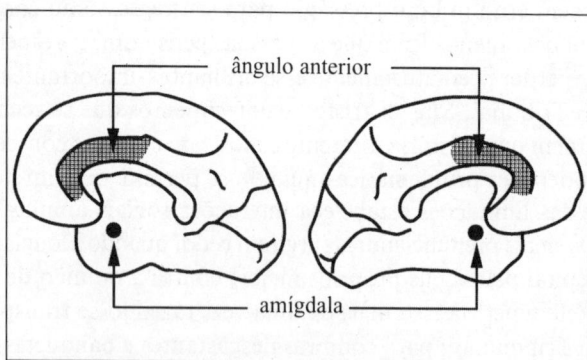

11. *Aspecto das superfícies internas de ambos os hemisférios. As áreas sombreadas abrangem o córtex cingulado anterior. O círculo negro marca a projeção da amígdala na superfície interna dos lobos temporais.*

Cabe agora fazer uma referência aos dados existentes sobre a lesão da amígdala, que é um dos componentes mais importantes do sistema límbico. Os doentes com lesão bilateral confinada à amígdala são extraordinariamente raros. Meus colegas Daniel Tranel, Hanna Damásio, Frederick Nahm e Bradley Hyman tiveram a oportunidade de estudar um desses doentes, uma mulher com uma longa história de inadaptação pessoal e social.[14] Não há dúvida de que a amplitude e a adequação de suas emoções estão prejudicadas e de que as situações problemáticas em que ela se envolve pouco a preocupam. A insensatez de seu comportamento não é diferente da de um Phineas Gage ou dos doentes com anosognosia e, tal como nesses últimos, não pode ser atribuída a uma educação deficiente ou a uma inteligência inferior (a doente em questão completou o ensino secundário e possui um QI dentro dos limites normais). Além disso, numa série de experiências engenhosas, Ralph Adolphs demonstrou que a apreciação de aspectos sutis da emoção por parte dessa doente é profundamente anormal. Devo acrescentar que lesões equivalentes em macacos causam uma deficiência no processamento emocional, como foi demonstrado primeiro por Larry Weiskrantz e depois confirmado por Aggleton e Passingham.[15] Além disso, ao trabalhar com ratos, Joseph LeDoux mostrou, sem sombra de dúvida, que a amígdala desempenha um papel nas emoções (essa descoberta será discutida no capítulo 7).

UMA REFLEXÃO SOBRE ANATOMIA E FUNÇÃO

O levantamento anterior das condições neurológicas em que limitações de raciocínio e tomada de decisão e de emoções e sentimentos ocorrem revela o seguinte:

Primeiro, existe uma região do cérebro humano, constituída pelos córtices pré-frontais ventromedianos, cuja danificação compromete de maneira consistente, de uma forma tão depurada quanto é provável poder encontrar-se, tanto o raciocínio e tomada de decisão como as emoções e sentimentos, em especial no domínio pessoal e social. Poder-se-ia dizer, metaforicamente, que a razão e a emoção "se cruzam" nos córtices pré-frontais ventromedianos e também na amígdala.

Segundo, existe uma região do cérebro humano, o complexo de córtices somatossensoriais no hemisfério direito, cuja danificação compromete também o raciocínio e tomada de decisão e as emoções e sentimentos e, adicionalmente, destrói os processos de sinalização básica do corpo.

Terceiro, existem regiões localizadas nos córtices pré-frontais para além do setor ventromediano cuja danificação compromete também o raciocínio e a tomada de decisões, mas segundo um padrão diferente: ou a deficiência é muito mais avassaladora, comprometendo operações intelectuais sobre todos os domínios, ou é mais seletiva, comprometendo mais as operações sobre palavras, números, objetos ou o espaço do que as operações no domínio pessoal e social. Um mapa rudimentar dessas interseções críticas é apresentado na figura 12.

Em suma, parece existir um conjunto de sistemas no cérebro humano consistentemente dedicados ao processo de pensamento orientado para um determinado fim, ao qual chamamos raciocínio, e à seleção de uma resposta, a que chamamos tomada

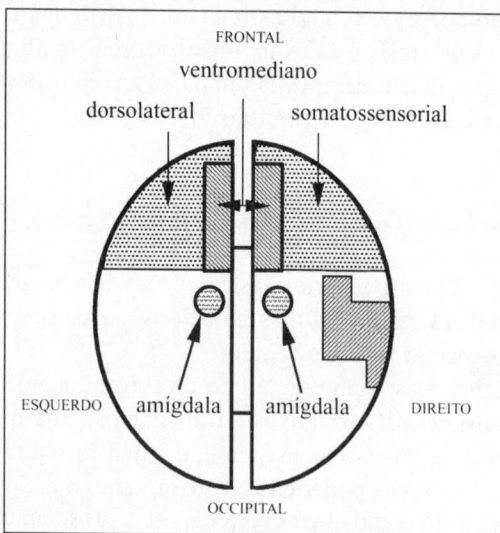

12. Diagrama que representa o conjunto de regiões cuja danificação compromete tanto o raciocínio como o processamento de emoções.

de decisão, com uma ênfase especial no domínio pessoal e social. Esse mesmo conjunto de sistemas está também envolvido nas emoções e nos sentimentos e dedica-se em parte ao processamento dos sinais do corpo.

UMA NASCENTE

Antes de abandonarmos o assunto das lesões do cérebro humano, gostaria de propor a existência de uma determinada região do cérebro onde os sistemas responsáveis pelas emoções e sentimentos, pela atenção e pela memória de trabalho interagem de uma forma tão íntima que constituem a fonte para a energia tanto da ação externa (movimento) como da ação interna (animação do pensamento, raciocínio). Essa região de origem é o córtex cingulado anterior, outra peça do quebra-cabeça do sistema límbico.

Minha idéia acerca dessa região resulta da observação de um grupo de doentes com lesões nessa zona. O estado dos doentes é adequadamente descrito como uma suspensão da animação, mental e externa — a variedade extrema de uma limitação do raciocínio e da expressão emocional. As regiões-chave afetadas pela lesão incluem o córtex cingulado anterior (o qual passo a referir simplesmente por "cíngulo"), a área motora suplementar (conhecida como AMS ou M_2) e a terceira área motora (conhecida como M^3).[16] Em alguns casos, encontram-se também envolvidas áreas pré-frontais adjacentes, como por exemplo o córtex motor na superfície interna do hemisfério. No todo, as áreas contidas nesse setor do lobo frontal têm sido associadas ao movimento, às emoções e à atenção. (Seu envolvimento na função motora encontra-se bem estabelecido; para a obtenção de dados sobre seu envolvimento nas emoções e na atenção, ver Damásio e Van Hoesen, 1983, e Petersen e Posner, 1990, respectivamente).[17] A lesão desse setor não só produz limitações no movimento, nas emoções e na atenção como causa uma suspensão virtual da animação da ação e do processo de pensamento, de tal forma que a razão deixa de ser viável. A história de um de meus doentes em que existia uma lesão desse tipo dá-nos uma idéia da limitação a ela associada.

O acidente vascular sofrido por essa doente, a quem chamarei T, produziu danos extensos nas regiões dorsal e mediana do lobo frontal em ambos os hemisférios. T ficou repentinamente imóvel e muda, limitando-se à cama, onde permanecia de olhos abertos mas com uma expressão facial nula; o termo "neutro" descreve a serenidade — ou ausência — dessa expressão facial.

Seu corpo apresentava tanta animação como o rosto. Poderia fazer um movimento normal com o braço e a mão, para puxar a roupa da cama, por exemplo, mas em geral os membros estavam em repouso. Quando era questionada sobre sua situação, permanecia habitualmente em silêncio, ainda que, após muita insistência, pudesse dizer seu nome, os do marido e filhos ou o da cidade em que vivia. Mas nunca falava sobre sua história clínica, passada ou presente, e não conseguia descrever os acontecimentos que tinham determinado sua entrada no hospital. Assim, não existia maneira de saber se ela não se recordava desses acontecimentos ou se os tinha presentes mas estava relutante ou era incapaz de falar sobre eles. Nunca ficou irritada com meu

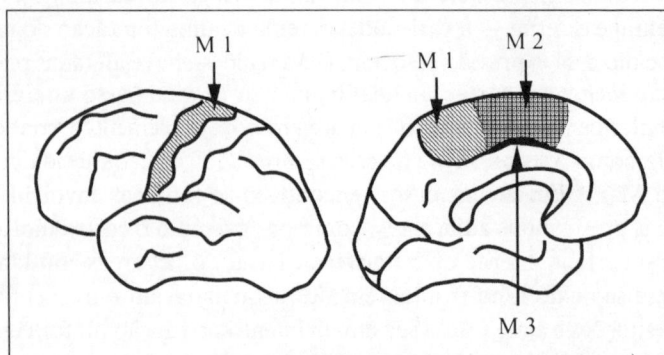

13. Diagrama do cérebro humano representando o hemisfério cerebral esquerdo, visto do exterior (à esquerda) e do interior (à direita), e a localização das três principais regiões corticais motoras: M_1, M_2 e M_3. M_1 inclui a chamada motor strip, que aparece em todas as representações do cérebro. Uma figura humana horrenda (o Homúnculo de Penfield) aparece muitas vezes na parte superior. O menos conhecido M_2 é a área motora suplementar, a parte interna da área 6. Ainda menos conhecida é a região M_3, que está oculta nas profundezas do sulco cingulado.

questionamento insistente, nunca mostrou qualquer preocupação por si própria ou por qualquer outra coisa. Meses mais tarde, à medida que gradualmente emergia desse estado de mudez e de acinesia (perda da capacidade de movimento) e começava a responder a algumas perguntas, passou a clarificar o mistério acerca de seu estado de espírito. Contrariamente ao que se poderia ter pensado, sua mente não estivera encarcerada na prisão de sua imobilidade. Em vez disso, parecia não ter existido grande atividade mental, nenhum pensamento ou raciocínio. A passividade do rosto e do corpo constituíam o reflexo adequado da falta de animação mental. A essa altura, ela estava certa de não se sentir angustiada pela ausência de comunicação. Nada a tinha impedido de dizer o que lhe ia no pensamento. Pelo contrário, nas suas próprias palavras: "Eu não tinha realmente nada para dizer".

Aos meus olhos, T tinha estado impassível. À luz de sua própria experiência durante todo esse tempo, parecia não ter tido sentimentos. Na minha opinião, ela não tinha respondido aos estímulos externos apresentados, nem respondera internamente às representações deles ou de evocações correlacionadas. Eu diria que sua vontade tinha sido "esvaziada", e isso parece ser também o resultado de sua própria reflexão acerca do que se passou. (Francis Crick retomou minha sugestão de que a vontade se esvaziava em doentes com lesões desse tipo na sua proposta para um substrato neural do livre-arbítrio.[18]) Em suma, houve uma limitação geral do impulso com o qual as imagens mentais e os movimentos podem ser gerados e dos meios pelos quais podem ser intensificados. A ausência desse impulso teve uma tradução exteriorizada em termos de uma expressão facial neutra, mudez e acinesia. Parece não ter existido qualquer pensamento ou raciocínio normalmente diferenciado na mente de T, nem, naturalmente, quaisquer decisões tomadas e muito menos executadas.

EVIDÊNCIA A PARTIR DE ESTUDOS EM ANIMAIS

Elementos adicionais para o argumento que aqui pretendo construir provêm dos estudos de animais. O primeiro que irei discutir data dos anos 30. Uma observação efetuada em chimpanzés parece ter sido, se não o ponto de partida para o projeto da leucotomia frontal, pelo menos o forte encorajamento de que Moniz precisava para prosseguir com sua idéia. A observação foi realizada por J. F. Fulton e C. F. Jacobsen na Universidade de Yale durante estudos destinados a compreender a aprendizagem e a memória.[19] Becky e Lucy, os dois chimpanzés com que eles estavam trabalhando, não eram criaturas agradáveis; quando estavam frustrados, o que acontecia com facilidade, tornavam-se malévolos. No decorrer do estudo, Fulton e Jacobsen queriam investigar a forma como a danificação do córtex pré-frontal alteraria a aprendizagem dos animais em relação a uma tarefa experimental. Numa primeira etapa, os investigadores danificaram um lobo frontal. Nada aconteceu de especial com o desempenho da tarefa ou com a personalidade dos animais. Na etapa seguinte, os investigadores danificaram o outro lobo frontal. E aí aconteceu algo notável. Em circunstâncias que anteriormente teriam suscitado frustração, Becky e Lucy não pareciam agora preocupadas; em vez de malévolas, estavam impávidas. Jacobsen descreveu a transformação em termos expressivos a uma sala cheia de colegas, em Londres, durante o Congresso Mundial de Neurologia, em 1935.[20] Ao ouvir os comentários, Moniz ter-se-ia levantado e perguntado se lesões similares efetuadas nos cérebros de doentes psicóticos não providenciariam uma solução para alguns de seus problemas. Fulton, chocado, não encontrou palavras para responder.

A lesão pré-frontal bilateral, como foi acima mencionada, impede uma apresentação emocional normal e, de forma não menos importante, provoca anormalidades no comportamento social. Numa série de estudos reveladores, Ronald Myers demonstrou que macacos sujeitos a remoções pré-frontais bilaterais (envolvendo ambos os setores ventromediano e dorsolateral, mas preterindo o cíngulo) não mantêm relações sociais normais dentro do grupo de macacos a que pertencem, apesar de nada se ter alterado na sua aparência física.[21] Os macacos afetados dessa forma revelaram grandes decréscimos nos hábitos relativos à limpeza do pêlo e da pele (deles e de outros); grande redução das interações afetivas com outros, independente do fato de serem machos, fêmeas ou jovens; diminuição das expressões faciais e das vocalizações; comportamento maternal prejudicado; e indiferença sexual. Embora possam se mover normalmente, não conseguem se relacionar com os outros animais do grupo ao qual tinham pertencido antes da operação. Contudo, os outros animais conseguem relacionar-se normalmente com macacos que desenvolvem grandes defeitos físicos, como paralisia, por exemplo, mas que não possuem danos pré-frontais. Embora os macacos paralíticos pareçam mais inaptos do que os macacos com danos pré-frontais, os primeiros procuram e recebem o apoio de seus pares.

É correto assumir que os macacos com lesões pré-frontais não conseguem seguir as convenções sociais características da organização de uma comunidade de macacos (por exemplo, relações hierárquicas dos diferentes membros, dominância de certas fêmeas e de certos machos sobre outros membros).[22] É provável que eles errem em termos de "cognição social" e de "comportamento social" e que os outros animais respondam de acordo com isso. Deve-se notar que os macacos com lesões no córtex motor, mas não no córtex pré-frontal, não exibem essas dificuldades.

Os macacos que sofreram remoção bilateral do setor anterior do lobo temporal (resultante de operações que *não* danificam a amígdala) revelam um certo dano no comportamento social, mas num grau muito inferior ao verificado em macacos com lesões pré-frontais. Apesar das acentuadas diferenças neurobiológicas existentes entre outros macacos e o chimpanzé e entre o chimpanzé e o homem, há uma essência do defeito causado pela danificação pré-frontal que é partilhada: o comportamento pessoal e social fica gravemente comprometido.[23]

O trabalho de Fulton e Jacobsen fornece outros dados importantes. Como foi mencionado, o objetivo de seus estudos era compreender a aprendizagem e a memória e, desse ponto de vista, os resultados constituem um marco na história da neurologia. A finalidade de uma das tarefas que os investigadores prepararam para os chimpanzés consistia na aprendizagem de uma associação entre um estímulo recompensador e a posição desse estímulo no espaço. A experiência clássica desenrolou-se assim: o animal tinha perante si, ao alcance dos braços, dois poços. Uma peça de comida atraente era colocada num dos poços, no campo de visão do animal, e em seguida ambos os poços eram tapados de modo que a comida deixasse de estar visível. Passados vários segundos, o animal tinha de alcançar o poço em que a comida estava escondida e evitar o poço vazio. O animal normal retinha o conhecimento de onde a comida estava durante todo o tempo de espera e depois fazia o movimento apropriado para obter a comida. Porém, após lesão pré-frontal, os animais já não conseguiam desempenhar essa tarefa. Assim que o estímulo ficava fora do campo de visão, parecia ficar também fora da mente. Esses resultados transformaram-se no alicerce para as explorações neurofisiológicas subseqüentes do córtex pré-frontal realizadas por Patricia Goldman-Rakic e Joaquim Fuster.[24]

Uma descoberta recente e especialmente relevante para minha argumentação está relacionada com a concentração de um dos receptores químicos para a serotonina no setor ventromediano do córtex pré-frontal e na amígdala. A serotonina é um dos principais neurotransmissores, substâncias cujas ações contribuem para virtualmente todos os aspectos da cognição e do comportamento (outros neurotransmissores-chave são a dopamina, a norepinefrina e a acetilcolina; todos eles são liberados por neurônios localizados em pequenos núcleos do tronco cerebral ou do prosencéfalo basal, cujos axônios terminam no neocórtex, nos componentes corticais e subcorticais do sistema límbico, nos gânglios basais e no tálamo). Um dos efeitos da serotonina nos primatas consiste na inibição do comportamento agressivo (curiosamente, desempenha outros papéis em outras espécies). Em animais laboratoriais, quando se bloqueia a liberação de serotonina nos neurônios que a originam, uma das conseqüências é o comportamento impulsivo e agressivo. De um modo geral, o aumento do funcionamento da serotonina reduz a agressão e favorece o comportamento social.

Nesse contexto, é importante notar, como foi demonstrado pelo trabalho de Michael Raleigh,[25] que nos macacos cujo comportamento está socialmente bem sintonizado (em termos, por exemplo, de exibições de cooperação, relações sociais fundamentadas na limpeza do pêlo e proximidade em relação a outros) o número de receptores de serotonina-2 é extremamente elevado na região frontal ventromediana, na amígdala e nos córtices temporais medianos, mas em nenhum outro local do cérebro; e que nos macacos que exibem comportamentos não cooperativos e antagônicos se dá o caso contrário. Essas descobertas reforçam a conexão sistêmica entre os córtices pré-frontais ventromedianos e a amígdala, a qual tenho sugerido com base em resultados neuropsicológicos, e relacionam essas regiões com o comportamento social, que é o principal domínio afetado na capacidade de decisão defeituosa de meus doentes. (Os receptores de serotonina identificados neste estudo são assinalados como "serotonina-2", o que é importante devido à existência de nada menos de catorze tipos diferentes de receptores de serotonina.)

UM APARTE SOBRE EXPLICAÇÕES NEUROQUÍMICAS

Quando se torna necessário explicar o comportamento e a mente, não basta mencionar a neuroquímica. Temos de conhecer os pormenores da distribuição química no sistema que se supõe causar um dado comportamento. Sem conhecer as regiões corticais ou os núcleos onde as substâncias químicas atuam dentro do sistema, não temos nenhuma possibilidade de vir a perceber a forma como modificam o desempenho do sistema. (Deve também ter-se em mente que essa compreensão é apenas o primeiro passo na marcha para a eventual elucidação do funcionamento de circuitos mais complexos.) A explicação neural só começa a ser útil quando liga os *resultados* do funcionamento de um dado sistema sobre um outro sistema. A importante descoberta descrita acima não deve ser mal interpretada com afirmações superficiais que concluam que a serotonina por si só "causa" comportamento social adaptativo e que sua falta "causa" agressão. A presença ou ausência de serotonina em sistemas cerebrais específicos, que contêm receptores específicos para a serotonina, modificam o funcionamento desses sistemas; e tal modificação, por sua vez, altera a operação de outros sistemas, cujo resultado terá uma expressão final em termos comportamentais e cognitivos.

Esses comentários sobre a serotonina são especialmente pertinentes devido à grande visibilidade recente desse neurotransmissor. O popular antidepressivo Prozac, que atua bloqueando a recaptação da serotonina e provavelmente aumentando sua disponibilidade, tem recebido grande atenção; a idéia de que níveis baixos de serotonina poderiam estar correlacionados com uma tendência para a violência tem surgido na imprensa sensacionalista. O problema é que não é a ausência ou as quantidades baixas de serotonina *per se* que "provocam" uma determinada manifestação. A serotonina faz parte de um mecanismo extraordinariamente complicado que opera no nível das moléculas, das sinapses, dos circuitos locais e dos sistemas, e no qual os fatores socioculturais, passados e presentes, têm também uma intervenção poderosa. Uma explicação satisfatória só poderá surgir de uma visão mais extensa de todo o processo, na qual as variáveis relevantes de um problema específico, como a depressão ou a adaptação social, são analisadas em pormenor.

Uma última nota prática: a solução para o problema da violência social não virá apenas de se considerar os fatores sociais e se ignorar os fatores neuroquímicos correlacionados, nem virá da atribuição das culpas a um único agente neuroquímico. É necessária a consideração de *ambos* os tipos de fatores, sociais e neuroquímicos, em proporção adequada.

CONCLUSÃO

A evidência relativa a seres humanos discutida nesta seção sugere uma ligação íntima entre um conjunto de regiões cerebrais e os processos de raciocínio e de tomada de decisão. Os estudos sobre animais revelaram algumas ligações similares envolvendo algumas regiões similares. Pela combinação dos dados surgidos de ambos os tipos de estudos, em seres humanos e animais, podemos agora alinhar alguns fatos acerca dos papéis desempenhados pelos sistemas neurais que identificamos.

Primeiro, esses sistemas encontram-se certamente envolvidos nos processos da razão, no sentido lato do termo. De forma mais específica, encontram-se envolvidos na planificação e na decisão.

Segundo, um subconjunto desses sistemas está associado aos comportamentos de planejamento e de decisão que poderíamos incluir na rubrica de "pessoais e sociais". Eles estão relacionados com o aspecto da razão habitualmente designado por racionalidade.

Terceiro, os sistemas que identificamos desempenham um papel importante no processamento das emoções.

Quarto, os sistemas são necessários para se poder reter na mente, por um período de tempo relativamente longo, a imagem de um objeto relevante que não se encontra mais presente.

Por que será que papéis tão variados se encontram reunidos num setor circunscrito do cérebro? O que poderá ser partilhado pelo planejamento e tomada de decisões pessoais e sociais, pelo processamento das emoções e pela retenção de uma imagem mental na ausência da coisa que ela representa?

PARTE 2

PARTE 2

5
ELABORANDO UMA EXPLICAÇÃO

UMA ALIANÇA MISTERIOSA

Na Parte 1 deste livro descrevi a investigação sobre doentes com limitações do raciocínio e da capacidade de tomada de decisões. Essa investigação conduziu à identificação de um conjunto de sistemas cerebrais específicos lesados de forma consistente nesses doentes e também à identificação de um conjunto aparentemente estranho de processos neuropsicológicos que dependiam da integridade desses sistemas. O que une esses processos entre si e o que os liga aos sistemas neurais colocados em destaque no capítulo anterior? Os parágrafos seguintes oferecem algumas respostas provisórias.

Primeiro, a escolha de uma decisão quanto a um problema pessoal típico, colocado em ambiente social, que é complexo e cujo resultado final é incerto, requer tanto o amplo conhecimento de generalidades como estratégias de raciocínio que operem sobre esse conhecimento. O conhecimento geral inclui fatos sobre objetos, pessoas e situações do mundo externo. Mas como as decisões pessoais e sociais se encontram inextricavelmente ligadas à sobrevivência, esse conhecimento inclui também fatos e mecanismos relacionados com a regulação do organismo como um todo. As estratégias de raciocínio giram em torno de objetivos, opções de ação, previsões de resultados futuros e planos para a implementação de objetivos em diversas escalas de tempo.

Segundo, os processos da emoção e dos sentimentos fazem parte integrante da maquinaria neural para a regulação biológica, cujo cerne é constituído por controles homeostáticos, impulsos e instintos.

Terceiro, devido ao *design* do cérebro, o conhecimento geral necessário depende de vários sistemas localizados, não numa única região, mas em regiões cerebrais relativamente separadas. Uma grande parte de tal conhecimento é reunida sob a forma de imagens não num único, mas em muitos locais do cérebro. Embora tenhamos a ilusão de que tudo se reúne num único teatro anatômico, dados recentes sugerem que tal não é o caso. É provável que a ligação entre as diferentes partes da mente provenha da relativa sincronia de atividade em locais diferentes.

Quarto, visto o conhecimento só poder ser recuperado, de forma distribuída e parcelada, a partir de locais existentes em muitos sistemas paralelos, a operação das estratégias de raciocínio requer a retenção ativa da representação de miríades de fatos numa ampla exposição paralela durante um extenso período de tempo (no mínimo, por vários segundos). Em outras palavras, as imagens sobre as quais nós raciocinamos (imagens de objetos específicos, ações e esquemas relacionais; imagens de palavras que ajudam a traduzir tudo isso sob a forma de linguagem) não só devem estar "em foco" — algo que é obtido pela atenção — como devem também ser "mantidas ativas na mente" — algo que é realizado pela memória de trabalho em alto nível.

Suspeito que a misteriosa aliança dos processos postos a descoberto no fim do capítulo anterior se deve em parte à natureza do problema que o organismo está tentando resolver e em parte ao *design* do cérebro. As decisões pessoais e sociais estão repletas de incertezas e têm impacto na sobrevivência de forma direta ou indireta. Requerem, por isso, um vasto repertório de conhecimentos sobre o mundo externo e sobre o mundo que existe dentro do organismo. No entanto, visto o cérebro reter e reunir o conhecimento não de uma forma integrada, mas espacialmente distribuída, requerem ainda a atenção e a memória de trabalho para que o componente do conhecimento reunido na forma de imagens possa ser manipulado ao longo do tempo.

Quanto à razão de os sistemas neurais que identificamos se sobreporem de forma tão notória, suspeito que a resposta se encontra na conveniência evolutiva. Se a regulação biológica elementar é essencial para a orientação do comportamento pessoal e social, então o *design* do cérebro que provavelmente prevaleceu na seleção natural poderá ter sido aquele em que os subsistemas responsáveis pelo raciocínio e pela tomada de decisão permaneceram intimamente associados àqueles que estavam relacionados com a regulação biológica, dado o papel que desempenham na sobrevivência.

A explicação geral prevista nessas respostas constitui uma primeira aproximação das perguntas colocadas pelo caso de Phineas Gage. O que permite, no cérebro, que os seres humanos se comportem racionalmente? Como isso funciona? Resisto habitualmente a resumir a tentativa de responder a essas questões com a expressão "neurobiologia da racionalidade", dado o aspecto formal e pretensioso da expressão, mas é disso que no fundo se trata: apresentar os princípios de uma neurobiologia da racionalidade humana no nível dos sistemas cerebrais de grande escala.

Meu plano para a segunda parte deste livro consiste em ponderar a plausibilidade da explicação geral esboçada acima e em apresentar uma hipótese testável derivada dela. Contudo, devido às diversas ramificações do tema, restringirei a discussão a um número selecionado de tópicos que considero indispensáveis para tornar as idéias inteligíveis.

Este capítulo é uma ponte entre os fatos da Parte 1 e as interpretações que proporei adiante. A travessia — espero que o leitor não venha a considerá-la uma interrupção — tem várias finalidades: examinar noções às quais irei recorrer freqüentemente (por exemplo, organismo, corpo, cérebro, comportamento, mente, estado); discutir rapidamente as bases neurais do conhecimento, realçando sua natureza parcelada e a dependência de imagens; e fazer alguns comentários sobre o desenvolvimento neural. Não serei exaustivo (por exemplo, uma discussão sobre aprendizagem e linguagem seria apropriada e útil, mas nenhum desses tópicos é indispensável para o objetivo principal); não apresentarei um manual de estudo sobre nenhum dos tópicos abordados; e não irei justificar todas as opiniões que sustento. O leitor deve recordar que o livro é a minha parte do diálogo.

Os capítulos subseqüentes regressarão à história principal e tratarão da regulação biológica e sua expressão nas emoções e nos sentimentos, e dos mecanismos por meio dos quais as emoções e os sentimentos podem ser utilizados na tomada de decisão.

Antes de prosseguirmos, devo repetir algo que foi referido na Introdução. Este texto é uma abordagem exploratória com um fim em aberto e não um catálogo de fatos estabelecidos. Estou considerando hipóteses e testes empíricos e não fazendo afirmações acerca de certezas absolutas.

SOBRE ORGANISMOS, CORPOS E CÉREBROS

Qualquer que seja a questão que possamos levantar sobre quem somos e por que somos como somos, uma coisa é certa: somos organismos vivos complexos, com um corpo propriamente dito* ("corpo", para abreviar) e com um sistema nervoso ("cérebro", para abreviar).

Sempre que me refiro ao corpo tenho em mente o organismo menos o tecido nervoso (os componentes central e periférico do sistema nervoso), embora num sentido convencional o cérebro faça também parte do corpo.

O organismo possui uma estrutura e miríades de componentes. Possui um esqueleto ósseo com muitas partes, ligadas por articulações e movidas por músculos; possui numerosos órgãos combinados em sistemas; possui uma fronteira ou membrana que demarca seu limite exterior, constituída em grande parte pela pele. Em certas ocasiões, irei referir-me a órgãos — vasos sangüíneos, órgãos da cabeça, tórax e abdômen, a pele — como sendo "vísceras". De novo, num sentido convencional, o cérebro estaria incluído no organismo, mas vou deixá-lo de lado.

Cada parte do organismo é constituída por tecidos biológicos, os quais, por sua vez, são constituídos por células. Cada célula é constituída por numerosas moléculas, organizadas de modo a criar um esqueleto para a célula (citoesqueleto), vários órgãos e sistemas (núcleo celular e variados organelos) e uma divisória global (membrana celular). A complexidade em termos de estrutura e de função é assustadora quando observamos uma dessas células em funcionamento, e vertiginosa quando observamos um sistema de órgãos.

ESTADOS DE ORGANISMOS

Na discussão que será apresentada mais à frente existem muitas referências a "estados do corpo" e a "estados da mente".

(*) *Body proper*, no original inglês. (N. T.)

112

Os organismos vivos encontram-se em constante modificação, assumindo uma sucessão de "estados" definidos por padrões variados de atividades em curso em cada um de seus componentes. Você pode imaginar tudo isso como uma combinação das ações de um torvelinho de pessoas e de objetos em operação dentro de uma área circunscrita. Imagine-se no terminal de um grande aeroporto, olhando a sua volta. Vê e ouve o alvoroço constante de muitos sistemas diferentes: pessoas embarcando ou desembarcando de aviões, ou simplesmente sentadas ou em pé; pessoas vagando ou andando com uma finalidade aparente; aviões em circulação, partindo e chegando; mecânicos e carregadores no desempenho de suas funções. Imagine agora que você congele esse vídeo contínuo ou tire uma fotografia com uma grande angular, abrangendo uma grande porção de toda a cena. O que aparece no enquadramento congelado ou na fotografia desse instante é a imagem de um *estado*, um pedaço artificial e momentâneo de vida que indica o que se passava nos vários órgãos de um vasto organismo durante o tempo de exposição definido pela velocidade de abertura do diafragma da máquina fotográfica. (Na realidade, as coisas são ainda mais complicadas do que essa descrição deixa supor. Conforme a escala de análise, os estados dos organismos podem apresentar-se como unidades discretas ou em transformação contínua de uns para os outros.)

O CORPO E O CÉREBRO INTERAGEM: O ORGANISMO INTERIOR

O cérebro e o corpo encontram-se indissociavelmente integrados por circuitos bioquímicos e neurais recíprocos dirigidos um para o outro. Existem duas vias principais de interconexão. A via em que normalmente se pensa primeiro é a constituída por nervos motores e sensoriais periféricos que transportam sinais de todas as partes do corpo para o cérebro, e do cérebro para todas as partes do corpo. A outra via, que vem menos facilmente à mente, embora seja bastante mais antiga em termos evolutivos, é a corrente sangüínea; ela transporta sinais químicos, como os hormônios, os neurotransmissores e os neuromoduladores.

Um sumário simplificado é suficiente para revelar a complexidade das relações:

1) Praticamente todas as partes do corpo — cada músculo, articulação ou órgão interno — podem enviar sinais para o cérebro através dos nervos periféricos. Esses sinais entram no cérebro no nível da medula espinal ou do tronco cerebral e são transportados para seu interior, de estação neural em estação neural, até os córtices somatossensoriais no lobo parietal e na região insular.

2) As substâncias químicas que surgem da atividade do corpo podem alcançar o cérebro por meio da corrente sangüínea e influenciar seu funcionamento, diretamente ou pela estimulação de locais cerebrais especiais (exemplo: o órgão subfórnix).

3) Na direção oposta, o cérebro pode atuar, por intermédio dos nervos, em todas as partes do corpo. Os agentes dessas ações são o sistema nervoso autônomo (ou visceral) e o sistema nervoso músculo-esquelético (ou voluntário). Os sinais para o sistema nervoso autônomo têm origem nas regiões evolutivamente mais antigas (a amígdala, o cíngulo, o hipotálamo e o tronco cerebral), enquanto os sinais para o sistema músculo-esquelético têm origem em vários córtices motores e núcleos motores subcorticais.

4) O cérebro atua também no corpo por meio da produção (ou da ordem para se produzir) de substâncias químicas que são liberadas na corrente sangüínea, como hormônios, transmissores e moduladores. Esse assunto será aprofundado no próximo capítulo.

Quando afirmo que o corpo e o cérebro formam um organismo indissociável, não estou exagerando. De fato, estou simplificando demais. Considere que o cérebro recebe sinais não apenas do corpo mas, em alguns de seus setores, de partes de sua própria estrutura, as quais recebem sinais do corpo! O organismo constituído pela parceria cérebro-corpo interage com o ambiente como um conjunto, não sendo a interação só do corpo ou só do cérebro. Porém, organismos complexos como os nossos fazem mais do que interagir, fazem mais do que gerar respostas externas espontâneas ou reativas que no seu conjunto são conhecidas como comportamento. Eles geram também respostas internas, algumas das quais constituem imagens (visuais, auditivas, somatossensoriais) que postulei como sendo a base para a mente.

SOBRE O COMPORTAMENTO E SOBRE A MENTE

Muitos organismos simples, mesmo aqueles com apenas uma única célula e sem cérebro, executam ações de forma espontânea ou em resposta a estímulos do ambiente; isto é, produzem comportamento. Algumas dessas ações estão contidas nos próprios organismos e podem tanto ficar escondidas dos observadores (por exemplo, uma contração num órgão interior) como ser observáveis do exterior (a contração ou a distensão de um membro). Outras ações (rastejar, andar, segurar um objeto) são dirigidas ao ambiente. Mas, em alguns organismos simples e em todos os organismos complexos, as ações, quer sejam espontâneas ou reativas, são causadas por ordens vindas do cérebro. (Deve notar-se que os organismos com corpo e sem cérebro, mas com capacidade de movimento, antecederam e coexistiram com organismos que possuem corpo e cérebro.)

Nem todas as ações comandadas por um cérebro são causadas por deliberação. Pelo contrário, é correto supor que a maior parte das ações causadas pelo cérebro e que estão ocorrendo neste preciso momento não são de todo deliberadas. Constituem respostas simples, das quais o movimento reflexo é um exemplo: um estímulo transmitido por um neurônio que leva outro neurônio a agir.

À medida que os organismos adquiriram maior complexidade, as ações "causadas pelo cérebro" necessitaram de um maior processamento intermediário. Outros neurônios foram interpolados entre o neurônio do estímulo e o neurônio da resposta, e variados circuitos paralelos assim se estabeleceram, mas isso não quer dizer que o organismo com esse cérebro mais complexo tivesse necessariamente uma mente. Os cérebros podem apresentar muitos passos que intervêm nos circuitos que fazem a mediação entre o estímulo e a resposta, e ainda assim não possuírem uma mente, caso não satisfaçam uma condição essencial: possuir a capacidade de exibir imagens internamente e de ordenar essas imagens num processo chamado pensamento. (As imagens não são somente visuais; existem também "imagens sonoras", "imagens olfativas" etc.) Minha afirmação acerca de organismos que apresentam comportamento pode ser agora completada pela assertiva de que nem todos têm uma mente, isto é, nem todos possuem fenômenos mentais (o que equivale a dizer que nem todos têm cognição ou processos cognitivos). Alguns organismos possuem tanto comportamento como cognição. Outros desenvolvem ações inteligentes, mas não possuem mente. Nenhum organismo parece ter mente e não ter ações.

Assim, na minha opinião, o fato de um dado organismo possuir uma mente significa que ele forma representações neurais que se podem tornar imagens manipuláveis num processo chamado pensamento, o qual acaba por influenciar o comportamento em virtude do auxílio que confere em termos de previsão do futuro, de planejamento desse de acordo com essa previsão e da escolha da próxima ação. Reside aqui o centro da neurobiologia, tal como a concebo: o processo por meio do qual as representações neurais, que são modificações biológicas criadas por aprendizagem num circuito de neurônios, se transformam em imagens nas nossas mentes; os processos que permitem que modificações microestruturais invisíveis nos circuitos de neurônios (em corpos celulares, dendritos e axônios, e sinapses) se tornem uma representação neural, a qual por sua vez se transforma numa imagem que cada um de nós experiencia como sendo sua.

Numa primeira aproximação, a função global do cérebro é estar bem informado sobre o que se passa no resto do corpo (o corpo propriamente dito); sobre o que se passa em si próprio; e sobre o meio ambiente que rodeia o organismo, de modo que se obtenha acomodações de sobrevivência adequadas entre o organismo e o ambiente. De uma perspectiva evolutiva, nada está em contradição com isso. Se não tivesse havido o corpo, não teria surgido o cérebro. Os organismos simples que possuem apenas corpo e comportamento, mas estão desprovidos de cérebro ou de mente, ainda existem e são, de fato, bastante mais numerosos que os seres humanos em várias ordens de grandeza. Pense nas muitas e felicíssimas bactérias, tais como a *Escherichia coli*, que vivem neste momento dentro de cada um de nós.

O ORGANISMO E O AMBIENTE INTERAGEM:
ABARCANDO O MUNDO EXTERIOR

Se o corpo e o cérebro interagem intensamente entre si, o organismo que eles formam interage de forma não menos intensa com o ambiente que o rodeia. Suas relações são mediadas pelo movimento do organismo e pelos aparelhos sensoriais.

O ambiente deixa sua marca no organismo de diversas maneiras. Uma delas é por meio da estimulação da atividade neural dos olhos (dentro dos quais está a retina), dos ouvidos (dentro dos quais está a cóclea, um órgão sensível ao som, e o vestíbulo, um órgão sensível ao equilíbrio) e das miríades de terminações nervosas localizadas na pele, nas papilas gustativas e na mucosa nasal. As terminações nervosas enviam sinais para pontos de entrada circunscritos no cérebro, os chamados córtices sensoriais iniciais* da visão, da audição, das sensações somáticas, do paladar e do olfato.

Imagine-os como uma espécie de porto seguro onde os sinais podem chegar. Cada região sensorial inicial (os córtices visuais iniciais, os córtices auditivos iniciais etc.) é um conjunto de áreas diversas, existindo uma intensa sinalização cruzada dentro desses agregados e cada conjunto sensorial inicial, como se pode observar na figura 14. Mais à frente, neste capítulo, irei sugerir que esses setores intimamente correlacionados constituem a base das representações organizadas topograficamente e a fonte de imagens mentais.

O organismo, por sua vez, atua no ambiente por meio de movimentos resultantes de todo o corpo, dos membros e do aparelho vocal, os quais são controlados pelos córtices M_1, M_2 e M_3 (nos quais também surgem movimentos dirigidos ao corpo), com o auxílio de vários núcleos motores subcorticais. Existem assim setores cerebrais onde chegam sem cessar sinais vindos do corpo propriamente dito ou dos órgãos sensoriais do corpo. Esses setores cerebrais de "entrada" possuem posições anatômicas separadas e não se comunicam diretamente entre si. Existem também setores cerebrais de onde surgem sinais motores e químicos; encontram-se entre esses setores de "saída" os núcleos hipotalâmicos e do tronco cerebral e os córtices motores.

(*) *Early* no original inglês. (N. T.)

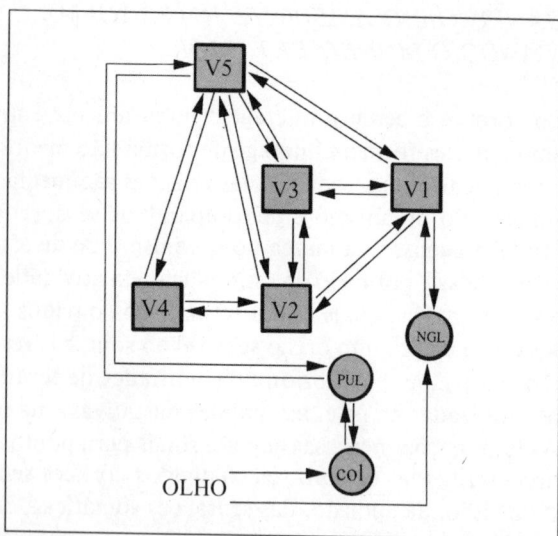

14. *Diagrama simplificado de algumas interconexões existentes entre os "córtices visuais iniciais" (V_1, V_2, V_3, V_4, V_5) e três estruturas subcorticais visualmente relacionadas: o núcleo geniculato lateral (NGL); o pulvinar (PUL) e o colículo superior (col). V_1 é também conhecido como o córtex visual "primário" e corresponde à área 17 de Brodmann. Repare-se que a maioria dos componentes nesse sistema está interligado por projeções de neurônios que são estabelecidas nos dois sentidos (setas). O sinal visual de entrada para o sistema dá-se através do olho, via o NGL e o colículo. Os sinais de saída desse sistema surgem a partir de muitos dos componentes em paralelo (por exemplo, de V_4, V_5 etc.), em direção a alvos corticais e subcorticais.*

UM APARTE SOBRE A ARQUITETURA DE SISTEMAS NERVOSOS

Imagine que você está desenhando o cérebro humano e que tem esboçados todos os portos para os quais transportaria os vários sinais sensoriais. Não seria adequado misturar os sinais vindos de diferentes fontes sensoriais, por exemplo, da visão e da audição, o mais cedo possível, para que o cérebro pudesse gerar "representações integradas" de coisas simultaneamente vistas e ouvidas? Você não desejaria associar essas representações a controles motores de modo que o cérebro pudesse responder-lhes de forma eficaz? Sua resposta seria um sim, sem hesitação, mas não tem sido essa a resposta da natureza. Como foi demonstrado há algumas décadas num importante estudo de conexões neuronais realizado por E. G. Jones e T. P. S. Powell, a natureza não permite que os portos sensoriais falem *diretamente* uns com os outros e também não consente que falem *diretamente* com os controles motores.[1] Por exemplo, no nível do córtex cerebral, cada conjunto de áreas sensoriais iniciais tem de falar primeiro com uma série de regiões interpostas, as quais falam com regiões ainda mais distantes, e assim por diante. A conversa é levada a efeito por axônios que se projetam nessa direção, ou projeções diretas, os quais convergem para regiões situadas num outro plano do processamento neural, regiões essas que, por sua vez, convergem para outras regiões.

Pode parecer que esses fluxos múltiplos, paralelos e convergentes terminam em alguns vértices, como o córtex mais próximo do hipocampo (o córtex entorinal) ou alguns setores do córtex pré-frontal (o dorsolateral ou ventromediano). Mas isso não é completamente correto, visto eles nunca "terminarem" enquanto tal, porque, a partir da vizinhança de cada ponto para o qual se projetam, existe sempre uma projeção recíproca no sentido inverso. É correto afirmar que os sinais no fluxo se movem tanto para a frente *como* para trás. Em vez de um fluxo que se move para a frente, vamos encontrar circuitos* de projeções diretas e inversas, os quais podem criar uma periodicidade perpétua.

Outra razão pela qual os fluxos não "terminam" é a de que, para fora de algumas de suas estações, em especial aquelas colocadas à frente, saem projeções diretas para os controles motores.

Assim, a comunicação dos setores de entrada entre si e dos setores de entrada com os de saída não é direta, mas antes mediada pela utilização de uma arquitetura complexa de agregados de neurônios interligados. No nível do córtex cerebral, esses agregados são regiões corticais localizadas dentro de diversos córtices de associação. No entanto, a comunicação

(*) *Loops* no original. (N. T.)

mediada ocorre também por meio dos grandes núcleos sub-corticais, como os que existem no tálamo e nos gânglios basais, e por meio de núcleos pequenos, como os do tronco cerebral.

Em suma, o número de estruturas cerebrais que se encontram localizadas entre os setores de entrada e os de saída é grande, e a complexidade dos padrões de conexão é enorme. A questão que mais naturalmente ocorre é: o que acontece em todas essas estruturas "interpostas", de que nos serve toda essa complexidade? E a resposta é: a atividade ali existente, junto com a atividade das áreas de entrada e de saída, constrói momentaneamente e manipula furtivamente as imagens de nossa mente. Com base nessas imagens, sobre as quais me debruçarei nas páginas seguintes, podemos interpretar os sinais apresentados aos córtices sensoriais iniciais de modo a organizá-los sob a forma de conceitos e classificá-los. Podemos adquirir estratégias para raciocinar e tomar decisões; e podemos selecionar uma resposta motora a partir do elenco disponível no cérebro ou formular uma resposta motora nova, que é uma composição desejada e deliberada de ações que pode ir desde uma expressão de cólera até abraçar uma criança, desde escrever uma carta para o editor até tocar uma sonata de Mozart ao piano.

Entre os cinco principais setores sensoriais de entrada e os três principais setores de saída do cérebro, encontram-se os córtices de associação, os gânglios basais, o tálamo, os córtices do sistema límbico e os núcleos límbicos, o tronco cerebral e o cerebelo. No todo, esse "órgão" de informação e regência, esse grande conjunto de sistemas, detém tanto o conhecimento inato como o adquirido sobre o corpo propriamente dito, sobre o mundo exterior e sobre o próprio cérebro, à medida que esse interage com o corpo propriamente dito e com o mundo externo. O conhecimento é utilizado para desdobrar e manipular sinais de saída motores e mentais, que são as imagens constituintes de nossos pensamentos. Julgo que esse depósito de fatos e de estratégias para manipulação é armazenado, em estado de dormência e em suspenso, sob a forma de "representações disposicionais" ("disposições", para abreviar) nos setores cerebrais intermediários. A regulação biológica, a memória de estados prévios e o planejamento de ações futuras resultam de uma atividade cooperativa que se desenrola não só nos córtices sensoriais iniciais e nos córtices motores, mas também nos setores intermediários.

UMA MENTE INTEGRADA RESULTANTE
DE UMA ATIVIDADE FRAGMENTADA

Uma falsa intuição comum, partilhada por muitos dos que gostam de pensar sobre a forma como o cérebro funciona, é a de que as múltiplas linhas de processamento sensorial experienciadas na mente — imagens e sons, sabor e aroma, textura superficial e forma — "ocorrem" todas numa única estrutura cerebral. Em certa medida, é razoável pensar que o que está em conjunto na mente está em conjunto num dado local do cérebro, onde diferentes aspectos sensoriais se combinariam. A metáfora usual tem um pouco a ver com uma grande tela de *cinemascope* equipada para um glorioso Technicolor, com som estereofônico e talvez uma trilha odorante. Daniel Dennett tem discutido esse conceito, a que deu o título de "teatro cartesiano", e argumentou de forma persuasiva, em termos de funções cognitivas, que o teatro cartesiano não pode existir.[2] Também eu defendo que, no plano da neurociência, o teatro cartesiano é uma intuição falsa.

Vou resumir aqui minhas razões, as quais já discuti pormenorizadamente em outros locais.[3] Meu argumento principal contra a noção de um local cerebral integrativo assenta na inexistência de uma única região no cérebro humano equipada para processar simultaneamente representações de todas as modalidades sensoriais ativas quando nós experienciamos ao mesmo tempo, por exemplo, o som, o movimento, a forma e a cor, num registro temporal e espacial perfeito.

Estamos começando a perceber onde a construção de imagens para cada diferente modalidade tem a probabilidade de ocorrer, mas em lugar algum iremos encontrar uma única área para a qual todos esses produtos separados seriam projetados com exatidão de registro.

É verdade que existem algumas regiões do cérebro onde os sinais vindos de muitas regiões sensoriais iniciais diferentes podem convergir. Algumas dessas regiões de convergência recebem, de fato, uma vasta variedade de sinais polimodais, como por exemplo os córtices entorinal e peririnal. Mas é improvável que o tipo de integração que essas regiões venham a produzir ao utilizar tais sinais seja o que forma a base para o estabelecimento de uma mente integrada. Isso porque a danificação dessas regiões de convergência do mais alto nível, mesmo quando ocorre em ambos os hemisférios, não impede de todo a integração "mental", ainda que provoque outras conseqüências neuropsicológicas detectáveis, como limitações na aprendizagem.

Talvez seja mais proveitoso pensar que nosso forte sentido de integração mental é criado a partir da ação concertada dos sistemas de grande escala, pela sincronização de conjuntos de atividade neural em regiões cerebrais separadas — na verdade, um truque de sincronização. Se a atividade ocorre em regiões cerebrais anatômicas separadas, mas se a mesma ocorre dentro de aproximadamente a mesma "janela temporal",* é ainda possível ligar as partes escondidas, criando assim a impressão de que tudo ocorre no mesmo local.

Repare que isso não é, de maneira alguma, uma explicação sobre a forma como o tempo faz a ligação, mas antes uma sugestão de que a sincronização** constitui uma parte importante do mecanismo.

A idéia da integração pelo tempo tem emergido ao longo da última década e aparece agora de forma proeminente no trabalho de vários teóricos.[4]

Se o cérebro utilizasse o tempo para integrar processos separados em combinações significativas, seria uma solução sensata e econômica, mas não desprovida de riscos e problemas. O principal risco seria a dessincronização.***

Qualquer disfunção do mecanismo de regulação do tempo criaria provavelmente uma integração adulterada ou uma *des*integração. Talvez seja isso que de fato acontece em estados de confusão causados por traumatismos cerebrais ou em alguns sintomas de esquizofrenia e outras doenças mentais. O problema fundamental criado pela ligação pelo tempo (*time binding*) tem a ver

(*) *Temporal window* no original. (N. T.)
(**) *Timing* no original. (N. T.)
(***) *Mistiming* no original. (N. T.)

com a necessidade de manutenção de uma atividade intensa em diferentes locais durante o intervalo de tempo que for necessário, para a elaboração de combinações significativas e para o processo do raciocínio e da tomada de decisões. Em outras palavras, a ligação pelo tempo requer mecanismos de atenção e de memória de trabalho poderosos e efetivos, e a natureza parece ter acedido em fornecê-los.

Cada sistema sensorial é equipado para providenciar seus próprios mecanismos locais de atenção e de memória de trabalho. Mas, quando se trata dos processos de atenção global e de memória de trabalho, estudos em seres humanos, assim como experiências em animais, sugerem que os córtices pré-frontais e algumas estruturas do sistema límbico (o cíngulo) são essenciais.[5] A misteriosa conexão entre os processos e os sistemas cerebrais discutida no princípio deste capítulo pode tornar-se agora mais clara.

IMAGENS DO AGORA, IMAGENS DO PASSADO E IMAGENS DO FUTURO

O conhecimento factual necessário para o raciocínio e para a tomada de decisões chega à mente sob a forma de imagens. Debrucemo-nos, agora, sobre o possível substrato neural dessas imagens.

Se você olhar pela janela para uma paisagem de outono, se ouvir a música de fundo que está tocando, se deslizar seus dedos por uma superfície de metal lisa ou ainda se ler estas palavras, linha após linha, até ao fim da página, estará formando imagens de modalidades sensoriais diversas. As imagens assim formadas chamam-se *imagens perceptivas*.

Mas você pode agora parar de prestar atenção à paisagem, à música, à superfície metálica ou ao texto, e desviar os pensamentos para outra coisa qualquer. Talvez esteja agora pensando em sua tia Maria, na torre Eiffel, na voz de Placido Domingo ou naquilo que acabei de dizer acerca de imagens. Qualquer desses pensamentos é também constituído por imagens, independente de serem compostas principalmente por formas, cores, movimentos, sons ou palavras faladas ou omitidas. Essas imagens, que vão ocorrendo à medida que evocamos uma recordação de coisas do passado, são conhecidas como *imagens evocadas*, em oposição às imagens de tipo perceptivo.

Ao utilizarmos imagens evocadas, podemos recuperar um determinado tipo de imagem do passado, a qual foi formada quando planejamos qualquer coisa que ainda não aconteceu mas que esperamos venha a acontecer, como por exemplo reorganizar nossa biblioteca no próximo fim de semana. Enquanto o processo de planificação se desenrolou, formamos imagens de objetos e de movimentos e consolidamos a memorização dessa ficção em nossa mente. A natureza das imagens de algo que ainda não aconteceu, e pode de fato nunca vir a acontecer, não é diferente da natureza das imagens acerca de algo que já aconteceu e que retemos. Elas constituem a memória de um futuro possível e não do passado que já foi.

Essas diversas imagens — perceptivas, evocadas a partir do passado real e evocadas a partir de planos para o futuro — são construções do cérebro. Tudo o que se pode saber ao certo é que são reais para nós próprios e que há outros seres que constroem imagens do mesmo tipo. Partilhamos com outros seres humanos, e até com alguns animais, as imagens em que se apóia nosso conceito do mundo; existe uma consistência notável nas construções que diferentes indivíduos elaboram relativas aos aspectos essenciais do ambiente (texturas, sons, formas, cores, espaço). Se nossos organismos fossem desenhados de maneiras diferentes, as construções que fazemos do mundo que nos rodeia seriam igualmente diferentes. Não sabemos, e é improvável que alguma vez venhamos a saber, o que é a realidade "absoluta".

Como conseguimos criar essas maravilhosas construções? Elas parecem ser engendradas por uma maquinaria neural complexa de percepção, memória e raciocínio. A construção é por vezes regulada pelo mundo exterior ao cérebro, isto é, pelo mundo que está dentro de nosso corpo ou em torno dele, com uma pequena ajuda da memória do passado. É isso que se passa quando geramos imagens perceptivas. Outras vezes, a construção é inteiramente dirigida pelo interior do cérebro, pelo nosso doce e silencioso processo de pensamento, de cima para baixo. É o que se passa, por exemplo, quando evocamos a melodia favorita ou recordamos cenas visuais com os olhos fechados, quer sejam uma reposição de um acontecimento real ou fruto de nossa imaginação.

Porém, a atividade neural que está mais intimamente relacionada com as imagens que experienciamos ocorre nos córtices sensoriais iniciais e não nas outras regiões. A atividade nos córtices sensoriais iniciais, quer seja desencadeada pela percepção ou pela evocação de recordações, é um resultado, por assim dizer, de processos complexos que operam insidiosamente em numerosas regiões do córtex cerebral e dos núcleos de neurônios que se encontram abaixo do córtex, os gânglios basais, o tronco cerebral e outros locais. Em suma: *as imagens são baseadas diretamente nas representações neurais, e apenas nessas, que ocorrem nos córtices sensoriais iniciais e são topograficamente organizadas.* Mas são formadas ou sob o controle de receptores sensoriais que estão orientados para o exterior do cérebro (isto é, a retina) ou sob o controle de representações disposicionais (disposições) contidas no interior do cérebro, em regiões corticais e núcleos subcorticais.

FORMAÇÃO DE IMAGENS PERCEPTIVAS

Como se formam as imagens quando você percebe algo no mundo exterior, como uma paisagem, ou no corpo, como uma dor no cotovelo direito? Em ambos os casos, existe um primeiro passo que é necessário mas não suficiente: os sinais emitidos pelo setor do corpo em questão (olho e retina, no primeiro caso; terminações nervosas da articulação do cotovelo, no segundo) são transportados por neurônios ao longo dos axônios e através de várias sinapses eletroquímicas, para o cérebro. Os sinais são recebidos pelos córtices sensoriais iniciais.* Para os sinais vindos da retina, a recepção

(*) O funcionamento da maquinaria perceptiva dentro desses córtices iniciais começa agora a ser compreendido. Os estudos do sistema visual, acerca do qual temos agora reunida uma grande quantidade de dados neuroanatômicos, neurofisiológicos e psicofísicos, estão abrindo o caminho para essa compreensão, mas existe ainda uma profusão de outras novas descobertas sobre os sistemas somatossensorial e auditivo. Todos esses córtices iniciais formam uma aliança dinâmica, e as representações topograficamente organizadas que eles geram mudam sempre com o tipo e a quantidade de informação de entrada, como tem sido demonstrado pelo trabalho de vários investigadores.[6]

acontecerá nos córtices visuais iniciais, localizados na parte posterior do cérebro, no lobo occipital. Para os sinais vindos da articulação do cotovelo, a recepção acontecerá nos córtices somatossensoriais iniciais, nas regiões parietal e insular, que são o setor cerebral que se encontra danificado na anosognosia. Deve-se salientar, novamente, que não se trata de um centro, mas de um *conjunto* de áreas. Cada uma das áreas que fazem parte do conjunto é complexa, e a rede de interconexões formada por ela é ainda mais intricada.

As representações topograficamente organizadas resultam não de uma dessas áreas, mas de sua interação concertada. Não existe nada de frenológico nessa idéia.

Quando todos ou a maioria dos córtices sensoriais iniciais de uma dada modalidade sensorial são destruídos, a capacidade para formar imagens nessa modalidade desaparece. Os doentes privados de córtices visuais iniciais não são capazes de enxergar quase nada. (Algumas capacidades sensoriais residuais são preservadas, provavelmente porque as estruturas corticais e subcorticais relacionadas com a modalidade sensorial estão intatas. Após uma destruição extensa dos córtices visuais iniciais, alguns doentes conseguem apontar para focos de luz que confessam não ver; eles têm o que é conhecido por "visão cega". Os córtices parietais, os colículos superiores e o tálamo são apenas algumas das estruturas possivelmente envolvidas nesses processos.) A deficiência perceptiva pode ser específica. Após a lesão de um dos subsistemas contidos nos córtices visuais iniciais, por exemplo, pode-se perder a capacidade de ver cor; essa perda pode ser completa ou parcial, de forma que as cores são percebidas como se estivessem desvanecidas. Os doentes afetados por essa anomalia vêem a forma, o movimento e a profundidade, mas não a cor. Nesse estado, a acromatopsia, as pessoas constroem um universo em tons de cinzento.

Embora os córtices sensoriais iniciais e as representações topograficamente organizadas que formam sejam necessários para a ocorrência de imagens na consciência, eles não parecem, contudo, ser suficientes. Em outras palavras, se nossos cérebros apenas gerassem boas representações topograficamente organizadas e nada mais fizessem com essas representações, duvido de que alguma vez pudéssemos estar conscientes de sua existência como imagens. Como saberíamos que elas são as *nossas* imagens? A subjetividade, o elemento-chave da consciência, estaria ausente nesse *design* do cérebro. Há outras condições que têm de se concretizar também.

Essas representações neurais têm de estar correlacionadas de forma essencial com aquelas que, de momento a momento, constituem a base neural para o eu.*

Voltarei a esse assunto nos capítulos 7 e 10, mas devo dizer, neste ponto, que o eu não é o mal-afamado homúnculo, uma pequena criatura no interior do cérebro que apreende e pensa nas imagens que o cérebro vai formando. Trata-se, antes, de um estado neurobiológico perpetuamente recriado. Anos de ataque justificado ao conceito do homúnculo têm tornado muitos teóricos igualmente receosos do conceito do eu. Mas o eu neural não precisa ser, de forma alguma, um homúnculo. Na realidade, o que deveria causar algum pavor é a idéia de uma cognição sem a identidade do eu.

ARMAZENAR IMAGENS E FORMAR IMAGENS POR EVOCAÇÃO

As imagens *não* são armazenadas sob a forma de fotografias fac-similares de coisas, de acontecimentos, de palavras ou de frases. O cérebro não arquiva fotografias Polaroid de pessoas, objetos, paisagens; nem armazena fitas magnéticas com música e fala; não armazena filmes de cenas de nossa vida; nem retém cartões com "deixas" ou mensagens de teleprompter do tipo daquelas que ajudam os políticos a ganhar a vida. Em resumo, não parecem existir imagens de qualquer coisa que seja permanentemente retida, mesmo em miniatura, em microfichas, microfilmes ou outro tipo de cópias. Dada a enorme quantidade de conhecimento que adquirimos durante a vida, qualquer tipo de armazenamento fac-similar colocaria provavelmente problemas insuperáveis de capacidade. Se o cérebro fosse como uma biblioteca con-

(*) *Self* em inglês. (N. Prep.)

vencional, esgotaríamos suas prateleiras à semelhança do que acontece nas bibliotecas. Além disso, o armazenamento fac-similar coloca também problemas difíceis de eficiência do acesso à informação. Todos possuímos provas concretas de que sempre que recordamos um dado objeto, um rosto ou uma cena, não obtemos uma reprodução exata, mas antes uma *interpretação*, uma nova versão reconstruída do original. Mais ainda, à medida que a idade e experiência se modificam, as versões da mesma coisa evoluem. Nada disso é compatível com a idéia de uma representação fac-similar rígida, como foi observado pelo psicólogo britânico Frederic Bartlett há várias décadas, quando pela primeira vez propôs que a memória é essencialmente reconstrutiva.[7]

No entanto, a negação de que fotos permanentes do que quer que seja possam existir no cérebro tem de ser reconciliada com a sensação, que todos nós partilhamos, de que *podemos* evocar, nos olhos ou ouvidos de nossa mente, imagens aproximadas do que experienciamos anteriormente. O fato de essas aproximações não serem exatas, ou serem menos vívidas que as imagens que tencionam reproduzir, não é uma contradição.

Uma das tentativas de resposta a esse problema sugere que as imagens mentais são construções momentâneas, *tentativas de réplica*, de padrões que já foram experienciados, nas quais a probabilidade de se obter uma réplica exata é baixa, mas a de ocorrer uma reprodução substancial pode ser alta ou baixa, dependendo das circunstâncias em que as imagens foram assimiladas e estão sendo lembradas. Essas imagens evocadas tendem a ser retidas na consciência apenas de forma passageira e, embora possam parecer boas réplicas, são freqüentemente imprecisas ou incompletas. Suspeito que as imagens mentais explícitas que evocamos surgem da ativação sincrônica e transitória de padrões de disparo neural que, em larga medida, ocorrem nos mesmos córtices sensoriais iniciais onde os padrões de disparo correspondentes às representações perceptivas ocorreram outrora. A ativação resulta numa representação topograficamente organizada.

Existem vários argumentos e alguns dados a favor dessa idéia. No estado conhecido como acromatopsia, acima descrito, a lesão local dos córtices visuais iniciais causa não só a perda de percepção da cor, mas também a perda da imaginação da cor. Se você fosse acromatópsico, não poderia mais *imaginar* cores na sua mente. Se eu lhe pedisse para imaginar uma banana, seria capaz de visualizar sua forma mas não sua cor; ela teria tons de cinzento. Se o "conhecimento da cor" fosse armazenado em outro lugar, num sistema separado daquele que sustenta a "percepção da cor", os doentes acromatópsicos imaginariam as cores, mesmo sendo incapazes de se aperceberem da sua existência num objeto externo. Mas não é isso que acontece.

Os doentes com lesões extensas nos córtices visuais iniciais perdem a capacidade de gerar a imagética visual. Continuam, contudo, podendo evocar os conhecimentos sobre as propriedades táteis e espaciais dos objetos e conseguem ainda evocar imagens sonoras.

Estudos preliminares sobre evocação visual que utilizam tomografia por emissão de positrons (TEP), uma técnica de neuroimagem, confirmam essa idéia. Steven Kosslyn e seu grupo, por um lado, e Hanna Damásio, Thomas Grabowski e seus colegas, por outro, descobriram que a recordação de imagens visuais ativa os córtices visuais iniciais, entre outras áreas.[8]

Como formamos as representações topograficamente organizadas necessárias para experienciar imagens evocadas? Creio que essas representações são momentaneamente construídas sob o comando de padrões neurais *dispositivos* adquiridos em outros locais do cérebro. Utilizo o termo dispositivo porque o que eles fazem é dar ordens a outros padrões neurais, tornar possível que a atividade neural ocorra em outro local, em circuitos que fazem parte do mesmo sistema e com os quais se estabeleceu uma forte interconexão neuronal. As representações dispositivas existem como padrões potenciais de atividade neuronal em pequenos grupos de neurônios a que chamo "zonas de convergência". As disposições relacionadas com imagens evocáveis foram adquiridas por aprendizagem e, por isso, podemos dizer que constituem uma memória. As zonas de convergência, cujas representações dispositivas podem resultar em imagens quando disparam "para trás",*

(*) A noção de "para trás" corresponde ao inglês "*backfire*" ou "*retroactivate*", expressões que descrevem o disparo na direção inversa, ao longo de axônios de *feedback*. (N. T.)

ou seja, voltam em direção aos córtices sensoriais iniciais, estão localizadas por toda a parte nos córtices de associação de alto nível (nas regiões occipital, temporal, parietal e frontal) e nos gânglios basais e estruturas límbicas.

O que as representações dispositivas armazenam em suas pequenas comunidades de sinapses não é uma imagem *per se*, mas um meio para reconstruir um esboço dessa imagem. Se você possui uma representação dispositiva para o rosto de tia Maria, essa representação não contém o rosto dela como tal, mas os padrões de disparo que desencadeiam a reconstrução momentânea de uma representação aproximada desse rosto nos córtices visuais iniciais.

As várias representações dispositivas que necessitariam disparar de modo mais ou menos sincronizado, para que o rosto de tia Maria aparecesse no campo de sua mente, estão localizadas em vários córtices visuais de associação de alto nível (principalmente, suspeito eu, nas regiões occipital e temporal).[9] A mesma arquitetura aplicar-se-ia no nível do domínio auditivo. Existem representações dispositivas para a voz de tia Maria nos córtices de associação auditivos, as quais podem disparar para os córtices auditivos iniciais e gerar momentaneamente a representação aproximada da voz.

Não existe apenas uma fórmula secreta para essa reconstrução. Tia Maria, enquanto pessoa completa, não existe num único local de seu cérebro. Ela encontra-se distribuída por todo ele sob a forma de muitas representações dispositivas para os diversos componentes. Quando você evoca lembranças de coisas relacionadas com tia Maria, e ela emerge em vários córtices iniciais (visuais, auditivos etc.) em representações topográficas, ela continua a estar presente apenas em vistas separadas, durante a janela temporal na qual se constrói *algum* significado para sua pessoa.

Caso pudéssemos entrar no interior das representações *dispositivas visuais* para a tia Maria de algum de nós, numa experiência imaginária a ocorrer daqui a cinqüenta anos, prevejo que não veríamos nada que se parecesse com a cara de tia Maria porque as representações dispositivas *não* estão topograficamente organizadas. Mas, se fôssemos inspecionar os padrões de atividade que ocorrem nos córtices visuais iniciais dessa pessoa no intervalo de aproximadamente uma centena de milissegundos após as zonas de convergência para o rosto de tia Maria terem disparado, seríamos provavelmente capazes de ver padrões de atividade que tinham alguma relação com a geografia daquele rosto. Existiria uma grande *consistência* estrutural entre o que conhecíamos de seu rosto e o padrão de atividade que encontraríamos nos córtices visuais iniciais desse alguém que também a conhecia e que estava pensando nela.

Já existem dados que sugerem que isso se passaria dessa forma. Utilizando um método de obtenção de imagens neuroanatômicas, R. B. H. Tootell demonstrou que, quando um macaco vê determinadas formas, como por exemplo uma cruz ou um quadrado, a atividade de neurônios nos córtices visuais iniciais está topograficamente organizada num padrão que se ajusta às formas que o macaco está vendo.[10] Em outras palavras, um observador independente, que olha tanto para o estímulo externo como para o padrão de atividade cerebral, reconhece uma semelhança estrutural (ver figura 15). Um raciocínio similar pode ser aplicado às descobertas de Michael Merzenich sobre os padrões dinâmicos de representação corporal nos córtices somatossensoriais.[11] Repare, no entanto, que o fato de se possuir esse tipo de representação no córtex cerebral *não* é equivalente a estar consciente de sua existência, como já salientei. É necessário, mas não suficiente.

O que estou chamando de uma representação dispositiva é uma potencialidade de disparo dormente que ganha vida quando os neurônios se acionam com um determinado padrão, a um determinado ritmo, num determinado intervalo de tempo e em direção a um alvo particular, que é outro conjunto de neurônios. Ninguém sabe qual poderia ser o aspecto dos "códigos" contidos no conjunto, apesar das muitas descobertas recentes que têm sido acumuladas pelo estudo da modificação sináptica. Mas pelo menos este fato parece provável: os padrões de disparo resultam do caráter estimulador ou inibidor das sinapses, o qual, por sua vez, resulta de modificações funcionais que ocorrem em nível microscópico, no interior das ramificações fibrosas dos neurônios (axônios e dendritos).[12]

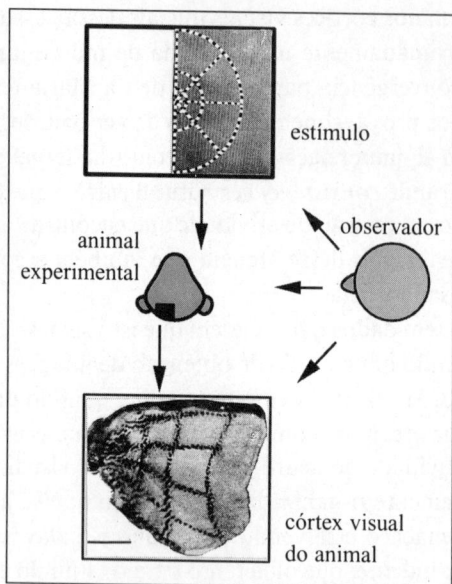

15. *Este diagrama representa um observador que olha para o estímulo apresentado a um animal experimental e, subseqüentemente, observa a ativação causada por esse estímulo no córtex visual do animal, descobrindo uma notável consistência entre a forma do estímulo e a forma do padrão de atividade cerebral existente numa das camadas do córtex visual primário (camada C). O estímulo e a imagem cerebral foram retirados do trabalho de Roger Tootell, que realizou essa experiência.*

As representações dispositivas existem num estado potencial, sujeito a ativação, como a cidade de Brigadoon.

O CONHECIMENTO É INCORPORADO EM REPRESENTAÇÕES DISPOSITIVAS

As representações dispositivas constituem o nosso depósito integral de saber e incluem tanto o conhecimento inato como o adquirido por meio da experiência. O conhecimento inato baseia-se em representações dispositivas existentes no hipotálamo, no tronco cerebral e no sistema límbico. Podemos concebê-lo como comandos da regulação biológica necessários para a sobrevivência (isto é, o controle do metabolismo, impulsos e instintos). Eles controlam muitos processos, mas, de um modo geral, não se transformam em imagens na mente. Esse assunto será discutido no próximo capítulo.

O conhecimento adquirido baseia-se em representações dispositivas existentes tanto nos córtices de alto nível como ao longo de muitos núcleos de massa cinzenta localizados abaixo do nível do córtex. Algumas dessas representações dispositivas contêm registros sobre o conhecimento imagético que podemos evocar e que é utilizado para o movimento, o raciocínio, o planejamento e a criatividade; e outras contêm registros de regras e de estratégias com as quais manipulamos essas imagens. A aquisição de conhecimento novo é conseguida pela modificação contínua dessas representações dispositivas.

Quando as representações dispositivas são ativadas, elas podem dar origem a vários resultados. Podem disparar outras representações dispositivas, com as quais estão fortemente relacionadas pelo *design* do circuito (por exemplo, representações dispositivas no córtex temporal poderiam disparar representações dispositivas no córtex occipital, as quais fazem parte dos mesmos sistemas *reforçados*). Ou podem gerar uma representação topograficamente organizada para os córtices sensoriais iniciais ou ativando outras representações dispositivas localizadas no mesmo sistema *reforçado*. Ou podem ainda gerar um movimento pela ativação de um córtex motor ou de um núcleo, como por exemplo os gânglios basais.

O aparecimento de uma imagem por evocação resulta da reconstrução de um padrão transitório (metaforicamente, um mapa) nos córtices sensoriais iniciais, e o desencadeador para a reconstrução é a ativação das representações dispositivas localizadas em outros locais do cérebro, como por exemplo um córtex de associação. O mesmo tipo de ativação cartografada ocorre nos córtices motores e constitui a base para o movimento. As representações dispositivas, com base nas quais o movimento ocorre, estão localizadas nos córtices pré-motores, gânglios basais e córtices límbicos. Existem dados que indicam que elas ativam tanto os movimentos do corpo como as imagens internas do movimento do corpo; devido à natureza veloz dos movimentos, esses últimos são normalmente mascarados na consciência pelo estado de alerta perante o próprio movimento.

EM LARGA MEDIDA,
O PENSAMENTO É FEITO DE IMAGENS

Diz-se freqüentemente que o pensamento não é feito apenas de imagens, que é constituído também por palavras e por símbolos abstratos não imagéticos. Ninguém negará certamente que o pensamento inclui palavras e símbolos arbitrários. Mas essa afirmação não dá conta do fato de tanto as palavras como outros símbolos serem baseados em representações topograficamente organizadas e serem, eles próprios, imagens. A maioria das palavras que utilizamos na nossa fala interior, antes de dizermos ou de escrevermos uma frase, existe sob a forma de imagens auditivas ou visuais na nossa consciência. Se não se tornassem imagens, por mais passageiras que fossem, não seriam nada que pudéssemos saber.[13] Isso é verdade até mesmo para aquelas representações topograficamente organizadas que não são tomadas com atenção pela consciência, mas que são ativadas de forma oculta. Sabemos, por experiências de *priming*, que, embora essas representações sejam processadas em segredo absoluto, podem influenciar o curso do pensamento e até irromper na consciência um pouco mais tarde. (*Priming* consiste em ativar uma representação de forma incompleta ou então ativá-la mas não lhe dar atenção.)

Vivemos esse fenômeno com regularidade. Após uma discussão ativa envolvendo várias pessoas, uma palavra ou afirmação que não ouvimos durante a conversa emerge subitamente em nossa mente. Podemos ficar surpreendidos pelo fato de ela nos ter escapado — como pudemos ser tão descuidados —, ao ponto de tentar verificar sua realidade e perguntar, por exemplo: "Você acabou de dizer isto assim assim?". A pessoa X afirmou de fato isso, mas, como você estava concentrado na pessoa Y, as representações cartografadas formadas relativamente ao que a pessoa X disse não foram apreendidas e delas apenas se constituiu uma memória dispositiva. Quando a concentração na pessoa X diminui, e como a palavra ou a afirmação que lhe escapou era de fato importante para você, a representação dispositiva regenera uma representação topograficamente organizada num córtex sensorial inicial; transforma-se numa imagem. Repare que você nunca teria formado uma representação dispositiva se, em primeiro lugar, não tivesse construído uma representação perceptiva topograficamente cartografada: não parece existir nenhuma via anatômica de introduzir informação sensorial complexa no córtex de associação, que sustenta as representações dispositivas, sem utilizar primeiro os córtices sensoriais iniciais. (Isso pode não ser verdadeiro para informações sensoriais não complexas.)

Os comentários acima apresentados aplicam-se igualmente aos símbolos que podemos utilizar na resolução mental de um problema matemático (embora talvez não abranjam todas as formas de pensamento matemático). Se esses símbolos não fossem imagináveis, não os conheceríamos e não seríamos capazes de manipulá-los conscientemente. Nessa perspectiva, é interessante observar que vários matemáticos e físicos descrevem seus pensamentos como dominados por imagens. É freqüente as imagens serem visuais e talvez até mesmo somatossensoriais. De modo não surpreendente, Benoit Mandelbrot, cujo domínio científico é a geometria fractal, diz que pensa sempre por meio de imagens,[14] e relata que o físico Richard Feynman não gostava de olhar para uma equação sem olhar primeiro para o diagrama que a acompanhava (e repare que, de fato, tanto a equação como o diagrama são imagens). Quanto a Albert Einstein, ele não tinha qualquer dúvida sobre o processo:

> As palavras ou a linguagem, na forma como são escritas ou faladas, não parecem desempenhar qualquer papel nos meus mecanismos de pensamento. As entidades físicas que parecem servir de elementos no meu pensamento são determinados sinais e imagens mais ou menos definidos que podem ser "voluntariamente" reproduzidos e combinados. Existe, com certeza, uma certa ligação entre esses elementos e os conceitos lógicos relevantes. É também evidente que o desejo de chegar finalmente a conceitos associados pela lógica é a base emocional desse jogo bastante vago com os elementos acima mencionados.

Mais adiante, no mesmo texto, ele torna esse ponto ainda mais claro:

Os elementos acima mencionados são, no meu caso, do tipo visual e... muscular. As palavras convencionais, ou outros sinais, têm de ser laboriosamente procurados apenas numa fase secundária, quando o jogo associativo que foi mencionado se encontra suficientemente estabelecido e pode ser reproduzido pela vontade.[15]

Assim, o que interessa salientar é que as imagens são provavelmente o principal conteúdo de nossos pensamentos, independente da modalidade sensorial em que são geradas e de serem sobre uma coisa ou sobre um processo que envolve coisas; ou sobre palavras ou outros símbolos, numa dada linguagem, que correspondem a uma coisa ou a um processo. Escondidos atrás dessas imagens, raramente ou nunca chegando ao nosso conhecimento, existem de fato numerosos mecanismos que orientam a geração e o desenvolvimento de imagens no espaço e no tempo. Esses mecanismos utilizam regras e estratégias incorporadas em representações dispositivas. Eles são *essenciais* para o nosso pensar, mas não constituem o *conteúdo* dos pensamentos.

As imagens que reconstituímos por evocação ocorrem lado a lado com aquelas formadas segundo a estimulação vinda do exterior. As imagens reconstituídas a partir do interior do cérebro são menos vívidas do que as induzidas pelo exterior. Elas são "desmaiadas", como David Hume apontou, em comparação com as imagens "cheias de vida" geradas por estímulos exteriores ao cérebro. Mas continuam a ser imagens, para todos os efeitos.

ALGUMAS PALAVRAS SOBRE O DESENVOLVIMENTO NEURAL

Como foi anteriormente discutido, os sistemas e os circuitos cerebrais, assim como as operações que executam, dependem do padrão das conexões entre neurônios e do poder das sinapses que constituem essas conexões. Mas como os padrões de conexão e as potências sinápticas são estabelecidos nos nossos cérebros, e quando? Eles são simultâneos para todos os sistemas existentes no cérebro? Uma vez estabelecidos, isso ocorre para sempre? Não existem ainda respostas definitivas para essas questões. Embora o conhecimento sobre o assunto esteja em constante alteração e pouca coisa deva ser dada como certa, a hipótese a seguir apresentada não deve andar longe do que realmente se passa:

1) O genoma humano (o total da soma dos genes existentes nos cromossomos) não especifica toda a estrutura do cérebro. Não existem genes disponíveis em número suficiente para determinar a estrutura precisa e o local de tudo em nossos organismos, muito menos no cérebro, onde bilhões de neurônios estabelecem os contatos sinápticos. A desproporção não é sutil: transportamos provavelmente cerca de 10^5 (100 mil) genes, mas possuímos mais de 10^{15} (10 trilhões) sinapses no cérebro. Além disso, a formação de tecidos geneticamente induzida é assistida por interações entre células, nas quais as moléculas de adesão celular e as moléculas de adesão ao substrato desempenham um papel importante. O que acontece entre as células, à medida que o desenvolvimento se desenrola, controla, em parte, a expressão dos genes que regulam o desenvolvimento inicial. Assim, o que se pode dizer é que muitas das especificidades estruturais são determinadas por genes, mas um grande número de outras especificidades pode ser determinado apenas pela atividade do próprio organismo vivo à medida que se desenvolve e continuamente se modifica ao longo do seu tempo de vida.[16]

2) O genoma ajuda a estabelecer a estrutura exata ou próxima da exata de determinados sistemas e circuitos importantes nos setores evolutivamente antigos do cérebro humano. Embora tenhamos uma necessidade extrema de estudos modernos sobre o desenvolvimento desses setores cerebrais, e embora muito se possa alterar à medida que tais estudos se concretizem, a afirmação precedente parece estar razoavelmente correta no que diz respeito ao tronco cerebral, o hipotálamo e o prosencéfalo basal, e ser bastante provável relativamente à amígdala e à região do cíngulo. (Nos próximos capítulos abordarei mais aprofundadamente essas estruturas e funções.) Partilhamos a essência desses setores cerebrais com indivíduos de muitas outras espécies. O principal papel das estruturas desses setores é o de regular os processos vitais básicos sem recorrer à mente e à razão. Os padrões inatos* da atividade dos neurônios nesses circuitos não ge-

(*) Observe-se que quando uso a palavra inato (literalmente: presente no nascimento) não estou excluindo a existência de um papel para o ambiente e para a aprendizagem na determinação de uma dada estrutura ou padrão de atividade.

ram imagens (embora as conseqüências da sua atividade possam ser imagéticas); eles regulam mecanismos homeostáticos sem os quais não existe sobrevivência.

Sem o conjunto inato de circuitos desses setores cerebrais, não seríamos capazes de respirar, de regular nosso ritmo cardíaco, de equilibrar nosso metabolismo, de procurar comida e abrigo, de evitar predadores e de nos reproduzir. Sem essa regulação biológica recheada de "porcas e parafusos", a sobrevivência individual e evolutiva cessaria. No entanto, existe um outro papel para esses circuitos inatos, para o qual devo chamar a atenção por ser normalmente ignorado na concepção das estruturas neurais que sustentam a mente e o comportamento: *os circuitos inatos intervêm não só na regulação corporal como também no desenvolvimento e na atividade adulta das estruturas evolutivamente modernas do cérebro.*

3) O equivalente das especificidades que os genes ajudam a estabelecer nos circuitos do tronco cerebral ou do hipotálamo chegam ao resto do cérebro muito tempo depois do nascimento, durante o desenvolvimento do indivíduo na infância, na meninice e na adolescência, e à medida que esse indivíduo interage com o ambiente físico e com outros indivíduos. É de todo provável, pelo menos no que diz respeito aos setores cerebrais evolutivamente modernos, que o genoma ajude a estabelecer não um arranjo preciso, mas um arranjo geral de sistemas e circuitos. E como é que o arranjo preciso se estabelece? Estabelece-se sob *a influência de circunstâncias ambientais que são complementadas e restringidas pela influência dos circuitos estabelecidos de forma inata e precisa, relacionados com a regulação biológica.*

Em suma, a atividade dos circuitos nos setores cerebrais modernos e estimulados pela experiência (o neocórtex, por exemplo) é indispensável para a produção de uma classe particular de representações neurais nas quais se baseiam a mente (imagens) e as ações intencionais. Contudo, o neocórtex não pode produzir imagens se o subterrâneo antigo do cérebro (o hipotálamo, o tronco cerebral) não se encontrar intato e cooperativo.

Esse arranjo pode parecer estranho. Temos aqui circuitos inatos cuja função é a de regular o funcionamento do corpo e assegurar a sobrevivência do organismo, a qual é alcançada pelo controle das operações bioquímicas internas do sistema endócrino, do sistema imunológico e das vísceras, assim como pelos impulsos e instintos. Por que deveriam esses circuitos interferir na modelação daqueles mais modernos e plásticos, responsáveis pela representação de nossas experiências adquiridas? A resposta a essa importante pergunta está no fato de tanto os registros das experiências como as respostas a elas, para serem adaptativos, deverem ser avaliados e modelados por um conjunto fundamental de preferências do organismo que considera a sobrevivência o objetivo supremo. Parece que, devido a essa avaliação e modelação serem vitais para a continuidade do organismo, os genes especificam também que os circuitos inatos devem exercer uma influência poderosa sobre virtualmente todo o conjunto de circuitos que podem ser modificados pela experiência. Essa influência é desempenhada, em grande parte, por neurônios "moduladores" que atuam nos circuitos restantes. Esses neurônios moduladores estão localizados no tronco cerebral e no prosencéfalo basal e são influenciados pelas interações do organismo que ocorrem a todo momento. Eles distribuem neurotransmissores (tais como dopamina, norepinefrina, serotonina e acetilcolina) por regiões dispersas do córtex cerebral e dos núcleos subcorticais. Esse inteligente arranjo pode ser descrito da seguinte maneira: 1) os circuitos reguladores inatos têm como função principal a sobrevivência do organismo e, em conseqüência, são inteirados do que está acontecendo nos setores mais modernos do cérebro; 2) o aspecto bom e mau das situações é-lhes regularmente assinalado; e 3) eles expressam a sua reação relativa a essa qualificação influenciando a forma como o resto do cérebro é modelado, de modo que esse possa apoiar a sobrevivência da maneira mais eficaz possível.

Assim, à medida que progredimos da infância para a idade adulta, o *design* dos circuitos cerebrais que representam nosso corpo em evolução e sua interação com o mundo parece depender tanto das atividades em que o organismo se empenha como da ação de circuitos biorreguladores inatos, *à medida que os últimos reagem a tais atividades*. Essa abordagem sublinha a inadequação de conceber cérebro, comportamento e mente em termos de natureza *versus* educação, ou de genes *versus* experiência. Nossos cérebros e nossas mentes não são *tabulae rasae* quando nascemos. Contudo, também não são, na sua totalidade, geneticamente determinados. A sombra genética tem um grande alcance mas não é completa. Os genes proporcionam a um dado componente cerebral sua estrutura *precisa* e a outro componente uma estrutura que está *para ser determinada*. No entanto, a estrutura a ser determinada só pode ser obtida sob a influência de três elementos: 1) a estrutura exata; 2) a atividade individual e as circunstâncias (nas quais a palavra final cabe ao meio ambiente humano e físico, assim como ao acaso); e 3) as pressões da auto-organização que emergem da extraordinária complexidade do sistema. O perfil imprevisível das experiências de cada indivíduo tem realmente uma palavra a acrescentar ao *design* dos circuitos, tanto direta como indiretamente, pela reação que desencadeia nos circuitos inatos e pelas conseqüências que tais reações têm no processo global de modelação de circuitos.[17]

Afirmei no capítulo 2 que a operação dos circuitos de neurônios depende do padrão de conexões existentes entre os neurônios e do poder das sinapses que estabelecem essas conexões. Num neurônio em estado de excitação, por exemplo, as sinapses estimuladoras facilitam o disparo, enquanto as sinapses inibidoras fazem o contrário. Neste momento, posso dizer que, devido a diferentes experiências causarem a variação da potência sináptica dentro e através de muitos sistemas neurais, a experiência modela o *design* dos circuitos. Além disso, em alguns sistemas, mais do que em outros, as potências sinápticas podem alterar-se ao longo do período de vida do indivíduo para refletir as diferentes experiências do organismo e, como resultado, o *design* dos circuitos cerebrais continua também a alterar-se. Os circuitos não são apenas receptivos aos resultados da primeira experiência, mas repetidamente flexíveis e suscetíveis de serem modificados por experiências contínuas.[18]

Alguns circuitos são remodelados vezes sem conta ao longo do tempo de vida do indivíduo, de acordo com as alterações que o organismo sofre. Outros permanecem predominantemente estáveis e formam a "coluna vertebral" das noções que construímos sobre o mundo interior e exterior. A idéia de que todos os circuitos são evanescentes faz pouco sentido. A suscetibilidade de modificação indiscriminada teria criado indivíduos incapazes de se reconhecerem uns aos outros e desprovidos do sentido de sua própria biografia. Esse arranjo não seria adaptativo, e é bastante claro que tal não acontece. Uma prova simples de que algumas representações adquiridas são relativamente estáveis encontra-se no estado conhecido como membro fantasma. Alguns indivíduos que sofrem a amputação de um membro (por exemplo, a perda da mão e do braço, deixando-os com um coto acima do nível do cotovelo) relatam a seus médicos que ainda sentem o membro ausente, que conseguem apreender seus movimentos imaginários e sentir dor, frio ou calor "no" membro ausente. É óbvio que esses doentes possuem uma memória do seu membro, ou não seriam capazes de formar uma imagem dele em suas mentes. No entanto, com o tempo, alguns doentes podem experienciar uma redução do membro fantasma, o que, aparentemente, indica que a memória — ou sua reprodução na consciência — é passível de revisão.

O cérebro necessita de um equilíbrio entre os circuitos cuja fidelidade de disparo é volátil como o mercúrio e aqueles que são mais resistentes à mudança. Os circuitos que nos ajudam a reconhecer nosso rosto no espelho, hoje, sem qualquer surpresa, alteraram-se sutilmente para acomodar as modificações estruturais que a passagem do tempo provoca em nossa face.

6

REGULAÇÃO BIOLÓGICA
E SOBREVIVÊNCIA

DISPOSIÇÕES PARA A SOBREVIVÊNCIA

A sobrevivência de um dado organismo depende de uma série de processos biológicos que mantêm a integridade das células e dos tecidos em toda sua estrutura. Vejamos um exemplo, ainda que simples, do que acabo de afirmar. A par de várias outras necessidades, os processos biológicos precisam de um fornecimento apropriado de oxigênio e nutrientes, o qual se baseia na respiração e na alimentação. Para tal, o cérebro possui circuitos neurais inatos cujos padrões de atividade, coadjuvados por processos bioquímicos no corpo propriamente dito, controlam de forma segura reflexos, impulsos e instintos, garantindo assim que a respiração e a alimentação ocorram de acordo com o necessário. Retomando o tema do capítulo anterior, note-se que os circuitos neurais inatos contêm representações dispositivas. A ativação dessas disposições desencadeia um complexo conjunto de respostas.

Em outra frente, a fim de evitar condições ambientais adversas ou a destruição por parte de predadores, existem circuitos neurais para impulsos e instintos que induzem, por exemplo, comportamentos de luta ou de fuga. Outros circuitos controlam os impulsos e os instintos que ajudam a assegurar a continuidade dos genes (por meio do comportamento sexual ou do cuidado da prole). Podem mencionar-se inúmeros outros circuitos e impulsos específicos, entre os quais se contam aqueles que se reportam à procura de uma quantidade ideal de luminosidade ou escuridão, de calor ou de frio, de acordo com a hora do dia ou com a temperatura ambiente.

Em geral, os impulsos e os instintos operam quer diretamente, pela geração de um determinado comportamento, quer mediante a indução de estados fisiológicos que levam os indivíduos a agir de determinado modo, de forma consciente ou não. Praticamente todos os comportamentos que resultam de impulsos e instintos contribuem para a sobrevivência quer em termos diretos, pela execução de ações de preservação da vida, quer em termos indiretos, pela criação de condições vantajosas para a sobrevivência ou pela diminuição da influência de condições potencialmente adversas. As emoções e os sentimentos, que são centrais para a visão da racionalidade que estou propondo, são uma poderosa manifestação dos impulsos e dos instintos, constituindo uma parte essencial da sua atividade.

Não traria qualquer vantagem permitir que as disposições que controlam os processos biológicos básicos variassem muito. Uma alteração significativa acarretaria o risco de disfunções graves em diversos sistemas de órgãos e a eventualidade de um estado de doença ou mesmo de morte. Isso não invalida que possamos influenciar intencionalmente os comportamentos que são por hábito conduzidos por esses padrões neurais inatos. Podemos segurar a respiração quando nadamos debaixo de água, durante algum tempo; podemos decidir fazer um jejum prolongado; podemos influenciar nosso ritmo cardíaco com bastante facilidade e até alterar a pressão sangüínea sistêmica, com um pouco menos de facilidade. No entanto, em nenhum desses casos existe evidência de que as disposições mudem. O que muda é um ou outro componente do padrão comportamental subseqüente, que conseguimos inibir de diversas maneiras, seja utilizando a força muscular (segurando a respiração pela contração das vias respiratórias superiores e caixa torácica), seja pela simples força de vontade. Tampouco isso invalida que os padrões inatos possam ser modulados em termos do seu disparo — tornando-se mais suscetíveis de disparar ou não — pelos sinais neurais de outras regiões do cérebro ou por sinais químicos, como os hormônios e os neuropeptídeos que lhes chegam na corrente sangüínea ou por meio de axônios. De fato, muitos neurônios em todo o cérebro possuem receptores para hormônios, por exemplo os produzidos pelas glândulas reprodutoras, supra-renais e tiróide. Tanto o desenvolvimento inicial como o funcionamento regular dessas redes de circuitos são influenciados por esses sinais.

Alguns dos mecanismos reguladores básicos atuam de forma oculta e nunca são diretamente conhecidos pelo indivíduo dentro do qual agem. Desconhecemos o estado dos diversos íons de potássio e hormônios em circulação ou o número de glóbulos vermelhos no nosso corpo, a menos que o determinemos por meio de uma análise direta. Contudo, existem mecanismos reguladores um pouco mais complexos que envolvem comportamentos visíveis, que nos dão indiretamente a conhecer a sua existência quando nos levam a agir (ou não) de determinado modo. São os chamados instintos.

A regulação por instintos pode ser explicada em termos simples com o seguinte exemplo: algumas horas depois de uma refeição, o nível de açúcar no sangue desce e os neurônios no hipotálamo detectam essa alteração; a ativação do padrão inato pertinente leva o cérebro a alterar o estado do corpo para que a probabilidade de correção possa ser aumentada; sentimos fome e empreendemos ações para satisfazê-la; a ingestão de alimentos acarreta uma correção no nível de açúcar do sangue; por último, o hipotálamo volta a detectar uma alteração no açúcar, dessa vez um aumento, e os neurônios apropriados fazem o organismo passar a um estado em que a experiência associada é a sensação de saciedade.

O objetivo de todo o processo foi salvar o corpo. O sinal para iniciar o processo partiu do corpo. Os sinais de que tivemos consciência, a fim de salvar o corpo, provieram também do corpo. Ao concluir-se o ciclo, os sinais que nos informaram que o corpo já não corria perigo partiram do corpo. Podemos dizer que se trata de um controle do corpo e pelo corpo, ainda que seja sentido e gerido pelo cérebro.

Esses mecanismos reguladores asseguram a sobrevivência ao acionar uma disposição para excitar alguns padrões de alteração do corpo (um impulso), o qual pode ser um estado do corpo com um significado específico (fome, náusea) ou uma emoção identificável (medo, raiva) ou uma combinação de ambos. A ativação

144

pode ser desencadeada a partir do interior "visceral" (um baixo nível de açúcar no sangue, no meio interno), do exterior (uma ameaça) ou do interior "mental" (a percepção da iminência de uma catástrofe). Qualquer delas pode desencadear uma resposta biorreguladora interna, um padrão de comportamento instintivo ou um plano de ação recém-criado, uma combinação de algumas dessas coisas ou de todas elas. As redes de circuitos neurais básicos que executam a operação de todo esse ciclo constituem um equipamento padrão de nosso organismo e estão para esse como os freios estão para um carro. Eles não precisaram de uma instalação especial. Constituem um "mecanismo pré-organizado" — uma noção" a que regressarei no capítulo seguinte. Tudo o que precisamos fazer foi sintonizar esse mecanismo com o meio ambiente que nos rodeia.

Os mecanismos pré-organizados não são importantes apenas para efeitos de regulação biológica básica. Eles ajudam também o organismo a classificar as coisas ou os fenômenos como "bons" ou "maus" em virtude do possível impacto sobre a sobrevivência. Em outras palavras, o organismo possui um conjunto básico de preferências — ou critérios, ou tendências, ou valores. Sob a influência dessas preferências e do trabalho da experiência, o repertório de coisas classificadas como boas ou más cresce rapidamente e a capacidade de detectar novas coisas boas e más aumenta exponencialmente.

Se uma determinada entidade no mundo é um componente de uma situação em que um outro componente foi uma coisa "positiva" ou "negativa", isto é, ativou uma disposição inata, o cérebro classifica a entidade em relação à qual não estava preestabelecido qualquer valor de maneira inata, tal como se também ela fosse positiva ou negativa, quer o seja ou não. O cérebro estende o tratamento especial a essa nova entidade simplesmente porque ela se encontra próxima daquela que é, sem dúvida, importante. Podemos chamar esse fenômeno de "glória refletida", se a nova entidade estiver próxima de algo positivo, ou de "culpa por associação", se está próxima de algo negativo. A luz que ilumina uma coisa genuinamente importante, boa ou má, brilha também sobre o que a rodeia. Para que o cérebro possa atuar desse modo, tem de vir ao mundo já dotado de um considerável "conhecimento inato" acerca de como regular a si próprio e ao resto do corpo. À medida que o cérebro vai incorporando representações dispositivas de interações com entidades e situações relevantes para a regulação inata, ele aumenta a probabilidade de abranger entidades e situações que podem ou não ser diretamente relevantes para a sobrevivência. E, quando isso sucede, nosso crescente sentido daquilo que o mundo exterior possa ser é apreendido como uma modificação no espaço neural em que o corpo e o cérebro interagem. Não é apenas a separação entre mente e cérebro que é um mito. É provável que a separação entre mente e corpo não seja menos fictícia. A mente encontra-se incorporada, na plena acepção da palavra, e não apenas "cerebralizada".

MAIS ACERCA DE REGULAÇÃO BÁSICA

Os padrões neurais inatos que se afiguram mais críticos para a sobrevivência são mantidos em circuitos do tronco cerebral e do hipotálamo. Esse último tem um papel preponderante na regulação das glândulas endócrinas — entre as quais se contam a pituitária, a tiróide, as supra-renais e os órgãos reprodutores, todas elas produzindo hormônios — e no funcionamento do sistema imunológico. A regulação endócrina, que depende de substâncias químicas liberadas na corrente sangüínea e não de impulsos neurais, é indispensável para manter a função metabólica e dirigir a defesa dos tecidos biológicos contra micropredadores como os vírus, as bactérias e os parasitas.[1]

A regulação biológica relacionada com o tronco cerebral e o hipotálamo é complementada por controles no sistema límbico. Não cabe discutir aqui a complicada anatomia e o funcionamento pormenorizado desse setor cerebral relativamente grande, mas cabe salientar que o sistema límbico participa também no estabelecimento de impulsos e instintos e tem uma função especialmente importante nas emoções e nos sentimentos. Suspeito, no entanto, de que, de modo diferente do que se passa no tronco cerebral e no hipotálamo, cuja rede de circuitos é na sua maior parte inata e estável, o sistema límbico contém tanto redes de circuitos inatas como redes de circuitos modificáveis pela experiência do organismo em constante evolução.

Com o auxílio de estruturas vizinhas do sistema límbico e do tronco cerebral, o hipotálamo regula o *meio interno* (*internal milieu* — o termo e o conceito, que já usei anteriormente, devemse ao biólogo pioneiro Claude Bernard), que se pode visualizar como o conjunto de todos os processos bioquímicos que estão ocorrendo em um organismo em dado momento. A vida depende de esses processos bioquímicos serem mantidos dentro de limites adequados, uma vez que os afastamentos excessivos, em pontoschave de seu perfil composto, podem resultar em doença ou morte. Por sua vez, o hipotálamo e as estruturas inter-relacionadas são regulados não só pelos sinais neurais e químicos de outras regiões do cérebro, mas também por sinais químicos com origem em diversos sistemas do corpo.

Essa regulação química é especialmente complexa, como o exemplo a seguir ilustrará: a produção de hormônios pela glândula tiróide e pelas supra-renais, sem as quais não podemos viver, é parcialmente controlada por sinais químicos da glândula pituitária. A pituitária é, ela própria, controlada em parte por sinais químicos liberados pelo hipotálamo na corrente sangüínea, próximo a essa glândula, e o hipotálamo é controlado em parte pelos sinais neurais do sistema límbico e, indiretamente, do neocórtex. (Considere-se a importância da seguinte observação: a atividade elétrica anormal de determinados circuitos do sistema límbico durante as crises epilépticas provoca não só um estado mental anormal, mas também profundas alterações hormonais que podem levar a toda uma série de problemas no corpo, como os cistos do ovário.) Em contrapartida, cada hormônio no fluxo sangüíneo atua sobre a glândula que a segregou, assim como sobre a pituitária, o hipotálamo e outras zonas do cérebro. Em outras palavras, os sinais neurais dão origem a sinais químicos, que por sua vez dão origem a outros sinais químicos que podem alterar o funcionamento de muitas células e tecidos (incluindo os do cérebro) e modificam os circuitos reguladores que deram início ao próprio ciclo. Esses diversos mecanismos reguladores encaixados uns nos outros tratam de gerir as condições do corpo em nível local e global, de modo que os constituintes do organismo, das moléculas aos órgãos, funcionem dentro dos parâmetros necessários para a sobrevivência.

Os diversos níveis de regulação são interdependentes ao longo de várias dimensões. Por exemplo, um determinado mecanismo pode depender de um outro mais simples e ser influenciado por um terceiro de complexidade idêntica ou superior. A atividade no hipotálamo pode influenciar a atividade neocortical, diretamente ou por meio do sistema límbico, e o inverso também acontece.

Conseqüentemente, como se poderia esperar, há uma documentada interação cérebro-corpo e podemos vislumbrar também interações mente-corpo talvez menos visíveis. Considere-se o seguinte exemplo: a tensão mental crônica, um estado relacionado com a atividade de numerosos sistemas cerebrais no nível do neocórtex, do sistema límbico e do hipotálamo, parece levar à produção excessiva de uma substância química, o peptídeo relacionado com o gene da calcitonina, ou CGRP (do inglês, *calcitonin gene-related peptide*), nas terminações nervosas subcutâneas.[2] Como conseqüência, o CGRP reveste em excesso a superfície das células de Langerhans, cuja função é a captura dos agentes infecciosos e sua entrega aos linfócitos para que o sistema imunológico possa combater sua presença. Quando se encontram completamente cobertas pelo CGRP, as células de Langerhans ficam inutilizadas e deixam de cumprir sua função protetora. O resultado final é uma maior vulnerabilidade do corpo à infecção, agora que a entrada principal se encontra menos defendida. E há outros exemplos de interação mente-corpo. A tristeza e a ansiedade podem alterar de forma notória a regulação dos hormônios sexuais, provocando não só mudanças no impulso sexual, mas também variações no ciclo menstrual. A perda de alguém que se ama profundamente, mais uma vez um estado dependente de um processamento cerebral amplo, leva a uma depressão do sistema imunológico, a ponto de os indivíduos se tornarem mais propensos a infecções e, em conseqüência direta ou indireta, mais suscetíveis a desenvolver determinados tipos de câncer.[3] *Pode-se* morrer de desgosto, na realidade, tal como na poesia.

Claro que a influência no sentido inverso, a de substâncias químicas do corpo no cérebro, também tem sido observada. É bem sabido que o tabaco, o álcool e as drogas (médicas ou não) penetram no cérebro e influenciam em seu funcionamento, alterando desse modo também a mente. Algumas ações de substâncias químicas do corpo incidem diretamente sobre os neurônios ou sobre seus sistemas de apoio; algumas incidem de forma indireta, por via dos neurônios neurotransmissores mediadores, localizados no tronco cerebral e no prosencéfalo basal, a que já fizemos referência. Ao dispararem, esses pequenos conjuntos de neurônios liberam uma dose de dopamina, norepinefrina, serotonina ou acetilcolina em vastas regiões do cérebro, incluindo o córtex cerebral e os gânglios basais. A situação assim estabelecida pode ser imaginada como um conjunto de mecanismos de irrigação por aspersão bem concebidos, liberando cada um sua substância química em determinados sistemas e, dentro dos sistemas, em determinados circuitos com certos tipos e quantidades de receptores.[4] Alterações na quantidade e distribuição de um desses transmissores, ou mesmo mudanças no equilíbrio relativo dos transmissores num determinado local, podem influenciar a atividade cortical de forma rápida e profunda, dando origem a estados de depressão ou euforia, ou até maníacos (ver capítulo 7). Os processos de pensamento podem ser retardados ou acelerados; a profusão de imagens evocadas pode diminuir ou aumentar; a criação de novas combinações de imagens pode ser favorecida ou bloqueada. A capacidade de concentração num determinado conteúdo mental varia em concordância com isso.

TRISTÃO, ISOLDA E O FILTRO DO AMOR

Lembram-se da história de Tristão e Isolda? O enredo gira em torno da transformação da relação entre os dois protagonistas. Isolda pede à criada, Brangena, que lhe prepare uma poção letal, mas, em vez disso, ela prepara-lhe um "filtro de amor", que tanto Tristão como Isolda bebem sem saber o efeito que irá produzir. A misteriosa bebida desencadeia neles a mais profunda das paixões e arrasta-os para um êxtase que nada consegue dissipar — nem sequer o fato de ambos estarem traindo infamemente o bondoso rei Mark. Na sua ópera *Tristão e Isolda*, Richard Wagner captou a força da ligação entre os amantes numa das passagens mais exaltadas e desesperadas da história da música. Devemos interrogar-nos sobre o que o atraiu para essa história e por que motivo milhões de pessoas, durante mais de um século, têm partilhado o fascínio de Wagner por ela.

A resposta à primeira pergunta é que a composição celebrava uma paixão semelhante e muito real da vida de Wagner. Wagner e Mathilde Wesendonk tinham se apaixonado de forma não menos insensata, se considerarmos que Mathilde era a mulher do generoso benfeitor de Wagner e que Wagner era um homem casado. Wagner tinha sentido as forças ocultas e indomáveis que por vezes conseguem se sobrepor à vontade própria e que, na ausência de explicações mais adequadas, têm sido atribuídas à magia ou ao destino.

A resposta à segunda questão é um desafio ainda mais atraente. Existem, com efeito, poções em nossos organismos e cérebros capazes de impor comportamentos que podemos ser capazes ou não de eliminar por meio da chamada força de vontade. Um exemplo elementar é a substância química oxitocina.[5] No caso dos mamíferos, inclusive os seres humanos, essa substância é produzida tanto no cérebro (nos núcleos supra-ótico e parvoventral do hipotálamo) como no corpo (nos ovários ou nos testículos). Pode ser liberada pelo cérebro a fim de participar, por exemplo, diretamente ou por hormônios interpostos, na regulação do metabolismo; ou pode ser liberada pelo corpo, durante o parto, durante a estimulação sexual dos órgãos genitais ou dos mamilos ou ainda durante o orgasmo, quando atua não só sobre o próprio corpo mas também sobre o cérebro. Seu efeito não fica em nada atrás do efeito dos elixires lendários. De um modo geral, influencia toda uma série de comportamentos higiênicos, locomotores, sexuais e maternos. Mais importante ainda para minha tese, facilita as interações sociais e induz a ligação entre os parceiros amorosos. Um bom exemplo encontra-se nos estudos de Thomas Insel sobre o arganaz, um roedor com uma belíssima pelagem. Após um namoro fulminante e um primeiro dia de copulação repetida e apaixonada, o macho e a fêmea tornam-se inseparáveis até à morte. O macho adquire uma disposição hostil em relação a qualquer outra criatura que não seja a amada e mostra-se habitualmente muito prestativo em torno do ninho. Uma ligação desse gênero não é apenas uma adaptação fascinante, mas também traz muitas vantagens em muitas espécies, uma vez que mantém unidos aqueles que têm de cuidar da prole e contribui ainda para outros aspectos da organização social. Não há dúvida de que os seres humanos estão constantemente usando muitos dos efeitos da oxitocina, conquanto tenham aprendido a evitar, em determinadas circunstâncias, os efeitos que podem vir a não ser bons. Não se deve esquecer que o filtro de amor não trouxe bons resultados para o Tristão e a Isolda de Wagner. Ao fim de três horas de espetáculo, sem contar com os intervalos, eles encontram uma morte desoladora.

Podemos agora acrescentar à neurobiologia do sexo, a respeito da qual se sabe já bastante, os primórdios da neurobiologia do afeto e, munidos de ambos, lançar um pouco mais de luz sobre o complicado conjunto de estados e comportamentos mentais a que chamamos amor.

O que está aqui em jogo, nas combinações dos circuitos massivamente recorrentes que apresentei em esboço, é uma série de circuitos fechados de *feedback* e *feedforward*, em que alguns são de natureza puramente química. Talvez o dado mais significativo acerca dessa combinação seja o fato de que as estruturas do cérebro envolvidas na regulação biológica básica fazem igualmente parte da regulação do comportamento e sejam indispensáveis à aquisição e ao normal funcionamento dos processos cognitivos. O hipotálamo, o tronco cerebral e o sistema límbico intervêm na regulação do corpo *e* em todos os processos neurais em que se baseiam os fenômenos mentais, como por exemplo a percepção, a aprendizagem, a memória, a emoção, o sentimento e, ainda — como proporei mais adiante —, o raciocínio e a criatividade. A regulação do corpo, a sobrevivência e a mente estão intimamente ligados. Essa interligação verifica-se no nível do tecido biológico e utiliza sinais químicos e elétricos, qualquer deles dentro da *res extensa* de Descartes (o domínio físico no qual ele inclui o corpo e o meio envolvente, mas não a alma não física, que pertence à *res cogitans*). Curiosamente, essa interligação ocorre de forma intensa não muito longe da glândula pineal, no interior da qual Descartes procurou aprisionar a alma incorpórea.

PARA ALÉM DOS IMPULSOS E DOS INSTINTOS

Até que ponto os impulsos e os instintos podem, por si só, garantir a sobrevivência de um organismo parece depender da complexidade do meio ambiente e da complexidade do organismo em questão. Encontramos entre os animais, dos insetos aos mamíferos, exemplos inequívocos de como enfrentar com sucesso formas específicas do meio ambiente com base em estratégias inatas, que, sem dúvida, incluem com freqüência aspectos complexos da cognição e comportamento social. Não paro de me maravilhar com a complicada organização social dos nossos primos afastados, os macacos, ou com as sofisticadas práticas sociais de muitas aves. No entanto, quando consideramos nossa própria espécie e os meios ambientes bem mais variados e imensamente imprevisíveis em que temos conseguido sobreviver, verificamos que dependemos de mecanismos biológicos de base genética altamente evoluídos, assim como de estratégias supra-instintivas de sobrevivência que se desenvolveram em sociedade, transmitidas por via cultural, e que requerem, para sua aplicação, consciência, deliberação racional e força de vontade. É por isso que a fome, o desejo e a raiva explosiva dos seres humanos não levam diretamente à alimentação desenfreada, à violência sexual e ao assassínio, pelo menos nem sempre, supondo-se que um organismo humano saudável se tenha desenvolvido numa sociedade em que as estratégias de sobrevivência supra-instintivas sejam ativamente transmitidas e respeitadas.

Há milênios que os pensadores ocidentais e orientais, religiosos ou não, têm estado conscientes desse fato; mais perto de nossa época, o tema preocupou tanto Descartes como Freud, para referir apenas dois nomes. O controle das inclinações animais por meio do pensamento, da razão e da vontade é o que nos torna humanos, segundo *As paixões da alma de Descartes*.[6] Estou de acordo com sua formulação, só que, onde ele especificou um controle alcançado por um agente não físico, vejo uma operação biológica estruturada dentro do organismo humano que em nada é menos complexa, admirável ou sublime. A criação de um superego que integraria os instintos nos ditames sociais foi a formulação encontrada por Freud em *O mal-estar na civilização*, superego esse que se encontrava liberto do dualismo cartesiano, ainda que de modo algum tenha sido explicitado em termos neurais.[7] A tarefa que se apresenta aos neurocientistas de hoje é descobrir a neurobiologia que sustenta as supra-regulações adaptativas, ou seja, estudar e compreender as estruturas cerebrais necessárias para se ter um conhecimento cabal dessas regulações. Não viso reduzir os fenômenos sociais a fenômenos biológicos, mas antes debater a forte ligação entre eles. Quero sublinhar que, muito embora a cultura e a civilização surjam do comportamento de indivíduos biológicos, esse comportamento teve origem em comunidades de indivíduos que interagiam em meios ambientes específicos. A cultura e a civilização não poderiam ter surgido a partir de indivíduos isolados e, portanto, não podem ser reduzidas a mecanismos biológicos e ainda menos a um subconjunto de especificações genéticas. A compreensão desses fenômenos requer não só a biologia e a neurobiologia, mas também as ciências sociais.

Existem nas sociedades humanas convenções sociais e regras éticas acerca e acima das convenções e regras que a biologia por si proporciona. Esses níveis de controle adicionais moldam o comportamento instintivo de forma a poder ser adaptado com flexibilidade a um meio ambiente em rápida e complexa mutação e garantir a sobrevivência do indivíduo e dos outros (especialmente se pertencer à mesma espécie) em circunstâncias em que uma das respostas preestabelecidas no repertório natural se revelaria contraproducente imediata ou posteriormente. Os perigos que advêm dessas convenções e regras podem ser imediatos e diretos (danos físicos ou mentais) ou remotos e indiretos (perda futura, vergonha). Muito embora essas convenções e regras tenham de ser transmitidas apenas por meio da educação e da socialização, de geração em geração, suspeito que as representações neurais da sabedoria que incorporam e dos meios para implementar essa sabedoria se encontram ligadas, de forma inextricável, à representação neural dos processos biológicos inatos de regulação. Vejo uma "trilha" ligando o cérebro que representa uma ao cérebro que representa a outra. Naturalmente que essa trilha é constituída por conexões entre neurônios.

Creio ser possível entrever, para a maior parte das regras éticas e das convenções sociais, independente do grau de elevação de suas metas, um elo significativo com metas mais simples, assim como com impulsos e instintos. E por que seria assim? Porque as conseqüências de se alcançar ou não um objetivo social aperfeiçoado contribuem (ou pelo menos são percebidas como tal), ainda que indiretamente, para a sobrevivência e para a qualidade dessa sobrevivência.

Isso significa que o amor, a generosidade, a bondade, a compaixão, a honestidade e outras características humanas louváveis não são mais do que o resultado de uma regulação neurobiológica orientada para a sobrevivência e que é consciente mas egoísta? Será que isso nega a possibilidade do altruísmo e anula o livre-arbítrio? Isso quer dizer que não existe amor verdadeiro, amizade sincera, compaixão genuína? *De modo algum.* O amor é verdadeiro, a amizade sincera e a compaixão genuína se eu não mentir em relação ao que sinto, se eu *realmente* me sentir apaixonado, amigável e compadecido. Talvez eu fosse mais merecedor de elogios se alcançasse esses sentimentos por meio de um puro esforço intelectual e de uma pura força de vontade, mas não vejo nenhum problema se minha atual natureza me ajudar a atingi-los mais rapidamente e me fizer simpático e honesto sem esforço. A verdade do sentimento (que diz respeito à correspondência entre o que faço e digo e aquilo que tenho em mente) e a grandeza e beleza dele não são postas em perigo pela percepção de que a sobrevivência, o cérebro e uma educação apropriada têm muito a ver com os motivos pelos quais nós experienciamos tais sentimentos. O mesmo se aplica em grande medida ao altruísmo e ao livre-arbítrio. O fato de sabermos que existem mecanismos biológicos subjacentes ao comportamento humano mais sublime não impõe uma redução simplista desse comportamento aos rudimentos da neurobiologia. De qualquer modo, a explicação parcial da complexidade por algo menos complexo não significa nenhum tipo de depreciação.

O quadro que estou estabelecendo para os seres humanos é o de um organismo que surge para a vida dotado de mecanismos automáticos de sobrevivência e ao qual a educação e a aculturação acrescentam um conjunto de estratégias de tomada de decisão socialmente permissíveis e desejáveis, os quais, por sua vez, favorecem a sobrevivência — melhorando de forma notável a qualidade dela— e servem de base à construção de uma *pessoa*. Ao nascer, o cérebro humano inicia seu desenvolvimento dotado de impulsos e instintos que incluem não apenas um *kit* fisiológico para a regulação do metabolismo, mas também dispositivos básicos para fazer face ao conhecimento e ao comportamento social. Ao terminar o desenvolvimento infantil, o cérebro encontra-se dotado de níveis adicionais de estratégias para a sobrevivência.

A base neurofisiológica dessas estratégias adquiridas encontra-se entrelaçada com a do repertório instintivo, e não só modifica seu uso como amplia seu alcance. Os mecanismos neurais que sustentam o repertório supra-instintivo podem assemelhar-se, na sua concepção formal geral, aos que regem os impulsos biológicos e ser também restringidos por esses últimos. No entanto, requerem a intervenção da sociedade para se tornarem aquilo em que se tornam, e estão por isso relacionados tanto com uma determinada cultura como com a neurobiologia geral. Além disso, fora desse duplo condicionante, as estratégias supra-instintivas de sobrevivência criam algo exclusivamente humano: um ponto de vista moral que, quando necessário, pode transcender os interesses do grupo ou até mesmo da própria espécie.

7

EMOÇÕES E SENTIMENTOS

Como se traduz em termos neurobiológicos o que foi apresentado no final do capítulo anterior? Os dados sobre a regulação biológica mostram que as seleções de respostas das quais os organismos não têm consciência, e que por conseguinte não são deliberadas, ocorrem constantemente nas estruturas cerebrais de evolução mais antiga. Os organismos cujos cérebros incluem apenas aquelas estruturas arcaicas e são destituídos de estruturas evolutivamente modernas — como os répteis, por exemplo — executam sem dificuldade a seleção de respostas. Podemos entender essa seleção como uma forma elementar de tomada de decisão, desde que fique bem claro que não se trata de um eu consciente que efetua a decisão, mas sim de um conjunto de circuitos neurais.

É no entanto bem sabido que, quando os organismos sociais se vêem confrontados com situações complexas e são levados a decidir em face da incerteza, têm de recorrer a sistemas no neocórtex, que é o setor mais moderno do cérebro em termos evolutivos. Existe uma notável correlação entre a expansão e subespecialização do neocórtex e a complexidade e imprevisibilidade dos meios ambientes com os quais os indivíduos conseguem lidar em virtude dessa expansão. Assume particular relevância, neste ponto, uma importante descoberta de John Allman: independente do tamanho do corpo, o neocórtex dos macacos que se alimentam de frutos é maior que o daqueles que se alimentam de folhas.[1] Os macacos que se alimentam de frutos têm de possuir uma memória mais rica para que possam recordar quando e onde procurar frutos comestíveis, para que não encontrem árvores sem frutos ou com fruta estragada. Seus neocórtices maiores sustentam a maior capacidade de memória fatual de que necessitam.

É tão evidente a discrepância entre as capacidades de processamento das estruturas cerebrais "baixas e antigas" e das "elevadas e novas", que surgiu uma concepção aparentemente sensata acerca das responsabilidades respectivas daqueles setores do cérebro. Em termos simples: o âmago cerebral antigo encarregar-se-ia da regulação biológica básica no porão, enquanto no andar de cima o neocórtex deliberaria com sensatez e sutileza. Em cima, no córtex, encontrar-se-ia a razão e a força de vontade, enquanto embaixo, no subcórtex, se encontraria a emoção e todas aquelas coisas fracas e carnais.

Contudo, essa visão não dá conta do arranjo neural subjacente à tomada racional de decisões, tal como eu o vejo. Por um lado, não é compatível com as observações discutidas na primeira parte. Por outro, existem provas de que a longevidade, um presumível reflexo da qualidade do raciocínio, está relacionada não só com o maior tamanho do neocórtex, como seria de esperar, mas também com o maior tamanho do hipotálamo, que é a principal divisão do "porão cerebral".[2] A aparelhagem da racionalidade, tradicionalmente considerada *neo*cortical, não parece funcionar sem a aparelhagem da regulação biológica, considerada *sub*cortical. Parece que a natureza criou o instrumento da racionalidade não apenas por cima do instrumento de regulação biológica, mas também *a partir* dele e *com* ele. Os comportamentos que se encontram para além dos impulsos e dos instintos utilizam, em meu entender, tanto o andar superior como o inferior: o neocórtex é recrutado *juntamente com* o mais antigo cerne cerebral, e a racionalidade resulta de suas atividades combinadas.

Surge aqui uma questão interessante: até que ponto estão os processos racionais e não racionais alinhados respectivamente com as estruturas corticais e subcorticais no cérebro humano? Com o fim de tratar dessa questão, irei abordar agora as emoções e os sentimentos, os quais constituem aspectos centrais da regulação biológica, para sugerir que eles estabelecem uma ponte entre os processos racionais e os não racionais, entre as estruturas corticais e subcorticais.

EMOÇÕES

Há cerca de um século, William James, cujas intuições acerca da mente humana só encontraram rivais em Shakespeare e Freud, apresentou uma hipótese verdadeiramente surpreendente sobre a natureza das emoções e dos sentimentos. Escutemos suas palavras:

> Se imaginarmos uma emoção forte e depois tentarmos abstrair da consciência que temos dela todos os sentimentos dos seus sintomas corporais, veremos que nada resta, nenhum "substrato mental" com que constituir a emoção, e que tudo o que fica é um estado frio e neutro de percepção intelectual.

Recorrendo a exemplos ilustrativos convincentes, James prossegue com as seguintes afirmações:

> É-me muito difícil, se não mesmo impossível, pensar que espécie de emoção de medo restaria se não se verificasse a sensação de aceleração do ritmo cardíaco, de respiração suspensa, de tremura dos lábios e de pernas enfraquecidas, de pele arrepiada e de aperto no estômago. Poderá alguém imaginar o estado de raiva e não ver o peito em ebulição, o rosto congestionado, as narinas dilatadas, os dentes cerrados e o impulso para a ação vigorosa, mas, ao contrário, músculos flácidos, respiração calma e um rosto plácido?[3]

Creio que William James conseguiu captar com essas palavras, bastante avançadas tanto para a sua como para a nossa época, o mecanismo essencial para a compreensão das emoções e dos sentimentos. Infelizmente, e ao contrário do que é típico no seu caso, o resto de sua proposta ficou muito aquém da variedade e complexidade dos fenômenos que abordou, o que tem dado origem a uma polêmica infindável e por vezes inútil.[4] (Não posso fazer aqui justiça aos extensos estudos e debates sobre esse assunto, os quais foram recapitulados e analisados por George Mandler, Paul Ekman, Richard Lazarus e Robert Zajonc.)

O principal problema que algumas pessoas tiveram em relação à perspectiva de James não é tanto o fato de ele reduzir a emoção a um processo que envolve, entre todas as coisas possíveis, o corpo, por muito que isso tenha parecido chocante para seus críticos, mas antes o de ele ter atribuído pouca ou nenhuma importância ao processo de avaliação mental da situação que provoca a emoção. Sua exposição funciona bem para as primeiras emoções que sentimos na vida, mas não faz justiça ao que se passa na mente de Otelo antes de extravasar o ciúme e a raiva, ou àquilo com que Hamlet cisma antes de levar seu corpo a um estado de verdadeira náusea, ou aos motivos tortuosos que levam lady Macbeth ao êxtase quando arrasta o marido para uma violência assassina.

Quase tão problemático quanto isso foi o fato de James não ter estipulado um mecanismo alternativo ou suplementar para criar o sentimento correspondente a um corpo excitado pela emoção. Na perspectiva jamesiana, o corpo encontra-se *sempre* interposto no processo. Além disso, James pouco ou nada tem a dizer sobre as possíveis funções da emoção na cognição e no comportamento. No entanto, conforme sugeri na Introdução, as emoções não são um luxo. Elas desempenham uma função na comunicação de significados a terceiros e podem ter também o papel de orientação cognitiva que proporei no próximo capítulo.

Em suma, James postulou a existência de um mecanismo básico em que determinados estímulos no meio ambiente excitam, por meio de um mecanismo inflexível e congênito, um padrão específico de reação do corpo. Não havia necessidade de avaliar a importância dos estímulos para que a ação tivesse lugar. Na sua própria afirmação lapidar: "Cada objeto que excita um instinto excita também uma emoção".

Porém, em muitas circunstâncias de nossa vida como seres sociais, sabemos que as emoções só são desencadeadas após um processo mental de avaliação que é voluntário e não automático. Em virtude da natureza de nossa experiência, há um amplo espectro de estímulos e situações que vieram se associar aos estímulos inatamente selecionados para causar emoções. As reações a esse amplo espectro de estímulos e situações podem ser filtradas por um processo de avaliação ponderada. Esse filtro reflexivo e avaliador introduz a possibilidade de variação na proporção e intensidade dos padrões emocionais preestabelecidos e produz, com efeito, uma modulação na maquinaria básica das emoções intuída por James. Além disso, parece existir também outros meios neurais para alcançar a sensação corporal que James considerou como sendo a essência do processo emocional.

Nas páginas que se seguem delineio meus pontos de vista sobre as emoções e os sentimentos. Começo, numa perspectiva de história individual, por esclarecer as diferenças entre as emoções que experienciamos na infância, para as quais um "mecanismo pré-organizado" de tipo jamesiano seria suficiente, e as emoções que experienciamos em adultos, cujos andaimes foram gradualmente construídos sobre as fundações daquelas emoções "iniciais". Proponho chamar às emoções "iniciais" primárias e às emoções "adultas" secundárias.

Emoções primárias

Até que ponto se encontram as reações emocionais "instaladas"* no momento do nascimento?

Eu diria que não é forçoso que os animais ou os seres humanos se encontrem inatamente instalados para ter medo de ursos ou de águias (embora alguns animais e seres humanos possam encontrar-se ativados para ter medo de aranhas e de cobras). Uma hipótese que acredito não levantar nenhuma dificuldade é a de que estamos programados para reagir com uma emoção de modo pré-organizado quando certas características dos estímulos, no mundo ou nos nossos corpos, são detectadas individualmente ou em conjunto. Exemplos dessas características são o tamanho (animais de grande porte); uma grande envergadura (águias em vôo); o tipo de movimento (como o dos répteis); determinados sons (como os rugidos); certas configurações do estado do corpo (a dor sentida durante um ataque cardíaco). Essas características, individualmente ou em conjunto, seriam processadas e depois detectadas por um componente do sistema límbico do cérebro, digamos, a amígdala; seus núcleos neuronais possuem uma representação dispositiva que desencadeia a ativação de um estado do corpo, característico da emoção de medo, e que altera o processamento cognitivo de modo a corresponder a esse estado de medo (veremos mais adiante que o cérebro pode "simular"

(*) *Wired*, no original, palavra que se refere aos fios elétricos com que se instalam circuitos num aparelho eletrônico. O termo é usado correntemente com referência à "instalação" de circuitos cerebrais e processos mentais. (N. T.)

estados do corpo e "contornar o corpo"; iremos discutir também de que modo se obtém a alteração cognitiva).

Repare-se que, para se provocar uma resposta do corpo, não é sequer necessário "reconhecer" o urso, a cobra ou a águia como tal, ou saber exatamente o que provoca a dor. Basta apenas que os córtices sensoriais iniciais detectem e classifiquem a característica ou características-chave de uma determinada entidade (isto é, animal, objeto) e que estruturas como a amígdala recebam sinais relativos a sua presença *conjuntiva*. Um pinto no alto de um ninho não faz idéia alguma do que é uma águia, mas reage de imediato com alarme e esconde a cabeça quando um objeto de asas largas o sobrevoa a uma determinada velocidade (ver figura 7.1).

Por si só, a reação emocional pode atingir alguns objetivos úteis: por exemplo, esconder-se rapidamente de um predador ou demonstrar raiva em relação a um competidor. No entanto, o processo não termina com as alterações corporais que definem uma emoção. O ciclo continua, pelo menos nos seres humanos, e o passo seguinte é a *sensação da emoção* em relação ao objeto que a desencadeou, a percepção da relação entre objeto e estado emocional do corpo. Podemos perguntar, nesse caso, por que motivo haveria necessidade de se conhecer essa relação? Para que complicar as coisas e fazer intervir a consciência nesse processo, se já existe um meio de reagir de forma adaptativa em termos automáticos? A resposta é que a consciência proporciona uma estratégia de proteção ampliada. Pense no seguinte: se vier a *saber* que o animal ou a situação X causa medo, você tem duas formas de se comportar em relação a X. A primeira é inata, você não a controla; além disso, não é específica de X: pode ser causada por um grande número de seres, objetos e circunstâncias. A segunda forma baseia-se na sua própria experiência e é específica de X. O conhecimento de X permite-lhe pensar com antecipação e prever a probabilidade de sua presença num dado meio ambiente, de modo a conseguir evitar X antecipadamente, em vez de ter de reagir a sua presença numa emergência.

Mas há outras vantagens de "sentir" as próprias reações emocionais. Você pode generalizar o conhecimento acerca delas e decidir, por exemplo, acautelar-se em relação a algo que se assemelha a X. (Claro que, se generalizar em excesso e se comportar de forma extremamente cautelosa, poderá cair na fobia — o que não é tão bom.) Além do mais, você pode ter descoberto, durante o encontro com X, algo de peculiar e potencialmente vulnerável no comportamento dele. Pode querer explorar essa vulnerabilidade no próximo encontro, e esse é mais um motivo por que você precisa conhecer a emoção. Em síntese, sentir os estados emocionais, o que equivale a afirmar que se tem consciência das emoções, oferece-nos *flexibilidade de resposta com base na história específica de nossas interações com o meio ambiente*. Embora sejam preci-

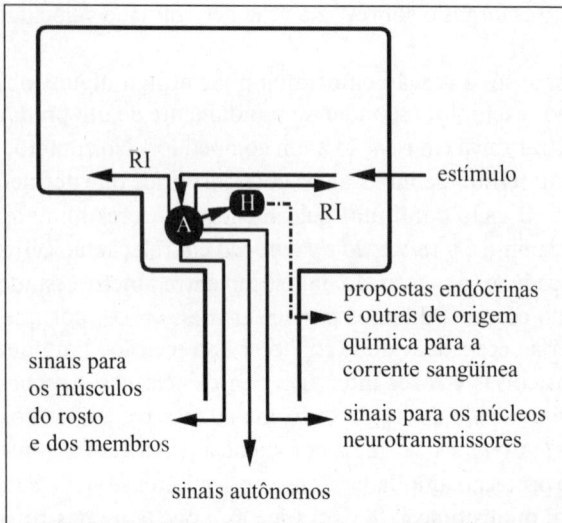

16a. Emoções primárias. O perímetro negro representa o cérebro e o tronco cerebral. Depois de um estímulo adequado ter ativado a amígdala (A), seguem-se várias respostas: internas (assinaladas RI); musculares; viscerais (sinais autônomos); e para os núcleos neurotransmissores e hipotálamo (H). O hipotálamo dá origem a respostas endócrinas e outras de origem química que usam a corrente sangüínea. Não incluo no diagrama diversas outras estruturas cerebrais necessárias à implementação dessa enorme série de respostas. Por exemplo, as respostas musculares por meio das quais exprimimos emoções, digamos, com a postura do corpo, utilizam provavelmente estruturas nos gânglios basais (a saber, o chamado striatum ventral).

sos mecanismos inatos para pôr a bola do conhecimento em jo- go, os sentimentos oferecem-nos algo extra.

As emoções primárias (leia-se, inatas, pré-organizadas, jamesianas) dependem da rede de circuitos do sistema límbico, sendo a amígdala e o cíngulo as personagens principais. A prova de que a amígdala representa esse papel na emoção pré-organizada provém tanto da observação de animais como de seres humanos. A amígdala tem sido objeto de diversos estudos animais por parte de Pribram, Weiskrantz, Aggleton e Passingham, e, mais recentemente e talvez de forma mais abrangente, por Joseph LeDoux.[5] Entre as outras contribuições para o campo incluem-se as de E. T. Rolls, Michael Davis e Larry Squire e equipe, cujo trabalho, apesar de visar a compreensão da memória, revelou de igual modo uma ligação entre a amígdala e a emoção.[6] Estabeleceu também o envolvimento da amígdala na emoção graças aos trabalhos de Wilder Penfield e de Pierre Gloor e Eric Halgren, quando estudaram doentes epilépticos cuja avaliação cirúrgica requeria a estimulação elétrica de diversas regiões no lóbulo temporal.[7] Mais recentemente, houve outras observações confirmativas sobre esse papel da amígdala humana por parte de investigadores de minha equipe e, em retrospectiva, o primeiro indício de que a amígdala e as emoções poderiam estar relacionadas pode ser encontrado no trabalho de Heinrich Kluver e Paul Bucyl,[8] os quais demonstraram que a ressecção cirúrgica da parte do lóbulo temporal que contém a amígdala criava, entre uma série de outros sintomas, indiferença afetiva. (Para provas da relação entre o cíngulo anterior e a emoção, ver o capítulo 4 do presente livro e as pertinentes descrições de Laplane et al., 1981, e A. Damásio e Van Hoesen, 1983.[9])

Mas o mecanismo das emoções primárias não descreve toda a gama dos comportamentos emocionais. Elas constituem, sem dúvida, o processo básico. Creio, no entanto, que em termos do desenvolvimento de um indivíduo seguem-se mecanismos de *emoções secundárias* que ocorrem mal começamos a ter sentimentos e formar *ligações sistemáticas entre categorias de objetos e situações, por um lado, e emoções primárias, por outro.* As estruturas no sistema límbico não são suficientes para sustentar o processo das emoções secundárias. A rede tem de ser ampliada e isso requer a intervenção dos córtices pré-frontal e somatossensorial.

Emoções secundárias

A fim de abordarmos a noção de emoções secundárias, vamos passar a um exemplo retirado da experiência de um adulto. Imagine que você encontra um amigo que não vê há muito tempo ou tem conhecimento da morte inesperada de uma pessoa com quem trabalhou em estreita colaboração. Em qualquer desses casos reais — e talvez até agora, enquanto imaginar as cenas —, você sentirá uma emoção. O que sucede em termos neurobiológicos quando tem lugar essa emoção? O que significa realmente "experienciar uma emoção"?

Depois da formação de imagens mentais sobre os aspectos principais dessas cenas (o encontro com o amigo há muito ausente; a morte de um colega), verifica-se uma mudança no estado de seu corpo definida por várias modificações em diferentes regiões. Se encontrar um velho amigo (na sua imaginação), o coração pode bater mais depressa, a pele pode corar, os músculos do rosto podem mudar em redor da boca e dos olhos para formar uma expressão feliz, enquanto todos os outros músculos ficam relaxados. Ao saber da morte de um conhecido, seu coração pode sobressaltar-se, a boca ficar seca, a pele empalidecer, uma contração na barriga e um aumento de tensão dos músculos do pesçoco e das costas completarão o quadro, enquanto seu rosto desenha uma máscara de tristeza. Em qualquer dos casos, registram-se mudanças numa série de parâmetros relativos ao funcionamento das vísceras (coração, pulmões, intestinos, pele), musculatura esquelética (a que está ligada aos ossos) e glândulas endócrinas (como a pituitária e as supra-renais). O cérebro libera moduladores peptídeos para a corrente sangüínea. O sistema imunológico também se altera rapidamente. O ritmo de atividade dos músculos lisos nas paredes das artérias pode aumentar e originar a contração e o estreitamento dos vasos sangüíneos (o resultado é a palidez); ou diminuir, caso em que os músculos lisos relaxam e os vasos sangüíneos se dilatam (o resultado é o rubor). De um modo geral, o conjunto de alterações estabelece um perfil de desvios relativamente a uma gama de estados médios que correspondem ao equilíbrio funcional, ou homeostase, de acordo com o qual a economia do organismo funciona provavelmente no seu nível ótimo, dispendendo menos energia e procedendo a ajustamentos mais simples e rápidos. Esse equilíbrio funcional não deve ser visto como algo estático; ele é uma sucessão contínua de alterações de perfil, as quais apresentam limites superiores e inferiores que se encontram em constante deslocamento. Poderia ser comparado a uma cama de água quando alguém caminha sobre ela em várias direções: algumas zonas descem enquanto outras sobem; formam-se ondulações; toda a cama se altera, mas as mudanças ocorrem dentro de uma gama de valores especificada pelos limites físicos da unidade: um espaço delimitado que contém uma determinada quantidade de líquido.

Nessa hipotética experiência de emoção, muitas partes do corpo são levadas a um novo estado em que são introduzidas mudanças significativas. O que acontece no organismo para provocar essas mudanças?

1) O processo inicia-se com as considerações deliberadas e conscientes que lhe ocorrem em relação a uma determinada pessoa ou situação. Essas considerações encontram expressão como imagens mentais organizadas num processo de pensamento e envolvem uma infinidade de aspectos de sua relação com uma determinada pessoa, reflexões sobre a situação atual e as conseqüências para si e para outros; em suma, uma avaliação cognitiva do conteúdo do acontecimento de que faz parte. Algumas das imagens assim invocadas não são verbais (a aparência de uma determinada pessoa num determinado lugar), enquanto outras o são (palavras e frases relativas a atributos, atividades, nomes etc.). O substrato neural para essas imagens é uma coleção de representações autônomas topograficamente organizadas que ocorrem em diversos córtices sensoriais iniciais (visual, auditivo e outros). Essas representações são criadas sob o controle de representações dispositivas distribuídas por um grande número de córtices de associação.

2) Em um nível não consciente, redes no córtex pré-frontal reagem automática e involuntariamente aos sinais resultantes do processamento das imagens acima descritas. Essa res-

posta pré-frontal provém de representações dispositivas que incorporam conhecimentos relativos à forma como determinados tipos de situações têm sido habitualmente combinados com certas respostas emocionais na sua experiência individual. Em outras palavras, provêm de representações dispositivas *adquiridas* e não *inatas*, embora, conforme referi anteriormente, as disposições adquiridas sejam obtidas sob a influência das inatas. Aquilo que as disposições adquiridas incorporam é a sua experiência única dessas relações ao longo da vida. Essa experiência pode variar muito ou pouco em comparação com a de outras pessoas; mas é só sua. Apesar de as relações entre tipo de situação e emoção serem em grande medida semelhantes entre diferentes indivíduos, a experiência pessoal e única personaliza o processo para cada indivíduo. Em resumo: disposições pré-frontais adquiridas, necessárias para as emoções sccundárias, são distintas das disposições inatas, aquelas necessárias para as emoções primárias. Mas, como se verá em seguida, as primeiras precisam das últimas para poderem se expressar.

3) De uma forma não consciente, automática e involuntária, a resposta das disposições pré-frontais descrita no parágrafo anterior é assinalada à amígdala e ao cíngulo anterior. As disposições nessas últimas regiões respondem: *a*) ativando os núcleos do sistema nervoso autônomo e enviando os sinais ao corpo através dos nervos periféricos, com o resultado de que as vísceras são colocadas no estado mais tipicamente associado ao tipo de situação desencadeadora; *b*) enviando sinais ao sistema motor, de modo que a musculatura esquelética complete o quadro externo de uma emoção por meio de expressões faciais e posturas corporais; *c*) ativando os sistemas endócrino e peptídico, cujas ações químicas resultam em mudanças no estado do corpo e do cérebro; e, por último, *d*) ativando, com padrões especiais, os núcleos neurotransmissores não específicos no tronco cerebral e prosencéfalo basal, os quais liberam então as mensagens químicas em diversas regiões do telencéfalo (por exemplo, gânglios basais e córtex cerebral). Essa coleção aparentemente exaustiva de ações é uma resposta massiva com múltiplos aspectos. Destina-se a todo o organismo e, numa pessoa saudável, é um prodígio de coordenação.

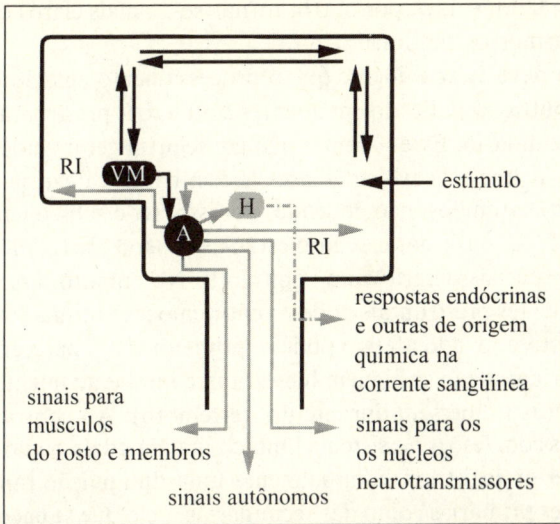

16b. Emoções secundárias. O estímulo pode ainda atuar diretamente na amígdala, mas agora é também analisado no processo de pensamento e pode a partir daí ativar os córtices frontais, (VM). Por seu turno, o VM atua usando a amígdala (A). Em outras palavras, as emoções secundárias utilizam a maquinaria das emoções primárias. Estou de novo simplificando intencionalmente, visto que diversos córtices pré-frontais, para além do VM, são igualmente ativados, mas creio que a essência do mecanismo se encontra expressa no diagrama. É de notar que o VM depende de A para exprimir sua atividade. Essa relação de dependência/precedência constitui um excelente exemplo dos remendos da engenharia da natureza. A natureza recorre a estruturas e mecanismos antigos a fim de criar novos mecanismos e obter novos resultados.

As mudanças causadas por *a*, *b* e *c* afetam o organismo, causam um "estado emocional do corpo" e são posteriormente representadas nos sistemas límbico *e* somatossensorial. As mudanças causadas por *d*, que não ocorrem no corpo propriamente dito, mas num grupo de estruturas do tronco cerebral relacionado com a regulação do corpo, têm um impacto muito importante no estilo e eficiência dos processos cognitivos e constituem uma via paralela para a resposta emocional. Os diferentes efeitos de *a*, *b* e *c*, por um lado, e de *d*, por outro, tornar-se-ão mais claros quando abordarmos os sentimentos.

Já deve estar evidente que o processamento emocional que se encontra prejudicado em doentes com lesões pré-frontais é do tipo secundário. Esses doentes não conseguem gerar emoções relativas às imagens evocadas por determinadas categorias de situações e estímulos, não podendo, por isso, ter o subseqüente sentimento. A confirmar esse fato estão as observações clínicas e os testes especiais descritos no capítulo 9. No entanto, esses mesmos doentes pré-frontais podem sentir emoções primárias e, por esse motivo, o lado afetivo pode, à primeira vista, parecer intato (revelariam medo se alguém lhes gritasse inesperadamente ou se suas casas tremessem durante um terremoto). Ao contrário, os doentes com lesões no sistema límbico, na amígdala ou no cíngulo anterior registram habitualmente uma diminuição tanto das emoções primárias como das secundárias, pelo que se encontram manifestamente mais limitados na sua afetividade.

A natureza, com a sua mania de fazer economia, não selecionou mecanismos independentes para exprimir emoções primárias e secundárias. Limitou-se simplesmente a permitir que as emoções secundárias se exprimissem pelo veículo já preparado para as emoções primárias.

Vejo a *essência* da emoção como a coleção de mudanças no estado do corpo que são induzidas numa infinidade de órgãos por meio das terminações das células nervosas sob o controle de um sistema cerebral dedicado, o qual responde ao conteúdo dos pensamentos relativos a uma determinada entidade ou acontecimento. Muitas das alterações do estado do corpo — na cor da pele, postura corporal e expressão facial, por exemplo — são efetivamente perceptíveis para um observador externo. (Com efeito, a etimologia da palavra sugere corretamente uma direção externa a partir do corpo: *emoção* significa literalmente "movimento para fora".) Existem outras alterações do estado do corpo que só são perceptíveis pelo dono desse corpo. Mas as emoções vão além da sua essência.

Em conclusão, a emoção é a combinação de um *processo avaliatório mental*, simples ou complexo, com *respostas dispositivas a esse processo*, em sua maioria *dirigidas ao corpo propriamente dito*, resultando num estado emocional do corpo, mas também *dirigidas ao próprio cérebro* (núcleos neurotransmissores no tronco cerebral), resultando em alterações mentais adicionais. Repare que, de momento, estou deixando de fora da emoção a percepção de todas as mudanças que constituem a resposta emocional. Como se descobrirá em breve, reservo o termo *sentimento* para a experiência dessas mudanças.

A ESPECIFICIDADE DO MECANISMO NEURAL SUBJACENTE ÀS EMOÇÕES

A especificidade dos sistemas neurais dedicados à emoção foi estabelecida a partir de estudos sobre lesões cerebrais específicas. Na minha perspectiva, as lesões do sistema límbico limitam o processamento das emoções primárias; as lesões nos córtices pré-frontais limitam o processamento das emoções secundárias. Roger Sperry e colaboradores, entre os quais se destacam Joseph Bogen, Michael Gazzaniga, Jerre Levy e Eran Zaidel, estabeleceram uma intrigante correlação neural para as emoções humanas: as estruturas no hemisfério cerebral direito registram um envolvimento preferencial no processamento básico da emoção.[10] Outros investigadores, Howard Gardner, Kenneth Heilman, Joan Borod, Richard Davidson e Guido Gainotti, acrescentaram novas provas significativas a favor da dominância do hemisfério direito na emoção.[11] A investigação em curso no meu laboratório sustenta geralmente a idéia da assimetria no processo emotivo, mas indica também que ela não se reporta de igual modo a todas as emoções.

O grau de especificidade neural dos sistemas dedicados à emoção pode ser avaliado pelas limitações de sua expressão em casos neurológicos. Quando um acidente vascular cerebral destrói o córtex motor no hemisfério esquerdo do cérebro e, conseqüentemente, o doente sofre uma paralisia facial direita, os músculos não funcionam e a boca tende a ser puxada para o lado que se move. Se pedirmos ao doente que abra a boca e mostre os dentes, isso apenas aumentará a assimetria. No entanto, quando o doente sorri ou solta uma gargalhada espontaneamente em reação a um comentário jocoso, o que sucede é bem diferente: o sorriso é normal, ambos os lados do rosto se movem corretamente e a expressão é natural, nada diferente do sorriso habitual desse indivíduo antes da paralisia. Isso mostra que o controle motor de uma seqüência de movimentos relacionados com a emoção *não* se situa no mesmo local que o controle de um ato voluntário. O movimento relacionado com a emoção é desencadeado em outra zona do cérebro, ainda que o palco do movimento, o rosto e sua musculatura, seja o mesmo (ver figura 7.3).

Se estudarmos um doente em que um acidente vascular cerebral afetou o cíngulo anterior no hemisfério esquerdo, veremos precisamente o contrário. Em repouso ou em movimentos relacionados com a emoção, o rosto é assimétrico, com menor mobilidade do lado direito do que do esquerdo. Mas se o doente tentar contrair intencionalmente os músculos faciais, os movimentos são normais e a simetria regressa. O movimento relacionado com a emoção é, pois, controlado a partir da região do cíngulo anterior, de outros córtices límbicos (na face interna do lóbulo temporal) e dos gânglios basais, regiões em que lesão ou disfunção dão origem à chamada paralisia facial *inversa* ou *emocional*.

Meu mentor Norman Geschwind, neurologista de Harvard cujo trabalho estabeleceu a ponte entre as épocas clássica e moderna da investigação do cérebro e da mente dos seres humanos, gostava muito de dizer que a razão da dificuldade em sorrirmos naturalmente para os fotógrafos (a situação do "olha o passarinho!") reside no fato de nos pedirem para controlarmos voluntariamente os músculos faciais usando o córtex motor e seu feixe piramidal. (O feixe piramidal é o conjunto massivo de axônios que começa no córtex motor primário, área 4 de Brodmann, e leva impulsos nervosos aos núcleos do tronco cerebral e da medula espinal que controlam o movimento voluntário por meio dos nervos periféricos.) Produzimos então, como Geschwind gostava de chamar, um "sorriso piramidal". Não é fácil imitarmos aquilo que o cíngulo anterior consegue sem qualquer esforço; não possuímos nenhuma via anatômica que exerça facilmente o controle volitivo sobre o cíngulo anterior. Para sorrir naturalmente temos duas opções: aprender a representar ou pedir que nos contem uma boa anedota. A carreira dos atores

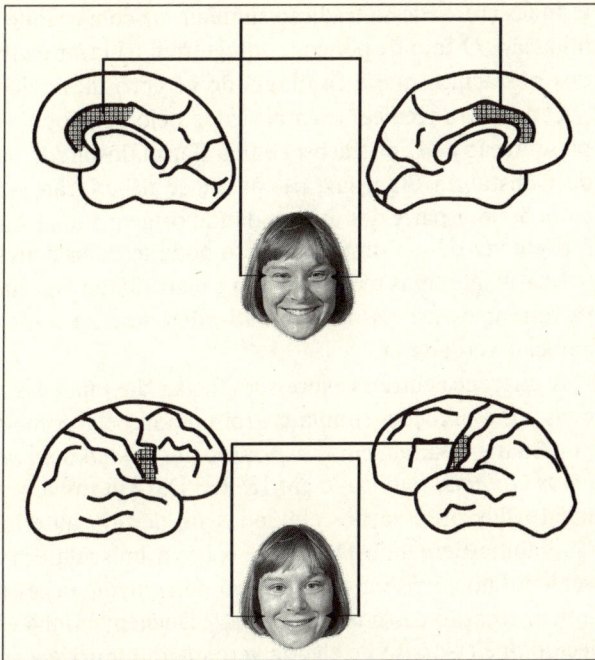

17. *O mecanismo neural para o controle da musculatura facial no "verdadeiro" sorriso de uma situação emocional (painéis superiores) é diferente do mecanismo para o controle voluntário (não emocional) da mesma musculatura (painéis inferiores). O sorriso verdadeiro é controlado a partir dos córtices límbicos e utiliza provavelmente os gânglios basais na sua expressão.*

e dos políticos depende desse arranjo simples e incômodo da neurofisiologia.

Há muito que os atores profissionais conhecem esse problema e têm desenvolvido diferentes técnicas de representação. Algumas delas, bem exemplificadas por Laurence Olivier, baseiam-se na criação habilidosa, sob controle volitivo, de um conjunto de movimentos que sugerem emoção de uma forma verossímil. A partir do conhecimento pormenorizado de como as emoções (as suas expressões) são vistas por um observador externo e da recordação do que normalmente se sente quando têm lugar essas alterações exteriores, os grandes atores dessa tradição simulam-na com grande determinação. O fato de poucos conseguirem triunfar é um sinal dos obstáculos que a fisiologia do cérebro lhes coloca.

Uma outra técnica, exemplificada pelo "método" de representação de Lee Strasberg e Elia Kazan (inspirado na obra de Constantin Stanislavski), baseia-se na criação real das emoções por parte dos atores, dando origem a uma situação real em vez de sua simulação. Isso pode ser mais convincente e cativante, mas requer talento e maturidade especiais para refrear os processos automatizados desencadeados pela emoção verdadeira.

A diferença entre as expressões faciais das emoções autênticas e das emoções simuladas foi notada pela primeira vez por Charles Darwin em *A expressão das emoções no homem e nos animais*, publicado em 1872.[12] Darwin tinha conhecimento das observações efetuadas na década anterior por Guillaume-Benjamin Duchenne sobre a musculatura interveniente no sorriso e sobre o tipo de controle necessário à movimentação dessa musculatura.[13] Duchenne tinha estabelecido que o sorriso de alegria verdadeira requeria a contração involuntária e conjugada de dois músculos, o grande zigomato e o orbicularis oculi (ver figura 7.4). Tinha também descoberto que esse último músculo só podia se mover de forma involuntária; era impossível ativá-lo propositadamente. Os ativadores involuntários do músculo orbicularis oculi, como explicou Duchenne, eram "as doces emoções da alma". Quanto ao grande zigomato, pode ser ativado tanto involuntariamente como por nossa vontade, e constitui desse modo o caminho indicado para os sorrisos de cortesia.

SENTIMENTOS

O que é um sentimento? O que me leva a não usar indistintamente os termos "emoção" e "sentimento"? Uma das razões é que, apesar de alguns sentimentos estarem relacionados com as emoções, existem muitos que não estão: todas as emoções originam sentimentos, se se estiver desperto e atento, mas nem todos os sentimentos provêm de emoções. Chamo sentimentos de fun-

apenas controle
não consciente

↓

orbicularis
oculi

músculo
zigomato

↑

controle consciente
e não consciente

18. *O controle consciente e não consciente da*
musculatura facial.

do (*background*) aos que não têm origem nas emoções e dos quais
falarei mais adiante.

Vou começar por considerar os *sentimentos de emoções* e para isso tenho de retomar o exemplo anterior do estado emocional. Todas as alterações que um observador externo pode identi-
ficar, e muitas outras que não podem ser identificadas, tal como
a aceleração dos batimentos cardíacos ou uma contração do in-
testino, foram percebidas *interiormente* por você. Todas as alterações estão constantemente sendo sinalizadas para seu cérebro
por meio das terminações nervosas que levam os impulsos da pele, dos vasos sangüíneos, das vísceras, dos músculos voluntários,
das articulações etc. Em termos neurais, a etapa de regresso dessa viagem depende dos circuitos que têm origem na cabeça, pescoço, tronco e membros, passam pela medula espinal e pelo tronco
cerebral em direção à formação reticular (um conjunto de núcleos
do tronco cerebral intervenientes, entre outras funções, no controle da vigília e do sono) e ao tálamo, e viajam até o hipotálamo, as estruturas límbicas e os vários córtices somatossensoriais
colocados nas regiões insular e parietal. Esses últimos, em particular, recebem um relato do que está acontecendo no seu organismo a cada momento, o que significa que obtêm uma ''ima-

173

gem" da paisagem do seu corpo no decurso de uma emoção, a qual se encontra em incessante mutação. Se você recordar a imagem da cama de água em movimento, poderá conceber essa imagem como uma sinalização constante das muitas alterações locais na cama — os movimentos ascendentes e descendentes a que é submetida quando uma pessoa caminha sobre ela. Nos córtices cerebrais que recebem a todo o momento esses sinais, verifica-se um padrão de atividade neural em constante mutação. Não há nada de estático, nenhuma linha de base, nenhum homenzinho — o homúnculo — sentado dentro do cérebro como uma estátua, recebendo sinais da parte correspondente do corpo. Registra-se, em vez disso, uma mudança incessante. Alguns dos padrões estão organizados de forma topográfica, outros não tanto, não constando de um único mapa, de um só centro. Existem muitos mapas, coordenados por conexões neuronais mutuamente interativas. (Qualquer que seja a metáfora que se use para ilustrar esse aspecto, é importante apercebermo-nos de que as representações do corpo *atuais* não ocorrem num mapa cortical rígido, como os tradicionais diagramas do cérebro humano nos levaram a supor erradamente. Manifestam-se por meio de uma representação dinâmica, constantemente renovada em instâncias novas e de acesso imediato, *on-line*, do que está sucedendo no corpo em cada momento. Seu valor reside nessa atualização e acessibilidade imediata tão bem demonstradas na obra de Michael Merzenich anteriormente referida.)

Além da "viagem neural" do estado emocional até o cérebro, seu organismo também fez uma "viagem química" paralela. Os hormônios e os peptídeos liberados no corpo durante a emoção alcançam o cérebro por intermédio da corrente sangüínea e penetram nele ativamente pela chamada barreira sangue-cérebro ou, ainda mais fácil, pelas regiões cerebrais destituídas dessa barreira (por exemplo, a área postrema) ou que possuem mecanismos de comunicação com diversas partes do cérebro (por exemplo, o órgão subfórnix). Não só pode o cérebro construir, em alguns dos seus sistemas, uma imagem neural múltipla da paisagem do corpo, como a construção dessa imagem, e a sua utilização, podem ser também influenciadas diretamente pelo corpo (pensemos na oxitocina referida no capítulo 6). Não é apenas um conjunto de sinais neurais que confere ao organismo seu caráter num dado momento, mas também um conjunto de sinais químicos que alteram o modo como os sinais neurais são processados. Essa é, sem dúvida, a razão por que determinadas substâncias químicas têm desempenhado uma função importante em tantas culturas. O problema das drogas que nossa sociedade enfrenta hoje em dia — e refiro-me tanto às ilegais como às legais — não pode ser resolvido sem a profunda compreensão dos mecanismos neurais que estou discutindo aqui.

À medida que ocorrem alterações no seu corpo, você fica sabendo da sua existência e pode acompanhar continuamente sua evolução. Apercebe-se de mudanças no estado corporal e segue seu desenrolar durante segundos ou minutos. Esse processo de acompanhamento contínuo, essa experiência do que o corpo está fazendo *enquanto* pensamentos sobre conteúdos específicos continuam a desenrolar-se, é a essência daquilo que chamo de um sentimento (figura 7.5). Se uma emoção é um conjunto das alterações no estado do corpo associadas a certas imagens mentais que ativaram um sistema cerebral específico, *a essência do sentir de uma emoção é a experiência dessas alterações em justaposição com as imagens mentais que iniciaram o ciclo.* Em outras palavras, um sentimento depende da justaposição de uma imagem do corpo propriamente dito com uma imagem de alguma outra coisa, tal como a imagem visual de um rosto ou a auditiva de uma melodia. O substrato de um sentimento completa-se com as alterações nos processos cognitivos que são induzidos simultaneamente por substâncias neuroquímicas (por exemplo, pelos neurotransmissores numa série de pontos neurais, em resultado da ativação dos núcleos neurotransmissores que faziam parte da resposta emocional inicial).*

Neste ponto, devo apresentar duas clarificações. A primeira diz respeito à noção de "justaposição" na definição anterior. Escolhi esse termo porque penso que a imagem do corpo propriamente dito surge *após* a imagem desse "algo mais" que se for-

<hr>

(*) As definições de "emoção" e "sentimento" aqui apresentadas não são ortodoxas. Outros autores usam essas mesmas palavras indistintamente. O termo "sentimento" pode nem mesmo ser usado, ou o termo "emoção" ser dividido em componentes expressivo e experienciado. O uso sistemático dos termos diferentes que proponho pode ajudar o avanço da futura investigação desses fenômenos.

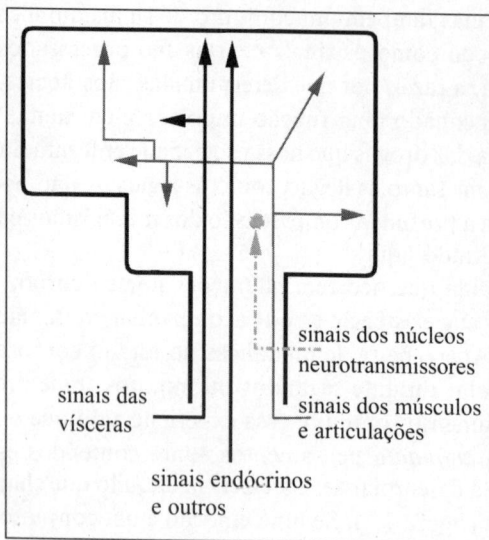

sinais dos núcleos
neurotransmissores

sinais das
vísceras

sinais dos músculos
e articulações

sinais endócrinos
e outros

19. Para se sentir uma emoção é necessário, *mas*
não suficiente, *que os sinais neurais das vísceras,*
dos músculos e articulações e dos núcleos neuro-
transmissores — todos eles ativados durante o pro-
cesso da emoção — atinjam determinados núcleos
subcorticais e o córtex cerebral. Os sinais endó-
crinos e outros de natureza química chegam tam-
bém ao sistema nervoso central por meio da cor-
rente sangüínea, entre outras vias.

mou e se manteve ativo, e que essas duas imagens se mantêm separadas, em termos neurais, tal como sugeri na seção sobre as
imagens no capítulo 5. Em outras palavras, verifica-se uma "combinação" em vez de uma "mistura". Talvez fosse adequado usar
o termo *sobreposição* em relação ao que parece suceder às imagens do corpo propriamente dito e esse "algo mais" na nossa experiência integrada.

A idéia de que o "qualificado" (um rosto) e o "qualificador"
(o estado corporal justaposto) se combinam mas não se misturam ajuda a explicar por que é possível sentirmo-nos deprimidos
quando pensamos em pessoas ou situações que de modo algum
significam tristeza ou perda, ou nos sentimos animados sem

razão alguma imediata que o explique. Os estados qualificadores podem ser súbitos e, por vezes, mesmo indesejáveis. A motivação psicológica pode não ser aparente e até não existir, surgindo o processo de uma alteração fisiológica neutra em termos psicológicos. Em termos neurobiológicos, porém, os qualificadores inexplicáveis revelam a relativa autonomia da maquinaria neural subjacente às emoções. Mas lembram-nos também a existência de um vasto domínio de processos não conscientes, parte dos quais é suscetível de explicação psicológica e outra parte não.

A essência da tristeza ou da felicidade é a percepção combinada de determinados estados corporais e de pensamentos que estejam justapostos, complementados por uma alteração no estilo e na eficiência do processo de pensamento. Em geral, porque tanto o sinal do estado do corpo (positivo ou negativo) como o estilo e a eficiência do conhecimento foram acionados pelo mesmo sistema, esses componentes tendem a ser concordantes (apesar de a concordância entre a informação sobre o estado corporal e o estilo cognitivo poder desaparecer tanto em estados normais como em estados patológicos). Em conjunção com os estados corporais negativos, a criação de imagens é lenta, sua diversidade é pequena e o raciocínio ineficaz; em conjunção com os estados corporais positivos, a criação de imagens é rápida, a sua diversidade é ampla e o raciocínio pode ser rápido, embora não necessariamente eficiente. Quando os estados corporais negativos se repetem com freqüência, ou quando se verifica um estado corporal negativo persistente, como sucede numa depressão, aumenta a proporção de pensamentos suscetíveis de serem associados às situações negativas, e o estilo e a eficiência do raciocínio são afetados. A euforia persistente dos estados maníacos produz o resultado contrário. William Styron apresentou em *Escuridão visível*, que é a recordação de sua depressão, descrições muito concretas desse estado. Fala-nos da sua essência como uma sensação atormentadora de dor "[...] intimamente ligada ao afogamento ou à sufocação — mas mesmo essas imagens ficam aquém de uma boa descrição". E não deixa de apresentar a descrição do estado paralelo dos processos cognitivos: "O pensamento racional encontrava-se normalmente ausente da minha mente nessas ocasiões, daí o *transe*. Não me ocorre uma palavra mais adequada para esse estado, que era uma condição impotente de estupor em que o conhecimento era substituído por aquela 'agonia positiva e ativa' ". ("Agonia positiva e ativa" foram as palavras usadas por William James para descrever sua própria depressão.)

A segunda clarificação: apresentei minha perspectiva de quais podem ser os componentes essenciais de um sentimento, em termos cognitivos e neurais; só a investigação futura permitirá determinar se ela está correta. Mas não expliquei *como* sentimos um sentimento. A recepção de um conjunto amplo de sinais sobre o estado do corpo nas zonas cerebrais apropriadas é o começo necessário mas não suficiente para os sentimentos serem sentidos. Tal como sugeri ao discutir as imagens, uma outra condição para essa experiência é a correlação entre a representação do corpo que está em curso e as representações neurais que constituem o eu.

Um sentimento em relação a um determinado objeto baseia-se na subjetividade da percepção do objeto, da percepção do estado corporal criado pelo objeto e da percepção das modificações de estilo e eficiência do pensamento que ocorrem durante todo esse processo.

ENGANANDO O CÉREBRO

Que provas temos a favor da afirmação de que os estados do corpo provocam sentimentos? Parte da prova encontra-se em estudos neuropsicológicos que correlacionam a perda de sentimentos com lesões em regiões cerebrais necessárias à representação dos estados do corpo (ver capítulo 5), mas estudos efetuados em indivíduos normais são também reveladores nesse aspecto, em particular os de Paul Ekman.[14] Quando Ekman deu instruções a indivíduos normais sobre o modo de mover os músculos faciais, "compondo" uma expressão emocional específica em seus rostos sem que eles estivessem inteirados de sua intenção, o resultado foi os indivíduos experienciarem um sentimento correspondente à expressão. Por exemplo, uma expressão facial feliz composta de forma tosca e incompleta levou os indivíduos a sentir "felicidade", uma expressão facial zangada a sentir "raiva", e assim sucessivamente. Isso é impressionante se considerarmos que eles apenas detectavam expressões faciais imprecisas e fragmentárias, e que, como não estavam percebendo ou avaliando qualquer situação real que pudesse desencadear uma emoção, seus corpos não podiam ter, de início, o perfil visceral que acompanha uma emoção verdadeira.

A experiência de Ekman sugere ou que um fragmento do padrão corporal característico de um estado emocional é suficiente para produzir um sentimento do mesmo sinal, ou que o fragmento desencadeia subseqüentemente o resto do estado do corpo e conduz ao sentimento. Curiosamente, nem todas as partes do cérebro se deixam enganar, por assim dizer, por um conjunto de movimentos que não é produzido pelos meios habituais. Novos dados provenientes de registros eletrofisiológicos mostram-nos que os sorrisos simulados originam padrões de ondas cerebrais diferentes dos padrões criados pelos sorrisos verdadeiros.[15] À primeira vista, a descoberta eletrofisiológica parece contradizer a descoberta feita na experiência anteriormente citada, mas não é bem assim: embora relatassem um sentimento adequado ao fragmento de expressão facial, os indivíduos estavam plenamente cientes de que não se sentiam felizes ou zangados em relação a algo em particular. Não conseguimos enganar a nós próprios, tal como não conseguimos enganar os outros quando só sorrimos por cortesia, e é exatamente isso que o registro elétrico parece estabelecer de forma clara. Pode ser também por esse motivo que tanto grandes atores como cantores de ópera conseguem sobreviver à simulação das emoções exaltadas a que se submetem com regularidade sem perder o controle.

Perguntei a Regina Resnik, a mais notável intérprete lírica de Carmen e Clitemnestra de nossa época, e veterana de mil noites musicais de cólera e loucura, se tinha sido muito difícil separar-se das emoções exorbitantes de suas personagens. Nada difícil, respondeu ela, depois de ter aprendido os segredos da técnica. Ninguém imaginaria, ao vê-la e ouvi-la, que estava apenas "retratando" fisicamente a emoção em vez de "senti-la". Mas confessa que uma vez, ao interpretar *A rainha de espadas*, de Tchaikovski, sozinha no palco escuro, preparada para a cena de morte por susto da Velha Condessa, atriz-cantora e personagem se fundiram e ela ficou aterrorizada.

VARIEDADES DE SENTIMENTOS

Tal como indiquei no início deste capítulo, existem muitas variedades de sentimentos. A primeira baseia-se nas emoções — sendo as mais universais a felicidade, a tristeza, a cólera, o medo e o nojo — e corresponde a perfis de resposta do estado do corpo que são, em grande medida, pré-organizados na acepção de James. Quando o corpo se conforma aos perfis de uma daquelas emoções, *sentimo-nos* felizes, tristes, irados, receosos ou repugnados. Quando os sentimentos estão associados a emoções, a atenção converge substancialmente para sinais do corpo, e há partes dele que passam do segundo para o primeiro plano de nossa atenção.

Uma segunda variedade de sentimentos é a que se baseia nas emoções que são pequenas variantes das cinco antes mencionadas: a euforia e o êxtase são variantes da felicidade; a melancolia e a ansiedade são variantes da tristeza; o pânico e a timidez são variantes do medo. Essa segunda variedade de sentimentos é sintonizada pela experiência quando gradações mais sutis do estado cognitivo são conectadas a variações mais sutis de um estado emocional do corpo. É a ligação entre um conteúdo cognitivo intricado e uma variação num perfil pré-organizado do estado do corpo que nos permite sentir gradações de remorso, vergonha, vingança, *Schadenfreude*,* e assim por diante.[16]

Variedades de sensações

Sentimentos de emoções universais básicas
Sentimentos de emoções universais sutis
Sentimentos de fundo

Sentimentos de fundo

Proponho que exista também uma outra variedade de sentimentos que suspeito ter precedido as outras na evolução. Chamo-lhe *sentimento de fundo* (*background*) porque tem origem em

(*) Em alemão no original: *satisfação maliciosa*. (N. T.)

estados corporais de "fundo" e não em estados emocionais. Não é o Verdi da grande emoção, nem o Stravinski da emoção intelectualizada, mas antes um minimalista no tom e no ritmo, o sentimento da própria vida, a sensação de existir. Espero que a noção possa ser útil para a análise futura da fisiologia dos sentimentos.

De âmbito mais restrito que os sentimentos emocionais antes descritos, os sentimentos de fundo não são nem demasiado positivos nem demasiado negativos, ainda que se possam revelar agradáveis ou desagradáveis. Muito provavelmente, são esses sentimentos, e não os emocionais, que ocorrem com mais freqüência ao longo da vida. Apenas nos damos conta sutilmente de um sentimento de fundo, mas estamos conscientes dele o suficiente para sermos capazes de dizer de imediato qual é sua qualidade. Um sentimento de fundo não é o que sentimos ao extravasarmos de alegria ou desanimarmos com um amor perdido; os dois exemplos correspondem a estados do corpo emocionais. Ao contrário, ele corresponde aos estados do corpo que ocorrem *entre* emoções. Quando sentimos felicidade, cólera ou outra emoção, o sentimento de fundo é suplantado por um sentimento emocional. O sentimento de fundo é a imagem da paisagem do corpo quando essa não se encontra agitada pela emoção. O conceito de "humor", apesar de relacionado com o de sentimento de fundo, não a capta plenamente. Quando os sentimentos de fundo não mudam ao longo de horas e dias e tranqüilamente não se alteram com o fluxo e o refluxo do conteúdo dos pensamentos, o conjunto de sentimentos de fundo contribui provavelmente para um humor bom, mau ou indiferente.

Se tentar imaginar por um instante qual seria sua situação *sem* sentimentos de fundo, não terá dúvidas quanto à noção que estou introduzindo. Defendo que sem eles o âmago de nossa representação do *eu* seria destruído. Permita-me explicar por que penso assim.

Tal como indiquei, as representações dos estados do corpo atuais ocorrem em múltiplos córtices somatossensoriais nas regiões insular e parietal e também no sistema límbico, hipotálamo e tronco cerebral. Essas regiões, tanto no hemisfério esquerdo como no direito, são coordenadas por conexões de neurônios, predominando o hemisfério direito sobre o esquerdo. Há ainda muito que descobrir a respeito das especificações exatas das conexões desse sistema (infelizmente, é um dos setores menos estudados do cérebro dos primatas), mas uma coisa é certa: a representação complexa dos estados do corpo à medida que vão ocorrendo está distribuída por uma série de estruturas, tanto em zonas subcorticais como corticais. Uma boa parte dos sinais vindos das vísceras termina em estruturas que se poderiam designar por "não cartografadas", muito embora exista informação visceral suficientemente bem cartografada que nos permite detectar dor ou desconforto em áreas identificáveis do corpo. Se, por um lado, é verdade que os mapas que o cérebro traça para as vísceras são menos rigorosos do que os que faz para o mundo exterior, a falta de rigor e os casos de erro de localização têm sido exagerados, em grande medida pela evocação de fenômenos como a "dor reflexa" (isto é, sentir uma dor no braço esquerdo ou no abdômen durante um enfarte do miocárdio, ou uma dor sob a omoplata quando se registra uma inflamação da vesícula biliar). Quanto aos sinais advindos dos músculos e das articulações, terminam em estruturas topograficamente cartografadas.

A par dos mapas dinâmicos do corpo de acesso imediato (*online*), existem mapas um pouco mais estáveis da estrutura geral do corpo que representam a propriocepção (sensação articular e muscular) e a interocepção (sensação visceral), e que constituem a base da nossa noção de imagem do corpo. Essas representações são de acesso não imediato (*off-line*), ou dispositivas, mas é possível ativá-las nos córtices somatossensoriais topograficamente organizados, lado a lado com a representação *on-line* dos estados corporais do *agora*, a fim de permitir uma idéia do que nossos corpos *tendem a ser* e não do que são no momento presente. A melhor prova desse tipo de representação é o fenômeno do membro fantasma, a que anteriormente aludi. Após uma amputação cirúrgica, alguns doentes imaginam que o membro ausente ainda lá se encontra. Conseguem até sentir alterações imaginárias no estado do membro inexistente, tal como determinado movimento, dor, temperatura etc. Minha interpretação desse fenômeno é a de que, na ausência de informação *on-line* acerca do membro ausente, prevalece a informação *on-line* advinda de uma representação dispositiva daquele membro: ou seja, a reconstrução por meio do processo de evocação de uma memória anteriormente adquirida.

Talvez aqueles que acreditam que, em condições normais, muito pouco do estado do corpo aparece na consciência queiram reconsiderar essa posição. É certo que não temos consciência constante de todas as partes do corpo porque as representações dos acontecimentos exteriores, por meio dos olhos, dos ouvidos e do tato, assim como as imagens geradas internamente, nos distraem da representação constante e ininterrupta do corpo. Mas o fato de o foco de nossa atenção poder estar, normalmente, onde quer que seja mais necessário para o comportamento adaptativo não significa que não haja representação do corpo, como se pode confirmar facilmente quando o início súbito de uma dor ou de desconforto volta a transferir para o corpo o foco de nossa atenção. A sensação corporal de fundo é contínua, embora não nos percebamos dela por não representar uma parte específica de algo no corpo, mas antes um estado geral de quase tudo que se encontra nele. No entanto, essa representação contínua, incessante do estado do corpo é o que nos permite responder prontamente à questão específica "Como se *sente*?" com uma resposta que tem a ver com o fato de nos sentirmos bem ou não. (Repare que a pergunta não é o simples "Como vai?", a que se pode responder de forma cortês e superficial sem se fazer qualquer menção ao estado corporal pessoal.) O estado de fundo do corpo é continuamente apreciado e, por isso, gostaríamos muito de saber o que sucederia se, de repente, ele desaparecesse; se nos perguntassem como nos sentimos e descobríssemos que nada sabemos sobre nosso estado de fundo; se, ao doer-nos uma perna, o desconforto assim sentido fosse uma percepção isolada, solta na mente, em vez de ser uma sensação integrada na imagem de um corpo a cuja totalidade temos fácil acesso. É sabido que mesmo a suspensão muito mais simples e relativamente circunscrita da propriocepção, que pode ser provocada por uma doença nos nervos periféricos, origina uma ruptura profunda dos processos mentais. (Oliver Sacks apresentou uma descrição evocativa de um desses doentes.[17]) Será de esperar, então, que uma perda ou modificação mais geral da sensação bem radicada do estado do corpo geral cause um distúrbio ainda maior, e é isso que efetivamente acontece.

Como descrito no capítulo 4, alguns doentes com anosognosia protótipica e completa perdem a noção de seu estado clínico geral. Desconhecem que estão sofrendo os efeitos invariavelmente devastadores de uma doença grave, a maior parte das vezes um acidente vascular cerebral ou um tumor que se forma no próprio cérebro ou que é metástase de um câncer em outra parte do corpo. Não reconhecem que estão paralisados, mesmo quando percebem que não mexem os membros, por exemplo, ao serem confrontados com a realidade e obrigados a ver a imobilidade da mão e do braço esquerdo. Não percebem as conseqüências de sua situação clínica e o futuro não os preocupa. Suas manifestações emocionais são limitadas ou inexistentes e os sentimentos — por sua própria verificação ou por inferência de um observador — são igualmente nulos.

A lesão cerebral em anosognósicos desse tipo resulta na falha da intercomunicação entre as regiões que intervêm no levantamento do estado do corpo e, com alguma freqüência, na própria destruição de algumas dessas regiões. Essas regiões situam-se todas no hemisfério direito, apesar de receberem informações tanto do lado direito do corpo como do lado esquerdo. As regiões-chave situam-se na ínsula, no lóbulo parietal e na substância branca que contém as ligações entre elas e, além disso, as ligações para e do tálamo, para e do córtex frontal e para os gânglios basais.

Usando a noção de sentimento de fundo, posso agora indicar o que, em meu entender, sucede na anosognosia. Incapazes de aproveitar a informação que recebem do corpo, os anosognósicos não conseguem atualizar a representação de seus corpos e, conseqüentemente, reconhecer, de forma imediata e automática, por meio do sistema somatossensorial, que a realidade de sua situação corporal se alterou. Ainda são capazes de formar uma imagem mental de como eram seus corpos, que se encontra agora desatualizada. E, como o corpo estava bem, é assim que acabam por descrevê-lo quando interrogados.

Os doentes que sofreram amputações podem afirmar que sentem ainda o membro ausente mas percebem que, efetivamente, ele não está lá. Não sofrem de uma ilusão ou de uma alucinação; na verdade, é o sentido da realidade que os leva a queixarem-se de seu estado incômodo. Mas os anosognósicos não possuem capacidade de verificação automática da realidade: são diferentes, ou porque seu estado envolve informação acerca de todo o corpo em vez de apenas uma parte, ou porque envolve informação visceral mais do que qualquer outra, ou por ambos os motivos. A ausência de sinais atualizados do corpo leva não só a afirmações irracionais sobre os defeitos motores, mas também a emoções e sentimentos inadequados em relação ao estado de saúde. Esses doentes não parecem nada preocupados com seu estado, chegando mesmo alguns a revelar-se extremamente jocosos, outros particularmente sorumbáticos. Quando são obrigados a raciocinar sobre seu estado com base nos novos fatos que lhes são apresentados por outras vias, verbalmente ou por confrontação visual direta, reconhecem por momentos a nova situação mas não tardam a esquecer essa percepção. De certa forma, o que não "vêem" de modo natural e automático por meio do sentimento não pode ser conservado na mente.

Os doentes com anosognosia oferecem-nos a imagem de uma mente privada da possibilidade de sentir o *presente* estado corporal, em especial no que se refere a sentimentos de fundo. Avento a hipótese de o eu desses doentes, incapaz de detectar os sinais atuais do corpo na sua referência de base, ter deixado de ser integral. O conhecimento da identidade pessoal encontra-se ainda presente e é recuperável sob a forma de linguagem: os anosognósicos lembram-se de quem são, onde vivem e trabalharam, conhecem os que lhes são chegados. Mas essa fonte de informação não pode ser usada para raciocinar corretamente sobre o atual estado pessoal e social. A teoria que estes doentes criam acerca de suas mentes e das mentes dos outros encontra-se em estado deplorável, irrevogavelmente desatualizada e defasada da época histórica em que eles e seus observadores se encontram.

A continuidade dos sentimentos de fundo encaixa-se no fato de o organismo vivo e sua estrutura serem contínuos enquanto for mantida a vida. Em vez do nosso meio ambiente, cuja constituição muda, e em vez das imagens que criamos em relação a esse meio ambiente, que são fragmentárias e condicionadas por circunstâncias externas, o sentimento de fundo refere-se sobretudo a estados do corpo. Nossa identidade individual está ancorada nessa ilha de uniformidade viva e ilusória em contraste com a qual nos damos conta de uma infinidade de outras coisas que manifestamente mudam em torno do organismo.

O CORPO COMO TEATRO DAS EMOÇÕES

Uma das críticas feitas a William James refere-se à idéia de que usamos sempre o corpo como teatro para as emoções. Muito embora acredite que em muitas situações as emoções e os sentimentos atuam precisamente desse modo, da mente/cérebro para o corpo, e de volta à mente/cérebro, estou também convencido de que em inúmeros momentos o cérebro aprende a forjar uma imagem simulada de um estado "emocional" do corpo sem ter de a reconstituir no corpo propriamente dito. Além disso, como discutimos anteriormente, a ativação de núcleos neurotransmissores no tronco cerebral e suas respostas contornam o corpo, ainda que, de forma bastante curiosa, os núcleos neurotransmissores façam parte essencial da representação cerebral da regulação do corpo. Existem, pois, mecanismos neurais que nos ajudam a sentir "como se" estivéssemos passando por um estado emocional, como se o corpo estivesse sendo ativado e alterado. Esses mecanismos permitem-nos contornar o corpo e evitar um processo lento e consumidor de energia. Podemos evocar com eles uma espécie de sentimento apenas dentro do cérebro. Duvido, no entanto, que esses sentimentos sejam iguais aos que correspondem a um estado real do corpo.

Os mecanismos "como se" devem desenvolver-se enquanto crescemos e nos adaptamos ao meio ambiente. A associação entre uma determinada imagem mental e um substituto de um estado do corpo deve ser obtida a partir da repetição da associação de imagens de determinadas entidades ou situações com imagens de estados do corpo acabados de ocorrer. Para que uma imagem específica desencadeie o "mecanismo de contorno", é necessário fazer o processo passar no teatro do corpo, levá-lo, por assim dizer, a percorrer o circuito do corpo (ver figura 7.6).

Por que os sentimentos "como se" deverão ser sentidos de maneira diferente? Vou apresentar pelo menos uma razão que me leva a pensar assim. Imagine uma pessoa normal conectada a um polígrafo, um instrumento laboratorial que permite avaliar a configuração e a magnitude das reações emocionais sob a forma de gráficos contínuos. Imagine agora essa pessoa participando de uma experiência psicológica durante a qual o examinador irá considerar determinadas respostas corretas e merecedoras de algu-

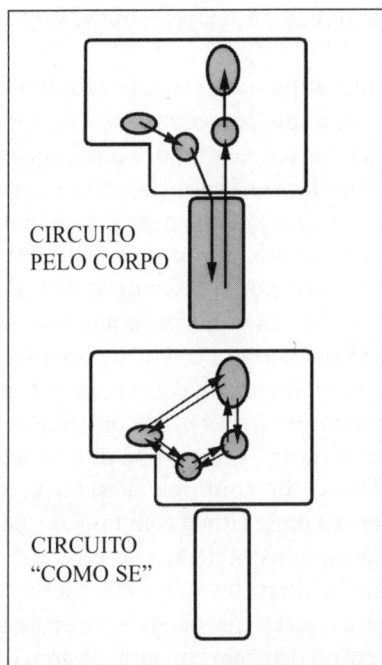

20. *Um diagrama do "circuito pelo corpo" (body loop) e do circuito "como se". Tanto no painel do circuito do corpo como no do circuito "como se", o cérebro é representado pelo perímetro negro superior e o corpo pelo inferior. O processo no circuito "como se" evita o corpo na sua totalidade.*

ma recompensa, ou incorretas e merecedoras, por isso, de algum castigo. O indivíduo, ao ser informado de que uma determinada ação que realizou durante a experiência está certa e que será recompensado, gera uma resposta que surge como uma curva, com um determinado início, elevação e chegada a um patamar superior. Passado algum tempo, outra ação efetuada pelo indivíduo suscita um castigo, o que origina também uma reação. Mas, dessa vez, a forma da curva é diferente, subindo mais do que no exemplo anterior. Um pouco depois, outra ação desencadeia um castigo mais pesado, e não só a curva de reação é diferente como a agulha dá uma guinada no papel e quase sai da superfície de registro.

É sobejamente conhecido o significado dessa alteração nas respostas: diferentes graus de recompensa e castigo provocam diferentes reações na mente e no corpo, e o polígrafo registra a reação do corpo. Contudo, verifica-se alguma discordância na análise da relação entre a reação do corpo e a da mente. Na minha perspectiva, um sentimento regular provém de um "levantamento" das alterações do corpo. Mas temos de considerar uma perspectiva alternativa, a de que o corpo se altera de fato com a reação emocional, mas que o sentimento não provém necessariamente dessa mudança; que o mesmo agente cerebral que determina as alterações do corpo informa outra zona do cérebro, possivelmente o sistema somatossensorial, sobre o tipo de alteração que será pedido ao corpo. De acordo com essa alternativa, os sentimentos proviriam diretamente desse último conjunto de sinais, sendo desse modo processados na íntegra dentro do cérebro, muito embora se registrassem ainda alterações corporais concomitantes. O cerne da questão, para aqueles que defendem essa perspectiva, é que as alterações do corpo ocorrem em paralelo com os sentimentos, em vez de ser as causadoras dos sentimentos. Estes derivariam sempre do "circuito como se", que não seria um suplemento do "circuito do corpo" como propus antes, mas o mecanismo essencial do sentimento.

Por que motivo acho a perspectiva alternativa menos satisfatória do que a minha? Pelo seguinte: uma emoção não é induzida apenas pelas vias neurais. Temos também a via química. O setor do cérebro que induz a emoção pode enviar o componente neural dessa indução para o interior do cérebro, para um outro setor, mas não é provável que possa fazer o mesmo quanto ao componente químico. Além disso, é muito difícil que o cérebro consiga prever como é que todas as suas ordens — neurais e químicas, mas em particular essas últimas — serão executadas no corpo, porque a execução e os estados dela resultantes dependem de contextos bioquímicos locais e de inúmeras variáveis dentro do próprio corpo que não estão cabalmente representadas em termos neurais. Aquilo que é representado no corpo é construído de novo, momento a momento, e não uma réplica exata de algo que sucedeu antes. Suspeito de que o cérebro não prevê os estados do corpo com rigor algorítmico, mas sim que o cérebro fica aguardando que o corpo lhe comunique o que realmente sucedeu. O mecanismo alternativo acerca das emoções e dos sentimentos estaria limitado, momento após momento, a um repertório fixo de padrões de emoção/sentimento que não seriam modulados pelas condições de tempo e de vida reais do organismo, num dado momento. Esses padrões seriam úteis, sem dúvida, se só dispuséssemos deles, mas não deixariam de ser "reapresentações" em vez de "performances ao vivo".

É provável que o cérebro não consiga prever as paisagens exatas que o corpo irá assumir depois de liberar uma quantidade enorme de sinais neurais e químicos, tal como não consegue prever todos os imponderáveis de uma situação que se desenrola na vida e em tempo reais. Quer no caso de um estado emocional quer no de um estado de fundo não emocional, a situação do corpo é sempre nova e muito raramente estereotipada. Se todos os nossos sentimentos fossem do tipo "como se", não teríamos nenhuma noção de modulação do afeto em constante mudança, que é um traço notório de nossa mente. A anosognosia sugere que a mente normal requer um fluxo contínuo de informação atualizada a partir dos estados corporais. Pode até ser que o cérebro precise saber que estamos vivos antes de procurar manter-se a si próprio desperto e consciente.

MENTALIZAR O CORPO E CUIDAR DELE

Não me parece sensato excluir as emoções e os sentimentos de qualquer concepção geral da mente, muito embora seja exatamente o que vários estudos científicos e respeitáveis fazem quando separam as emoções e os sentimentos dos tratamentos dos sistemas cognitivos. Essa é uma omissão a que aludi na Introdução: as emoções e os sentimentos são considerados entidades diáfanas, incapazes de partilhar o palco com o conteúdo palpável dos pensamentos, que não obstante qualificam. Essa visão restritiva, que exclui a emoção das correntes teóricas principais das ciências cognitivas, tem um congênere na perspectiva não menos tradicional das ciências do cérebro a que aludi antes, a saber, a de que as emoções se apóiam nos mais recônditos alicerces do cérebro, enquanto aquilo que essas emoções qualificam se apóia no neocórtex. Não partilho essas opiniões. Em primeiro lugar, é evidente que a emoção se desenrola sob o controle tanto da estrutura subcortical como da neocortical. Em segundo, e talvez mais importante, *os sentimentos são tão cognitivos como qualquer outra imagem perceptual* e tão dependentes do córtex cerebral como qualquer outra imagem.

Não tenho dúvida alguma de que os sentimentos dizem respeito a algo bem diferente. Mas o que os diferencia é o fato de advirem, antes de mais nada, do corpo e de nos proporcionarem a *cognição do nosso estado visceral e músculo-esquelético* quando esse estado é afetado por mecanismos pré-organizados e por estruturas cognitivas que desenvolvemos sob sua influência. Os sentimentos permitem-nos mentalizar e *cuidar do corpo** com atenção, como acontece durante um estado emocional, ou de forma mais sutil, como acontece, por exemplo, durante um estado de fundo. Permitem-nos cuidar do corpo "ao vivo", quando nos fornecem imagens perceptuais do corpo, ou em "reapresentação", quando nos dão imagens evocadas do estado do corpo adequado a determinadas circunstâncias, como nos sentimentos de tipo "como se".

Os sentimentos permitem-nos vislumbrar o que se passa na nossa carne, no momento em que a imagem desse estado se justapõe às imagens de outros objetos e situações; ao fazê-lo, os sentimentos alteram a noção que temos desses outros objetos e situações. Em virtude da justaposição, as imagens do corpo conferem às outras imagens uma determinada *qualidade* positiva ou negativa, de prazer ou de dor.

Os sentimentos têm um estatuto verdadeiramente privilegiado. São representados em muitos níveis neurais, incluindo o neocortical, onde são os parceiros neuroanatômicos e neurofisiológicos de tudo o que pode ser apreciado por outros canais sensoriais. Mas, em virtude de suas ligações inextricáveis com o corpo, eles surgem em primeiro lugar no desenvolvimento individual e conservam uma primazia que atravessa sutilmente toda a nossa

(*) *Mind the body*, no original, que joga com o duplo sentido de "*mind*" — mente e mentalizar, cuidar e prestar atenção. Em outras palavras, "ter atenção para com o corpo", cuidar dele, dar-lhe importância, e " 'mentalizar' o corpo", animá-lo com uma mente. (N. Prep.)

vida mental. Como o cérebro é o público cativo do corpo, os sentimentos são os primeiros entre iguais. E, dado que o que vem em primeiro lugar constitui um quadro de referência para o que vem a seguir, eles têm sempre uma palavra a dizer sobre o modo de funcionamento do resto do cérebro e da cognição. Sua influência é imensa.

O PROCESSO DE SENTIR

Quais são os processos neurais por meio dos quais *sentimos* um estado emocional ou um estado de fundo? Não sei precisar exatamente. Creio que tenho o princípio da resposta, mas não estou certo sobre o seu final. A resposta à questão acerca de como sentimos depende de nossa compreensão do que é a consciência, algo em relação ao qual se deve ter alguma modéstia e que não é o tema deste livro. No entanto, podemos colocar a questão, eliminar aquelas respostas que, por certo, não são cabíveis e considerar onde devemos procurar as respostas no futuro.

Uma resposta que é falsamente satisfatória tem a ver com a neuroquímica da emoção. Não basta descobrir as substâncias químicas que intervêm nas emoções e nos humores para explicar o que sentimos. É bem sabido que essas substâncias químicas podem provocar alterações nesses estados; o álcool, os estupefacientes e toda uma série de agentes farmacológicos podem modificar o que sentimos. A conhecida relação entre a química e a sensação preparou os cientistas e o público para a descoberta de que o organismo produz substâncias químicas que podem ter um efeito semelhante. É atualmente bem aceita a idéia de que as endorfinas são a morfina do cérebro, e de que podem alterar facilmente aquilo que sentimos em relação a nós próprios, à dor e ao mundo. O mesmo sucede com a idéia de que neurotransmissores como a dopamina, a norepinefrina e a serotonina, assim como os neuromoduladores peptídicos, podem ter efeitos análogos.

É importante perceber, porém, que o conhecimento de uma determinada substância química (produzida dentro ou fora do corpo) que provoca a ocorrência de um determinado sentimento não é o mesmo que o conhecimento do mecanismo pelo qual se alcança esse resultado. Saber que uma substância atua sobre determinados sistemas, em determinados circuitos e receptores e em determinados neurônios, não explica *por que* nos sentimos alegres ou tristes. Estabelece uma relação de causa e efeito entre a substância e a sensação, mas não nos diz *como* se passa de uma a outra. É apenas o começo de uma explicação. Se o fato de nos sentirmos alegres ou tristes corresponde em grande medida a uma alteração na representação neural dos estados do corpo em curso, a explicação requer, nesse caso, que as substâncias químicas atuem sobre a base dessas representações, isto é, no corpo propriamente dito e nas diversas redes de circuitos neurais cujos padrões de atividade representam o corpo. A compreensão da neurobiologia do sentimento requer necessariamente a compreensão da neurobiologia de tudo isso. Se o fato de nos sentirmos alegres ou tristes depende também dos modos cognitivos, segundo os quais nossos pensamentos se encontram em operação, a explicação requer de igual modo que a substância química atue sobre os circuitos que originam e manipulam imagens e assim definem estilo e eficiência cognitiva. O que quer dizer que reduzir a depressão a uma afirmação acerca da disponibilidade de serotonina e norepinefrina em geral — uma afirmação popular nestes dias de Prozac — é inaceitavelmente grosseiro.

Outra resposta falsamente satisfatória é a equiparação simples do sentimento à representação neural do que acontece na paisagem do corpo, num dado momento. Feliz ou infelizmente, isso não basta; precisamos descobrir de que modo as representações do corpo se tornam subjetivas, de que modo se tornam parte do ser que as possui. Como podemos explicar um tal processo, em termos neurobiológicos, sem recorrer ao fácil e conveniente mito do homúnculo que percebe a representação?

Para além da representação neural do estado corporal, vejo, portanto, necessidade de pressupor pelo menos dois componentes principais no mecanismo neural subjacente ao sentimento. O primeiro, que se registraria no início do processo, vem descrito a seguir. O segundo, que nada tem de simples ou direto, relaciona-se com o eu e será abordado no capítulo 10.

A fim de nos sentirmos de uma certa forma em relação a uma pessoa ou a um acontecimento, o cérebro precisa de um meio de representar a ligação causal entre a pessoa ou o acontecimento e o estado do corpo, de preferência de forma inequívoca. Em outras palavras, não vamos querer ligar uma emoção, positiva ou negativa, à coisa ou pessoa errada. É freqüente fazermos conexões erradas, por exemplo, quando associamos uma pessoa, objeto ou lugar a um mau desfecho dos acontecimentos — mas sempre procuramos evitar essas conexões. A superstição baseia-se nesse tipo de falsa associação causal: um chapéu em cima da cama traz azar, tal como um gato preto que atravessa nosso caminho; passar por debaixo de uma escada traz infortúnio, e assim por diante. Quando o falso alinhamento de uma emoção como o medo a um objeto domina sistematicamente a situação, segue-se o comportamento fóbico. (O outro lado da moeda não é propriamente melhor. Ao associar emoções positivas com pessoas, objetos ou lugares, de forma indiscriminada e freqüente, acabamos por nos sentir mais tranqüilos do que deveríamos em relação a muitas situações, e acabamos como Pollyanna.)

Essa sensação de relação causa e efeito pode provir da atividade em zonas de convergência que intermediários entre sinais do corpo e sinais relativos à entidade que causa a emoção. As zonas de convergência funcionam como corretores da Bolsa em virtude de ligações de *feedforward* e *feedback* recíprocas que mantêm com suas fontes de informação. Os atores no esquema que proponho são uma representação explícita da *entidade causadora*; uma representação explícita do *atual estado do corpo*; e uma *representação intermediária*. Em outras palavras: a atividade cerebral que assinala uma determinada entidade e constitui transitoriamente uma representação topograficamente organizada nos córtices sensoriais iniciais apropriados; a atividade cerebral que assinala as alterações no estado do corpo e constitui transitoriamente uma representação topograficamente organizada nos córtices somatossensoriais iniciais; e uma representação, localizada numa zona de convergência, que recebe sinais daqueles dois locais de atividade cerebral por meio de ligações neurais *feedforward*. Essa representação intermediária preserva a ordem de início da atividade cerebral e, além disso, mantém atividade e atenção por meio de conexões de *feedback* dirigidas para os dois locais iniciais. Os sinais trocados entre os três atores fecham, por um breve período, esse conjunto numa atividade relativamente síncrona. É muito provável que este processo requeira estruturas corticais e subcorticais, a saber, as do tálamo.

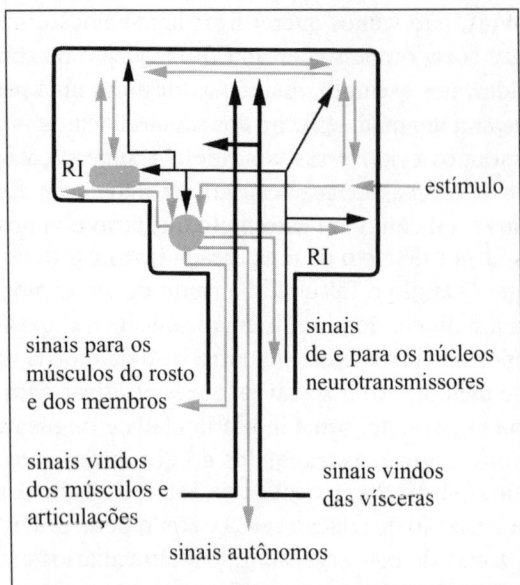

21. *O conjunto dos diagramas das pp. 162, 167, 176,*
mostrando os principais percursos, ligados ao corpo
e ao cérebro, dos sinais neurais intervenientes na emo-
ção e no sentimento. Note-se que as informações en-
dócrinas e outras de natureza química foram excluídas
para maior clareza. Tal como nos diagramas anterio-
res, os gânglios basais foram também excluídos.

A emoção e o sentimento assentam, desse modo, em dois processos básicos: 1) a imagem de um determinado estado do corpo
justaposto ao conjunto de imagens desencadeadoras e avaliati-
vas que o causaram; e 2) um determinado estilo e nível de eficiência do processo cognitivo que acompanha os acontecimentos
descritos em 1, mas que funciona em paralelo.

Os acontecimentos descritos em 1 requerem a ativação de um
estado do corpo ou de seu substituto dentro do cérebro. Pressu-
põem a presença de um desencadeador, a existência de disposições adquiridas, com base nas quais a avaliação terá lugar, e de
disposições inatas que irão ativar as respostas corporais.

Os acontecimentos descritos em 2 são desencadeados a partir do mesmo sistema de disposições que funcionam em 1, mas

o alvo é o conjunto de núcleos no tronco cerebral e prosencéfalo basal, que reagem com a liberação seletiva de neurotransmissores. O resultado das respostas neurotransmissoras é uma alteração da velocidade com que as imagens são formadas, eliminadas, examinadas e evocadas, assim como uma alteração no estilo de raciocínio efetuado sobre essas imagens. Como exemplo, temos o caso em que o modo cognitivo que acompanha uma sensação de júbilo permite a criação rápida de múltiplas imagens, de tal forma que o processo associativo é mais rico e as associações são feitas de acordo com uma maior variedade de indícios existentes nas imagens que estão sendo examinadas. As imagens não são o alvo da atenção por muito tempo. A profusão subseqüente facilita a inferência, que se pode tornar excessivamente abrangente. Esse modo cognitivo é acompanhado de uma desinibição da eficiência motora, assim como de um aumento do apetite e dos comportamentos exploratórios. A mania é o extremo desse modo cognitivo. Em contraste, o modo cognitivo que acompanha a tristeza caracteriza-se por uma lentidão na evocação das imagens, associação pobre em resposta a um número menor de indícios, inferências mais limitadas e menos eficientes, concentração excessiva nas mesmas imagens, geralmente as que mantêm a reação emocional negativa. Esse estado cognitivo é acompanhado de inibição motora e, em geral, de uma redução nos apetites e nos comportamentos exploratórios. A depressão constitui o extremo desse modo cognitivo.[18]

Não vejo as emoções e os sentimentos como entidades impalpáveis e diáfanas, como tantos insistem em classificá-los. O tema de que tratam é concreto, e sua relação com sistemas específicos no corpo e no cérebro não é menos notável do que a da visão ou da linguagem. Tampouco os sistemas cerebrais em que se apóiam se encontram confinados ao setor subcortical. O cerne do cérebro e o córtex cerebral trabalham em conjunto, criando a emoção e o sentimento, da mesma forma que o fazem para a visão. Nada poderíamos ver se apenas tivéssemos o córtex cerebral, e a visão começa muito provavelmente no tronco cerebral, em estruturas como os colículos.

Por último, é importante percebermos que a definição concreta de emoção e sentimento em termos cognitivos e neurais não diminui sua beleza ou horror, ou seu estatuto na poesia ou na música. Compreender como vemos ou como falamos não desvaloriza o que é visto ou falado. Compreender os mecanismos biológicos subjacentes às emoções e aos sentimentos é perfeitamente compatível com uma visão romântica do seu valor para os seres humanos.

8

A HIPÓTESE DO
MARCADOR-SOMÁTICO

RACIOCINAR E DECIDIR

Quase nunca pensamos no presente e, quando o fazemos, é apenas para ver como ilumina nossos planos para o futuro.[1] Essas palavras perspicazes são de Pascal, que concluiu que o presente praticamente não existe, ocupados que estamos em usar o passado para planejar o que se segue, daqui a um instante ou no futuro remoto. O raciocínio e a decisão ocupam-se desse processo esgotante e incessante de manufatura de planos, e este capítulo debruça-se sobre uma pequena parte de suas possíveis fundações neurobiológicas.

Talvez seja apropriado dizer que a finalidade do raciocínio é a decisão, e a essência da decisão consiste em escolher uma opção de resposta, ou seja, escolher uma ação não verbal, ou uma palavra, ou uma frase, ou uma combinação dessas coisas, entre as muitas possíveis no momento, perante uma dada situação. Os termos raciocinar e decidir estão tão interligados que, por vezes, se confundem. Phillip Johnson-Laird captou essa estreita interligação sob a forma de uma máxima: "Para decidir, julgue; para julgar, raciocine; para raciocinar, decida (sobre o que raciocinar)".[2]

Os termos raciocinar e decidir implicam habitualmente que quem decide tenha conhecimento *a*) da situação que requer uma decisão, *b*) das diferentes opções de ação (respostas) e *c*) das conseqüências de cada uma dessas opções (resultados), imediatamente ou no futuro. O conhecimento, que existe na memória sob a forma de representações dispositivas, pode tornar-se consciente de modo lingüístico ou não.

Os termos raciocínio e decisão também implicam habitualmente que quem decide dispõe de alguma estratégia lógica para produzir inferências válidas com base nas quais é selecionada uma opção de resposta adequada e que dispõe dos processos de apoio necessários ao raciocínio. Entre esses últimos são normalmente mencionadas a atenção e a memória de trabalho, mas nada se diz sobre a emoção ou o sentimento, e quase nada sobre o mecanismo que permite a criação de um repertório de diferentes opções para seleção.

Nem todos os processos biológicos que culminam na seleção de uma resposta se inserem no âmbito do raciocínio e da decisão. Os exemplos que se seguem ajudam a esclarecer essa afirmação.

Vejamos, como primeiro exemplo ilustrativo, o que sucede quando baixa o nível de açúcar no sangue e os neurônios do hipotálamo detectam essa descida. O necessário "conhecimento" fisiológico encontra-se registrado nas disposições do hipotálamo, onde também se encontra registrada, num circuito neural, a "estratégia" da resposta que consiste na criação de um estado de fome que acabará por levá-lo a comer. Mas o processo não envolve um conhecimento manifesto, uma consideração explícita de opções e respectivas conseqüências, ou um mecanismo de inferência consciente até o momento em que você notar a sensação de fome.

Para o segundo exemplo, tome em consideração o que acontece quando nos desviamos bruscamente para evitar um objeto prestes a cair na nossa cabeça. Há uma situação que exige ação imediata (isto é, o objeto em queda), existem opções de ação (desviarmo-nos ou não) e cada uma tem uma conseqüência diferente. No entanto, a fim de escolhermos a resposta, não recorremos nem ao conhecimento consciente (explícito) nem a uma estratégia consciente de raciocínio. O conhecimento necessário foi consciente quando pela primeira vez aprendemos que os objetos em queda podem nos ferir e que é melhor evitá-los ou detê-los do que sermos atingidos por eles. Mas a experiência dessas situações, à medida que crescemos, levou nossos cérebros a ligar diretamente o estímulo desencadeador à resposta mais vantajosa. A "estratégia" para a seleção da resposta consiste agora em ativar a forte ligação entre estímulo e reação, para que a resposta surja *automática* e rápida, sem esforço ou deliberação, embora possamos tentar suprimi-la de livre vontade.

O terceiro exemplo reúne uma variedade de situações agrupadas em dois grupos. Um deles inclui a escolha de uma carreira; decidir com quem se casar ou viver; decidir se se deve tomar o avião quando a tempestade está iminente; decidir em quem votar e como investir as poupanças pessoais; decidir se se perdoa alguém que nos fez mal ou se se comuta a sentença de um condenado à morte. O outro grupo inclui o raciocínio que acompanha a construção de um novo motor ou o projeto da construção de um edifício, a resolução de um problema de matemática, a composição de uma peça musical, escrever um livro ou julgar se uma nova proposta de lei está de acordo com o espírito da Constituição ou se é contrária a ele.

Todos os casos desse terceiro exemplo baseiam-se no processo supostamente claro de derivação de conseqüências lógicas a partir de premissas, o qual consiste em elaborar inferências válidas. Livres da influência das paixões, essas inferências permitem-nos escolher a melhor opção possível, aquela que leva ao melhor resultado possível dado o pior problema possível. Não é difícil, por isso, separar esse exemplo dos dois primeiros. Em todos os casos do terceiro exemplo, as situações que constituem o estímulo são mais complexas; as opções de resposta são mais numerosas; as suas respectivas conseqüências têm mais ramificações e são muito diferentes, de imediato e no futuro, estabelecendo desse modo conflitos entre possíveis vantagens e desvantagens. A complexidade e a incerteza avolumam-se tanto que não é fácil chegar a previsões confiáveis. Igualmente importante é o fato de um grande número dessa infinidade de opções e resultados ter de surgir na consciência para que uma estratégia de gestão possa ser escolhida. Para chegar a uma seleção da resposta final, é preciso recorrer ao raciocínio, e isso implica ter em mente uma grande quantidade de fatos e de resultados correspondentes a ações hipotéticas e confrontá-los com os objetivos intermédios e finais, requerendo todos eles um método, uma espécie de plano de jogo escolhido entre os diversos planos que ensaiamos no passado em inúmeras ocasiões.

Com base nas diferenças marcantes entre o terceiro exemplo e os dois primeiros, não é de surpreender que as pessoas normalmente presumam possuir mecanismos completamente distintos, tanto em termos neurais como mentais — mecanismos na verdade tão distintos que Descartes situou um fora do corpo, como traço distintivo do espírito humano, e os outros no interior, como traços distintivos dos espíritos animais; mecanismos tão distintos que um deles representa a clareza do pensamento, a competência dedutiva e a algoritmicidade, enquanto os outros conotam obscuridade e a vida menos disciplinada das paixões.

Mas se é verdade que a natureza dos exemplos do terceiro tipo difere nitidamente da natureza dos exemplos dos dois primeiros tipos, também é verdade que os casos que agrupa não são iguais. Todos requerem a atividade da razão, na acepção mais comum do termo, mas alguns aproximam-se mais da pessoa e do ambiente social de quem decide do que os outros. Decidir quem amar ou perdoar, fazer escolhas de carreiras ou de investimento situam-se no domínio pessoal e social imediato; resolver o último teorema de Fermat ou decidir sobre a constitucionalidade de uma lei afastam-se do núcleo pessoal. Os primeiros inserem-se, desde logo, na racionalidade e razão prática; as segundas inserem-se mais facilmente na razão teórica e até na razão pura.

A noção intrigante é a de que, apesar das manifestas diferenças entre os exemplos em matéria de tema e nível de complexidade, existe um fio condutor que os une, um núcleo neurobiológico comum.

RACIOCINAR E DECIDIR NUM ESPAÇO PESSOAL E SOCIAL

Raciocinar e decidir pode revelar-se uma tarefa árdua, especialmente quando estão em causa nossa vida pessoal e seu contexto social imediato. Existem bons motivos para tratar essas duas áreas como um domínio autônomo. Em primeiro lugar, uma limitação profunda marcada na tomada de decisão em termos pessoais não é obrigatoriamente acompanhada de uma limitação marcada no domínio não pessoal, como bem confirmam os casos de Phineas Gage, Elliot e outros. Estamos atualmente investigando até que ponto esses doentes são competentes para raciocinar quando as premissas não lhes dizem diretamente respeito, e até que ponto conseguem chegar às decisões que delas decorrem. Pode muito bem suceder que, quanto mais os problemas se afastem de seu ser pessoal e social, melhores resultados consigam obter. Em segundo lugar, observações de senso comum do comportamento humano permitem sustentar uma dissociação semelhante nas capacidades de raciocínio, dissociação essa que se estende nos dois sentidos. Todos conhecemos pessoas que são extraordinariamente inteligentes no seu percurso social, que possuem um sentido infalível para obter vantagens pessoais e para seu grupo das mais diversas situações, mas que se revelam incrivelmente ineptas quando lhes é confiado um problema não pessoal e não social. A situação inversa é igualmente dramática: todos conhecemos cientistas e artistas cujo sentido social é um desastre e que com regularidade se prejudicam a si próprios e aos outros com suas atitudes. O professor distraído é a variante benigna desse último tipo. Estão aqui em ação, nesses diferentes estilos de personalidade, a presença ou a ausência do que Howard Gardner chamou a "inteligência social", ou a presença ou a ausência de uma ou outra de suas inteligências múltiplas, como, por exemplo, a "matemática".[3]

O domínio pessoal e social imediato é o que mais se aproxima do nosso destino e aquele que envolve a maior incerteza e a maior complexidade. Em termos latos, dentro desse domínio, decidir bem é escolher uma resposta que seja vantajosa para o organismo, de modo direto ou indireto, em termos de sua sobrevivência e da qualidade dessa sobrevivência. Decidir bem implica também decidir de forma expedita, especialmente quando está em jogo o fator tempo, ou pelo menos decidir dentro de um enquadramento temporal apropriado para o problema em questão.

Estou consciente da dificuldade de definir o que é vantajoso e apercebo-me de que algumas coisas podem ser vantajosas para alguns indivíduos mas não para outros. Por exemplo, ser milionário não é necessariamente bom, e o mesmo se pode dizer de ganhar prêmios. Muito depende do quadro de referência e da meta que estabelecemos. Sempre que chamo vantajosa a uma decisão, refiro-me a resultados pessoais e sociais básicos, tais como a sobrevivência do indivíduo e de sua espécie, a segurança do abrigo, a manutenção da saúde física e mental, o emprego, a estabilidade financeira, a aceitação no grupo social. A nova mente de Gage ou de Elliot não lhes permitia alcançar nenhuma dessas vantagens.

A RACIONALIDADE EM AÇÃO

Comecemos por considerar uma situação que requer uma escolha. Imagine que você é o dono de uma grande empresa e está perante a possibilidade de se encontrar, ou não, com um cliente em potencial que lhe pode proporcionar um vultoso negócio, mas que é também o arquiinimigo do seu melhor amigo, e perante a perspectiva de levar, ou não, adiante um determinado negócio. O cérebro de um adulto normal, inteligente e educado reage à situação criando rapidamente cenários de opções de resposta possíveis e cenários dos correspondentes resultados. Na nossa consciência, os cenários são constituídos por múltiplas cenas imaginárias, não propriamente um filme contínuo, mas instantes pictóricos de imagens-chave nessas cenas, que saltam de umas para as outras em justaposição rápida. Exemplos do que as imagens poderiam mostrar: o encontro com o presumível cliente; ser visto na companhia dele pelo seu melhor amigo e fazer perigar sua amizade; não encontrar com o cliente; perder um bom negócio mas salvaguardar uma amizade preciosa, e assim por diante. O aspecto que pretendo salientar aqui é o de que a mente não está vazia no começo do processo de raciocínio. Pelo contrário, encontra-se repleta de um repertório variado de imagens, originadas de acordo com a situação enfrentada e que entram e saem de sua consciência numa apresentação demasiado rica para ser rápida ou completamente abarcada. Mesmo nessa caricatura, você reconhecerá o tipo de dilema que enfrentamos todos os dias. Como você resolve o impasse? Como classificar as questões inerentes às imagens que estão diante dos olhos de sua mente?

Existem, pelo menos, duas possibilidades distintas: a primeira baseia-se no ponto de vista tradicional da "razão nobre" da tomada de decisão; a segunda, na "hipótese do marcador-somático".

A perspectiva da "razão nobre", que não é outra senão a do senso comum, parte do princípio de que estamos nas melhores condições para decidir e somos o orgulho de Platão, Descartes e Kant quando deixamos a lógica formal conduzir-nos à melhor solução para o problema. Um aspecto importante da concepção racionalista é o de que, para alcançar os melhores resultados, as emoções têm de ficar *de fora*. O processo racional não deve ser prejudicado pela paixão.

Basicamente, na perspectiva da razão nobre, os diferentes cenários são considerados um a um e, para utilizar o jargão corrente da administração empresarial, é efetuada uma análise de custos/benefícios de cada um deles. Tendo em mente a estimativa da "utilidade subjetiva", que é a coisa que pretende maximizar, você deduzirá logicamente o que é bom e o que é mau. Por exemplo, considerará as conseqüências de cada opção em diferentes pontos do futuro e calculará as perdas e os ganhos daí decorrentes. Dado que a maior parte dos problemas tem muito mais de duas alternativas na nossa caricatura, sua análise torna-se cada vez mais difícil à medida que se avança nas deduções. Mas repare que mesmo um problema com duas alternativas não é assim tão simples. Ganhar um cliente pode trazer uma recompensa imediata e também uma recompensa futura substancial. Como a dimensão dessa recompensa é desconhecida, você precisa calcular sua grandeza e sua proporção, ao longo do tempo, para que possa contrapô-la aos potenciais prejuízos, entre os quais deverá incluir as conseqüências da perda de uma amizade. Como essa última perda variará com o tempo, deverá também ser calculada sua taxa de "desvalorização"! Na verdade, você está perante um cálculo complicado, que ocorre em diversas épocas imaginárias, agravado pela necessidade de comparar resultados de natureza diferente que têm de algum modo de ser traduzidos numa moeda comum para que a comparação possa fazer algum sentido. Uma parte considerável desse cálculo dependerá da criação contínua de mais cenários imaginários baseados em esquemas visuais e auditivos, entre outros, e também da criação contínua das narrativas verbais que acompanham esses cenários e que são essenciais à manutenção do processo de inferência lógica.

Vamos agora propor para discussão a afirmação de que, se essa estratégia é a *única* de que você dispõe, a racionalidade, tal como foi descrita acima, não vai funcionar. Na melhor das hipóteses, sua decisão levará um tempo enorme, muito superior ao aceitável, se quiser fazer alguma coisa mais nesse dia. Na pior, você pode nem sequer chegar a uma decisão porque se perderá nos meandros do cálculo. Por quê? Porque não vai ser fácil reter na memória as muitas listas de perdas e ganhos que necessita consultar para suas comparações. A representação de fases intermediárias, que você deixou em suspenso e precisa agora inspecionar a fim de traduzi-las para uma forma simbólica necessária ao prosseguimento das inferências lógicas, irá pura e simplesmente desaparecer de sua memória. Você perderá o rastro delas. A atenção e a memória de trabalho possuem uma capacidade limitada. Se sua mente dispuser apenas do cálculo racional puro, vai acabar por escolher mal e depois lamentar o erro, ou simplesmente desistir de escolher, em desespero de causa.

O que a experiência com doentes como Elliot sugere é que a estratégia fria defendida por Kant, entre outros, tem muito mais a ver com a maneira como os doentes com lesões pré-frontais tomam suas decisões do que com a maneira como as pessoas normais tomam decisões. Naturalmente, até os racionalistas puros funcionam melhor com a ajuda de papel e lápis. Basta que você anote todas as opções e a infinidade de cenários decorrentes e conseqüências. (Aparentemente, foi o que Darwin sugeriu para quem queria escolher a melhor pessoa com quem casar.) Mas, primeiro, arranje muito papel, um apontador e uma escrivaninha grande, e não tenha a expectativa de que alguém ficará à espera da resposta.

É também importante observar que os problemas da perspectiva racionalista não se limitam à limitada capacidade de nossa memória. Mesmo com papel e lápis para reunir o conhecimento necessário, sabemos agora que as estratégias do raciocínio normal estão repletas de deficiências, como demonstraram Amos Tversky e Daniel Kahneman.[4] Uma dessas deficiências pode muito bem radicar na tremenda ignorância e deficiente uso da teoria das probabilidades e da estatística, como sugeriu Stuart Sutherland.[5] E, no entanto, apesar de todos esses problemas, nossos cérebros são com freqüência capazes de decidir bem, em segundos ou minutos, dependendo da fração de tempo considerada adequada à meta que pretendemos atingir; e, se o conseguem, então devem efetuar essa prodigiosa tarefa com mais do que razão pura. Precisamos de uma concepção alternativa.

A HIPÓTESE DO MARCADOR-SOMÁTICO

Considere de novo os cenários que esbocei. Os componentes-chave desses cenários desdobram-se na mente, de forma esquemática e praticamente simultânea, de modo demasiado rápido para que os pormenores possam ser bem definidos. Mas imagine agora que *antes* de aplicar qualquer análise de custos/benefícios às premissas, e antes de raciocinar com vista à solução do problema, sucede algo importante. Quando lhe surge um mau resultado associado a uma dada opção de resposta, por mais fugaz que seja, você sente uma sensação visceral desagradável. Como a sensação é corporal, atribuí ao fenômeno o termo técnico de estado *somático* (em grego, *soma* quer dizer corpo); e, porque o estado "marca" uma imagem, chamo-lhe *marcador*. Repare mais uma vez que uso *somático* na acepção mais genérica (aquilo que pertence ao corpo) e incluo tanto as sensações viscerais como as não viscerais quando me refiro aos marcadores-somáticos.

Qual a função do *marcador-somático*? Ele faz convergir a atenção para o resultado negativo a que a ação pode conduzir e atua como um sinal de alarme automático que diz: atenção ao perigo decorrente de escolher a ação que terá esse resultado. O sinal pode fazer com que você rejeite *imediatamente* o rumo de ação negativo, levando-o a escolher outras alternativas. O sinal automático protege-o de prejuízos futuros, sem mais hesitações, e permite-lhe depois *escolher entre um número menor de alternativas*. A análise custos/benefícios e a capacidade dedutiva adequada ainda têm o seu lugar, mas só *depois* de esse processo automático reduzir drasticamente o número de opções. Os marcadores-somáticos podem não ser suficientes para a tomada de decisão humana normal, dado que, em muitos casos, mas não em todos, é necessário um processo subseqüente de raciocínio e de seleção final. Mas os marcadores-somáticos aumentam provavelmente a precisão e a eficiência do processo de decisão. Sua ausência as reduz. Essa distinção é importante e pode com facilidade passar despercebida. A hipótese que apresento não abrange as fases do raciocínio subseqüentes à ação do marcador-somático. Em suma, *os marcadores-somáticos são um caso especial do uso de sentimentos gerados a partir de emoções secundárias.* Essas emoções e sentimentos *foram ligados, pela aprendizagem, a resultados futuros previstos de determinados cenários.* Quando um marcador-somático negativo é justaposto a um determinado resultado futuro, a combinação funciona como uma campainha de alarme. Quando, ao contrário, é justaposto um marcador-somático positivo, o resultado é um incentivo.

É essa a essência da hipótese do marcador-somático. Mas, para obter uma visão integral dessa hipótese, você deve ir adiante e descobrir que, por vezes, os marcadores-somáticos funcionam de forma velada, ou seja, sem surgir na consciência, e podem utilizar o circuito emocional a que chamei "como se".

Os marcadores-somáticos não tomam decisões por nós. Ajudam o processo de decisão dando destaque a algumas opções, tanto adversas como favoráveis, e eliminando-as rapidamente da análise subseqüente. Você pode imaginá-los como um sistema de qualificação automática de previsões, que atua, quer queira ou não, para avaliar os cenários extremamente diversos do futuro que estão diante de você. Imagine-os como um mecanismo de predisposição. Suponha, por exemplo, que está perante a perspectiva de receber lucros muitíssimo elevados se fizer um investimento de alto risco. Suponha que lhe pedem para responder rapidamente, sim ou não, no meio de outros assuntos, se quer prosseguir com esse investimento. Se a idéia de ir adiante com o investimento se fizer acompanhar de um estado somático negativo, isso ajudá-lo-á a rejeitar essa opção imediata e a proceder a uma análise mais detalhada de suas conseqüências potencialmente danosas. O estado negativo associado ao cenário do futuro contraria a perspectiva tentadora de um grande lucro imediato.

A abordagem em termos de marcador-somático é, portanto, compatível com a noção de que o comportamento pessoal e social eficaz requer que os indivíduos formem "teorias" adequadas das suas próprias mentes e das mentes dos outros. Com base nessas teorias, é possível prever que idéias os outros estão formando a nosso respeito. O pormenor e o rigor dessas previsões são essenciais para abordarmos uma decisão crítica numa situação social. Volto a sublinhar que o número de cenários que devemos inspecionar é imenso, e minha idéia é a de que os marcadores-somáticos (ou algo que se lhes assemelhe) colaboram no processo de filtragem dessa grande riqueza de pormenores — com efeito, reduzem a necessidade de filtragem ao permitir uma detecção automática dos componentes mais relevantes de um dado cenário. A simbiose entre os chamados processos cognitivos e os processos geralmente designados por "emocionais" torna-se evidente.

Essa abordagem geral também se aplica à escolha de ações cujas conseqüências imediatas são negativas, mas que geram resultados positivos no futuro. Um exemplo é a tolerância de sacrifícios *agora* para se obter benefícios mais tarde. Imagine que, para mudar o estado de coisas de seu negócio pouco próspero, você precisa, bem como os empregados, aceitar uma redução dos salários, a partir deste momento, juntamente com um aumento dramático do número de horas de trabalho. A perspectiva imediata não é nada agradável, mas a idéia de vantagens futuras cria um marcador-somático positivo e supera a tendência para decidir negativamente. Sem esse prelúdio de dias potencialmente melhores, como seria possível aceitar o dentista, o *jogging* ou o ensino universitário? Por meio da mera força de vontade, poder-se-ia contrapor, mas nesse caso como explicar a força de vontade? Ela se baseia na avaliação de uma perspectiva, e a avaliação pode nem sequer ter lugar se a atenção não for devidamente canalizada tanto para as dificuldades imediatas como para os êxitos futuros, tanto para o sofrimento *agora* como para a compensação *futura*. Elimine-se essa última e estaremos retirando a força de elevação às asas da força de vontade. A força de vontade é uma metáfora para a idéia de escolher de acordo com resultados a longo prazo e não a curto prazo.

UM APARTE SOBRE O ALTRUÍSMO

Neste ponto, podemos perguntar-nos se o que foi dito antes se aplica à maioria ou mesmo a todas as decisões geralmente classificadas como altruístas, como por exemplo os sacrifícios que os pais fazem pelos filhos ou que indivíduos por natureza bons faziam pelo rei e pelo Estado e que os heróis que hoje restam ainda fazem. Além do auxílio que os altruístas trazem aos outros, podem fazer bem para si próprios na forma de reconhecimento social, honra e afeto público, prestígio, auto-estima e até mesmo vantagem financeira. A perspectiva de qualquer dessas recompensas pode fazer-se acompanhar de júbilo (cuja base neural vejo como um marcador-somático positivo) e, sem dúvida, trazer um êxtase ainda mais palpável quando a perspectiva se concretiza. Mas os comportamentos altruístas beneficiam quem os pratica num outro aspecto que assume relevância aqui: permitem evitar a dor e o sofrimento futuros que seriam provocados pela vergonha de *não* agir com altruísmo. Não é só a idéia de arriscar a vida para salvar um filho que nos faz sentir bem; mas a idéia de não o salvar e de perdê-lo faz que nos sintamos muito pior do que com o risco imediato. Em outras palavras, a escolha decorre entre a dor imediata e a recompensa futura *e* entre a dor imediata e a dor futura ainda maior. (Um exemplo comparável é a aceitação dos riscos de combate numa guerra. No passado, a estrutura social em que as guerras "morais" eram travadas incluía uma recompensa positiva para os que sobreviviam ao combate, e a vergonha e a desgraça para aqueles que se recusavam a participar nelas.)

Isso significa que não há verdadeiro altruísmo? Será essa uma perspectiva demasiado cínica do espírito humano? Julgo que não. Em primeiro lugar, a verdade do altruísmo, ou de qualquer comportamento equivalente, tem a ver com a relação entre aquilo em que *internamente* acreditamos, sentimos ou tencionamos fazer e aquilo que *exteriormente* declaramos acreditar, sentir ou querer. A verdade não se encontra nas causas fisiológicas que nos fazem acreditar, sentir ou querer de uma determinada forma. As crenças, os sentimentos e as intenções são o resultado de uma série de fatores radicados nos nossos organismos e na cultura em que nos encontramos imersos, mesmo que esses fatores possam ser remotos e não nos apercebamos deles. E existem motivos neurofisiológicos e educativos que fazem que algumas pessoas sejam honestas e generosas — que assim seja. Mas isso não significa que sua honestidade e seus sacrifícios tenham menos mérito. Além disso, compreender mecanismos neurobiológicos subjacentes a alguns aspectos da cognição e do comportamento não diminui o valor, a beleza ou a dignidade dessa cognição ou comportamento.

Em segundo lugar, apesar de a biologia e a cultura determinarem muitas vezes o nosso raciocínio, direta ou indiretamente, e parecerem limitar o exercício da liberdade individual, temos de admitir que os seres humanos contam com *alguma* margem para essa liberdade, para querer e executar ações que podem ir contra a aparente determinação da biologia e da cultura. Algumas atitudes humanas sublimes advêm da rejeição do que a biologia ou a cultura impelem os indivíduos a fazer. Essas atitudes são a afirmação de um novo nível de existência em que é possível inventar novos artefatos e criar modos mais justos de viver. Em determinadas circunstâncias, porém, a libertação dos condicionantes biológicos e culturais pode ser também um sinal de demência e alimentar as idéias e os atos do louco.

MARCADORES-SOMÁTICOS: DE ONDE VÊM?

Qual a origem dos marcadores-somáticos em termos neurais? Como desenvolvemos mecanismos tão úteis? Nascemos com eles? E, se não nascemos, como surgiram, então?

Como vimos no capítulo anterior, nascemos com a maquinaria neural necessária à criação de estados somáticos em resposta a determinadas categorias de estímulos, a maquinaria das emoções primárias. Essa maquinaria encontra-se inerentemente preparada para processar sinais relativos ao comportamento pessoal e social, e integra, desde o início, disposições que ligam um grande número de situações sociais a respostas somáticas adaptativas. Certas descobertas em seres humanos normais estão de acordo com essa perspectiva, e o mesmo parece suceder com as provas de padrões complexos de cognição social que se encontram em outros mamíferos e nas aves.[6] Todavia, a maior parte dos marcadores-somáticos que usamos para a tomada racional de decisões foi provavelmente criada nos nossos cérebros durante o processo de educação e socialização, pela associação de categorias específicas de estímulos a categorias específicas de estados somáticos. Em outras palavras, os mercadores baseiam-se no processo das emoções secundárias.

A constituição de marcadores-somáticos adaptativos requer que tanto o cérebro como a cultura sejam normais. Quando o cérebro *ou* a cultura são deficientes, é improvável que os marcadores-somáticos sejam adaptativos. Um exemplo do primeiro caso é o encontrado em alguns doentes afetados por um estado conhecido por sociopatia ou psicopatia evolutiva.

Conhecemos bem os sociopatas ou psicopatas evolutivos pelas notícias que nos chegam diariamente. Roubam, violam, matam, mentem. São, com freqüência, inteligentes. O limiar a partir do qual suas emoções podem ser desencadeadas é tão alto que nada parece afetá-los, e são, de acordo aliás com os relatos que dão de si próprios, insensíveis e indiferentes. São a imagem exata da cabeça fria que dizem que devemos manter a fim de agirmos corretamente. Os psicopatas repetem seus crimes, com freqüência, a sangue-frio e com clara desvantagem para todos, incluindo eles próprios. São, de fato, um outro exemplo de um estado patológico em que uma diminuição da racionalidade se faz também acompanhar de diminuição ou ausência de sentimentos. É sem dúvida possível que a sociopatia evolutiva provenha de uma disfunção dentro do mesmo sistema geral que foi afetado em Gage, no nível cortical ou subcortical. Mas, em vez de resultar de lesões macroscópicas súbitas que têm lugar na idade adulta, a deterioração dos sociopatas evolutivos deve provir de redes de circuitos anômalas e de sinais químicos também anômalos que se registram no início do desenvolvimento individual. A compreensão da neurobiologia da sociopatia poderia levar à prevenção ou ao tratamento desse problema. Poderia também ajudar a compreender até que ponto os fatores sociais interagem com os biológicos para agravar o estado patológico ou aumentar sua freqüência e, inclusive, levar a compreender estados que podem ser superficialmente semelhantes, mas que são determinados, na sua maior parte, por fatores socioculturais.

Quando a maquinaria neural que sustenta a constituição e o desenvolvimento dos marcadores-somáticos é afetada na idade adulta, como foi o caso de Gage, o dispositivo do marcador-somático deixa de funcionar devidamente, mesmo que até ali se tenha mostrado normal. Uso o termo sociopatia ''adquirida'' como forma abreviada de descrever uma parte dos comportamentos dessas pessoas, apesar de os meus doentes e os sociopatas evolutivos revelarem diferenças várias, em particular o fato de os meus doentes só raramente serem violentos.

O efeito de uma "cultura doentia" sobre um sistema de raciocínio *adulto* normal parece-me menos dramático do que o efeito de uma lesão cerebral numa área específica desse mesmo sistema adulto normal. No entanto, há contra-exemplos. Na Alemanha e na União Soviética, durante os anos 30 e 40, na China durante a Revolução Cultural e no Camboja durante o regime de Pol Pot, para mencionar apenas os casos mais óbvios, uma cultura doentia predominou sobre uma maquinaria normal da razão, com conseqüências desastrosas. Receio que grandes setores da sociedade ocidental estejam gradualmente transformando-se em outros contra-exemplos trágicos.

Os marcadores-somáticos são, portanto, adquiridos por meio da experiência, sob o controle de um sistema interno de preferências e sob a influência de um conjunto externo de circunstâncias que incluem não só entidades e fenômenos com os quais o organismo tem de interagir, mas também convenções sociais e regras éticas.

A base neural para o sistema interno de preferências consiste, sobretudo, em disposições reguladoras inatas com o fim de garantir a sobrevivência do organismo. Conseguir sobreviver coincide com conseguir reduzir os estados desagradáveis do corpo e atingir estados homeostáticos, isto é, estados biológicos funcionalmente equilibrados. O sistema interno de preferências encontra-se inerentemente predisposto a evitar a dor e procurar o prazer, e é provável que esteja pré-sintonizado para alcançar esses objetivos em situações sociais.

O conjunto de circunstâncias externas abrange os objetos, o meio ambiente físico e os acontecimentos em relação aos quais os indivíduos devem agir; opções possíveis de ação; possíveis resultados futuros dessas ações; e o castigo ou a recompensa que acompanham uma certa opção, tanto de imediato como após determinado intervalo de tempo, à medida que as conseqüências da ação escolhida se desdobram. No início do desenvolvimento individual, o castigo e a recompensa são aplicados não só pelas próprias entidades, mas também pelos pais e outras figuras tutelares, que habitualmente materializam as convenções sociais e a ética da cultura a que o organismo pertence. A interação entre um sistema interno de preferências e conjuntos de circunstâncias externas aumenta o repertório de estímulos que serão marcados automaticamente.

O conjunto crítico e formativo de estímulos para os emparelhamentos somáticos é, sem dúvida, adquirido na infância e na adolescência. Mas o crescimento do número de estímulos somaticamente marcados termina apenas quando a vida chega ao fim, pelo que é adequado descrever esse crescimento como um processo contínuo de aprendizagem.

No nível neural, os marcadores-somáticos dependem da aprendizagem dentro de um sistema que possa associar determinados tipos de entidades ou fenômenos à produção de um estado do corpo, agradável ou desagradável. A propósito, é importante não restringir o significado do castigo e da recompensa que ocorrem nas interações sociais. A ausência de recompensa pode constituir um castigo e revelar-se desagradável, tal como a ausência de castigo pode constituir uma recompensa e ser bastante agradável. O elemento decisivo é o tipo de estado somático e de sentimento produzido num dado indivíduo, em dado ponto de sua história, numa dada situação.

Quando a escolha da opção X, que leva ao mau resultado Y, é seguida de castigo e, desse modo, de estados corporais dolorosos, o sistema do marcador-somático adquire a representação oculta de disposições dessa ligação não herdada, a qual é arbitrária e motivada pela experiência. A reexposição do organismo à opção X, ou aos pensamentos sobre o resultado Y, terá agora o poder de voltar a produzir o estado corporal doloroso e servir, assim, como um lembrete automatizado das conseqüências negativas que advirão dessa opção. Isso é uma simplificação excessiva, mas consegue transmitir o processo básico tal como o vejo. Como irei esclarecer mais adiante, os marcadores-somáticos podem atuar de forma oculta (não é necessária a sua percepção consciente) e podem desempenhar outras funções úteis, além da de enviar sinais de "Perigo!" ou "Avançar!".

UMA REDE NEURAL
PARA OS MARCADORES-SOMÁTICOS

O sistema neural crítico para a aquisição da sinalização pelos marcadores-somáticos situa-se nos córtices pré-frontais, onde é, em grande parte, coextensivo com o sistema das emoções secundárias. A posição neuroanatômica dos córtices pré-frontais é ideal para essa finalidade, pelos motivos já apontados.

Em primeiro lugar, os córtices pré-frontais recebem sinais de todas as regiões sensoriais onde se formam as imagens que constituem os nossos pensamentos, incluindo os córtices somatossensoriais, em que os estados do corpo passados e presentes são constantemente representados. Quer os sinais tenham origem nas percepções relacionadas com o mundo exterior ou em pensamentos que estejamos tendo sobre esse mesmo mundo, quer nos acontecimentos do corpo propriamente dito, o córtice pré-frontal recebe esses sinais. Isso aplica-se a todos os diferentes setores desses córtices, porque os diversos setores frontais estão ligados entre si dentro da região frontal. Desse modo, os córtices pré-frontais contêm algumas das poucas regiões cerebrais com acesso aos sinais sobre praticamente toda a atividade que ocorre em qualquer "ponto" na mente ou no corpo dos nossos seres.[7] (Os córtices pré-frontais não são os únicos pontos de escuta; um outro ponto de escuta é o córtex entorinal, a porta de entrada para o hipocampo.)

Em segundo lugar, os córtices pré-frontais recebem sinais de vários setores biorreguladores do cérebro humano. Incluem-se aqui os núcleos neurotransmissores situados no tronco cerebral (por exemplo, aqueles que distribuem dopamina, norepinefrina e serotonina) e no prosencéfalo basal (aqueles que distribuem acetilcolina), assim como a amígdala, o cíngulo anterior e o hipotálamo. Poder-se-ia dizer a esse respeito que os córtices pré-frontais recebem mensagens de todo o pessoal do Serviço de Padrões e Medidas. As preferências inatas do organismo relacionadas com a sua sobrevivência — o sistema de valores biológicos, por assim dizer — são transmitidas aos córtices pré-frontais por meio desses sinais, fazendo desse modo parte integrante do mecanismo de raciocínio e tomada de decisões.

Os setores pré-frontais ocupam uma posição privilegiada relativamente a outros sistemas do cérebro. Seus córtices recebem os sinais sobre o conhecimento factual, já existente ou sendo adquirido, relacionado com o mundo exterior; sobre as preferências biológicas reguladoras inatas; e sobre o estado do corpo, anterior e atual, à medida que é constantemente alterado por esse conhecimento e por essas preferências. Não causará surpresa o fato de todos eles estarem tão envolvidos no tema que vou abordar em seguida: a categorização de nossa experiência de vida de acordo com diversas dimensões contingentes.

Em terceiro lugar, os próprios córtices pré-frontais representam categorizações das situações em que o organismo tem estado envolvido, classificações das contingências da nossa experiência da vida real. Isto quer dizer que as redes pré-frontais estabelecem representações dispositivas para certas combinações de coisas e eventos, na nossa experiência individual, de acordo com a relevância pessoal dessas coisas e eventos. Passo a explicar. Por exemplo, na sua própria vida, os encontros com um determinado tipo de pessoa simpática mas autoritária podem ter sido seguidos de uma situação em que você se sentiu diminuído ou, pelo contrário, poderoso; ao ser impelido para um papel de líder, isso pode ter revelado as suas melhores qualidades, ou as piores; as estadas no campo podem torná-lo melancólico, ao passo que o oceano pode tê-lo transformado num romântico incurável. Seu vizinho do lado pode ter passado pela experiência exatamente oposta, ou pelo menos diferente. É aqui que se aplica a noção de *contingência*: é algo só seu que se relaciona com a sua experiência, algo relativo a acontecimentos que variam de indivíduo para indivíduo. A experiência que cada um de nós teve com puxadores de porta ou cabos de vassoura é menos contingente, uma vez que, no seu todo, a estrutura e o funcionamento dessa categoria de entidades são consistentes e previsíveis.

As zonas de convergência localizadas nos córtices pré-frontais constituem, desse modo, o repositório de representações dispositivas das contingências categorizadas de nossa experiência de vida. Se eu lhe pedir para pensar em casamentos, essas representações dispositivas pré-frontais têm a chave para essa categoria e podem reconstituir, no espaço imaginário de sua mente, várias cenas de casamentos. (Não esqueça que, em termos neurais, as reconstruções não têm lugar nos córtices pré-frontais, mas em diversos córtices sensoriais iniciais onde se podem formar representações topograficamente organizadas.) Se eu lhe falar de casamentos judeus ou católicos, talvez você consiga reconstruir o conjunto adequado de imagens categorizadas e conceitualizar um tipo de casamento ou outro. Além disso, talvez consiga até dizer se gosta de casamentos, qual o tipo que prefere, e assim por diante.

Toda a região pré-frontal parece consagrada à categorização de contingências na perspectiva de sua importância pessoal. Esse fato foi estabelecido pela primeira vez no trabalho de Brenda Milner, Michael Petrides e Joaquim Fuster[8] para o setor dorso-lateral. O trabalho desenvolvido no meu laboratório não só corrobora essas observações mas sugere também que as outras estruturas frontais, no pólo frontal e nos setores ventromedianos, não são menos críticas para o processo de categorização.

As contingências categorizadas constituem a base para a produção de cenários ricos em resultados futuros, os quais são necessários para a elaboração de previsões e para o planejamento. Nosso raciocínio toma em consideração metas e escalas temporais para a concretização dessas metas, e necessitaremos de uma grande quantidade de conhecimentos pessoalmente categorizados se quisermos prever o desenrolar e os resultados de cenários relativos a metas específicas, nos enquadramentos temporais adequados.

É provável que os domínios do conhecimento estejam categorizados em diferentes setores pré-frontais. Desse modo, os domínios biorregulador e social parecem ter alguma afinidade com os sistemas no setor ventromediano, enquanto os sistemas na região dorso-lateral parecem alinhar-se com domínios que incluem o conhecimento do mundo exterior (entidades tais como objetos e pessoas: suas ações no espaço-tempo; a linguagem; a matemática; a música).

Uma quarta razão por que os córtices pré-frontais são idealmente adequados à participação no raciocínio e na decisão é o fato de se encontrarem diretamente ligados a todas as vias de resposta motora e química existentes no cérebro. Os setores dorso-lateral e mediano-superior podem ativar os córtices pré-motores e, a partir dali, controlar o chamado córtex motor primário (M_1), a área motora suplementar (M_2) e a terceira área motora (M_3).[9] A maquinaria motora subcortical dos gânglios basais é igualmente acessível aos córtices pré-frontais. Por último, mas nem por isso de menor importância, como o demonstrou pela primeira vez o neuroanatomista Walle Nauta, os córtices pré-frontais ventromedianos enviam sinais para os efetores do sistema nervoso autônomo e podem promover respostas químicas associadas à emoção, fora do hipotálamo e do tronco cerebral. Essa demonstração não foi pura coincidência. Nauta foi um neurocientista excepcional pela importância que atribuiu à informação visceral no processo cognitivo. Em conclusão, os córtices pré-frontais e em particular seu setor ventromediano são idealmente adequados à aquisição de uma ligação triangular entre os sinais relativos a tipos específicos de situações; os diferentes tipos e grandezas dos estados do corpo que foram associados a certas situações na experiência única do indivíduo; e os efetores daqueles estados do corpo. Os pisos superiores e inferiores do edifício neural interligam-se harmoniosamente nos córtices pré-frontais ventromedianos.

MARCADORES-SOMÁTICOS: TEATRO NO CORPO OU TEATRO NO CÉREBRO?

Tendo em vista a discussão prévia que tivemos sobre a fisiologia das emoções, você deve estar à espera de dois mecanismos para o processo do marcador-somático. Devido ao mecanismo básico, o corpo é levado pelos córtices pré-frontais e pela amígdala a assumir um determinado perfil de estado, cujo resultado é ulteriormente assinalado ao córtex somatossensorial, consultado e tornado consciente. No mecanismo alternativo, o corpo é ignorado e os córtices pré-frontais e a amígdala limitam-se a dizer ao córtex somatossensorial que se organize de acordo com o padrão explícito de atividade que teria assumido caso o corpo tivesse atingido o estado desejado e informado o córtex com base nesse estado. O córtex somatossensorial funciona como se estivesse recebendo sinais sobre um determinado estado do corpo e, muito embora o padrão de atividade "como se" não possa ser exatamente igual ao padrão de atividade originado por um estado do corpo real, pode mesmo assim influenciar a tomada de decisão.

Os mecanismos "como se" são uma conseqüência do desenvolvimento individual. É provável que, à medida que éramos socialmente "sintonizados" na infância e na juventude, a maior parte de nossas decisões tenha sido moldada por estados somáticos relacionados com castigos ou recompensas. Mas ao crescermos, e com a categorização das situações repetidas, diminuiu a necessidade de contar com os estados somáticos para cada caso de tomada de decisão e desenvolveu-se mais um nível de autonomia econômica. As estratégias de tomada de decisão começaram a depender, em parte, de "símbolos" dos estados somáticos. Em que medida dependemos desses símbolos "como se" em vez da realidade, eis uma questão empírica importante. Julgo que essa dependência varia bastante de pessoa para pessoa e de tema para tema. O processamento simbólico pode ser vantajoso ou pernicioso, dependendo do tema e das circunstâncias.

MARCADORES-SOMÁTICOS MANIFESTOS E OCULTOS

O próprio marcador-somático tem mais de uma via de ação; uma delas é por meio da consciência, a outra é exterior a ela. Quer os estados corporais sejam reais quer sejam simulados ("como se"), o padrão neural correspondente pode ser tomado consciente e constituir um sentimento. No entanto, apesar de muitas escolhas importantes envolverem sentimentos, boa parte de nossas decisões cotidianas ocorre aparentemente sem eles. Isso não significa que não se tenha registrado a avaliação que leva normalmente a um estado do corpo; ou que o estado do corpo ou seu substituto simulado não tenham sido criados; ou que o mecanismo dispositivo de regulação subjacente ao processo não tenha sido ativado. Muito simplesmente, o sinal de um estado do corpo ou de seu substituto pode ter sido ativado mas não constituir o centro da atenção. Sem essa última, nenhum deles fará parte da consciência, apesar de qualquer um poder integrar uma ação oculta sobre os mecanismos que regem nossas atitudes apetitivas (aproximação) ou aversivas (afastamento) em relação ao mundo, sem controle pela vontade. Apesar de o mecanismo oculto ter sido ativado, nossa consciência nunca chegará a sabê-lo. Além disso, o desencadear de atividade a partir dos núcleos neurotransmissores, que descrevi como uma parte da resposta emocional, pode influenciar de forma oculta os processos cognitivos, e desse modo também o raciocínio e a tomada de decisões.

Com o devido respeito pelos seres humanos e com todas as reservas inerentes a comparações entre as espécies, é notório que nos organismos cujos cérebros não possuem consciência nem raciocínio, os mecanismos ocultos constituem o cerne do aparelho de tomada de decisão. São uma maneira de criar "previsões" acerca de resultados e levar os mecanismos de ação do organismo a comportar-se de um determinado modo, o que pode bem parecer para um observador externo uma escolha. Muito provavelmente é assim que as abelhas operárias "decidem" em que flores pousar para obter o néctar que precisam levar para a colmeia. Não estou sugerindo que lá no fundo de nossos cérebros haja um cérebro de abelha decidindo por nós. A evolução não é a Grande Cadeia do Ser e seguiu, sem dúvida, muitos rumos diferentes, um dos quais conduziu a nós. Mas acredito que há muito a lucrar com o estudo de organismos mais simples que efetuam tarefas aparentemente complicadas dispondo de meios neurais modestos. Alguns mecanismos do mesmo tipo também podem atuar em nós.

ROSA MADRESSILVA!

"Você é um doce, só Deus sabe, minha rosa madressilva...",* assim reza a letra maliciosa de Fats Waller, e assim é o destino da abelha operária.

O êxito reprodutivo e a sobrevivência de uma colônia de abelhas dependem do nível de eficiência das operárias. Se não conseguirem trazer néctar em quantidade suficiente, não haverá mel, e com a redução dos recursos energéticos, a colônia correrá perigo.

As abelhas operárias estão munidas de um aparelho visual que lhes permite distinguir as cores das flores. Dispõem também de um aparelho motor que lhes permite voar e pousar. Como demonstraram investigações recentes, elas aprendem,

(*) "You're confection, goodness knows, honeysuckle rose" no original. (N. T.)

A função da intuição no processo geral de tomada de decisões pode esclarecer-se com um texto do matemático Henri Poincaré, cuja visão acerca desse assunto se adapta perfeitamente ao quadro geral que tenho em mente:

Na verdade, o que é a criação matemática? Não consiste em fazer novas combinações com entidades matemáticas já conhecidas. Qualquer um poderia executá-las, mas as combinações assim efetuadas seriam em número infinito e a maioria delas absolutamente sem interesse. Criar consiste não em fazer combinações inúteis mas em efetuar aquelas que são úteis e constituem apenas uma pequena minoria. Inventar é discernir, escolher.

Já expliquei antes como fazer essa escolha; os fatos matemáticos dignos de serem estudados são aqueles que, pela sua analogia com outros fatos, são capazes de nos levar ao conhecimento de uma lei matemática, tal como os fatos experimentais nos levam ao conhecimento de uma lei física. São aqueles que nos revelam a relação insuspeitada com outros fatos, há muito conhecidos, mas erradamente considerados independentes dos primeiros.

Entre as combinações escolhidas, as mais férteis serão normalmente as formadas por elementos retirados de domínios muito afastados. Não que eu considere que para inventar basta reunir os objetos mais diferentes entre si; a maior parte das combinações assim formada seria completamente estéril. Mas algumas de entre elas, muito raras, são as mais frutíferas de todas.

Como disse, inventar é escolher; mas talvez essa palavra não seja a melhor. Faz-nos pensar num comprador diante do qual foi exposta uma grande quantidade de amostras e que as examina, uma após a outra, para fazer a escolha. Aqui, as amostras seriam tantas que uma vida inteira não chegaria para as examinar. Mas a realidade é outra. As combinações estéreis nem sequer se apresentam à mente do inventor. Nunca surgem no campo de sua consciência combinações que não sejam úteis, exceto algumas que ele rejeita mas que, de certo modo, possuem algumas características das combinações úteis. Processa-se tudo como se o inventor fosse um examinador de segundo grau que apenas teria de interrogar os candidatos que tivessem passado num exame prévio.[12]

A perspectiva de Poincaré é idêntica à que estou propondo. Não há necessidade de aplicar o raciocínio a todo o campo das opções possíveis. Há uma pré-seleção que é levada a efeito, umas vezes de forma oculta, outras não. Um mecanismo biológico efetua a pré-seleção, examina os candidatos e permite que apenas alguns se apresentem a um exame final. Saliente-se que essa proposta foi pensada, de forma particular, para os domínios pessoal e social, para os quais tenho provas corroborantes, muito embora as afirmações de Poincaré deixem antever que a proposta bem poderia ser aplicada a outros domínios.

O físico e biólogo Leo Szilard defendeu algo idêntico: "O cientista criador tem muito em comum com o artista e o poeta. O pensamento lógico e a capacidade analítica são atributos necessários a um cientista, mas estão longe de ser suficientes para o trabalho criativo. Aqueles palpites na ciência que conduziram a grandes avanços tecnológicos não foram logicamente derivados de conhecimento preexistente: os processos criativos em que se baseia o progresso da ciência atuam no nível do subconsciente".[13] Jonas Salk apontou para uma idéia idêntica ao defender que a criatividade assenta numa "fusão da intuição e da razão".[14] É, pois, interessante neste ponto dizer algo mais acerca do raciocínio fora do campo pessoal e social.

RACIOCINAR FORA DOS DOMÍNIOS PESSOAL E SOCIAL

O esquilo no meu jardim, que corre pela árvore acima para se esconder do aguerrido gato preto do vizinho, não precisa raciocinar muito para decidir sua ação. Na verdade, não pensou nas várias opções nem calculou os custos e os benefícios de cada uma delas. Viu o gato, foi acionado por um estado do corpo e correu. Estou olhando para ele agora, no sólido ramo do meu carvalho, com o coração em tamanho sobressalto que posso ver os movimentos de sua caixa torácica, agitando a cauda ao ritmo nervoso do seu medo. Sofreu uma emoção forte e agora está transtornado.

A evolução é parcimoniosa e remendona. Teve a sua disposição, nos cérebros de inúmeras espécies, mecanismos de tomada de decisão que são baseados no corpo e orientados para a sobrevivência, os quais se revelaram úteis numa série de nichos ecológicos. Com o aumento das contingências do meio ambiente, e à medida que novas estratégias de decisão foram evoluindo, fazia sentido, em termos econômicos, que as estruturas cerebrais necessárias à manutenção dessas novas estratégias conservassem um elo funcional com suas precursoras. Sua finalidade é a mesma, a sobrevivência, e os parâmetros que controlam seu funcionamento e avaliam o êxito são também os mesmos: bem-estar, ausência de dor. Há imensos exemplos que demonstram que a seleção natural tende a funcionar exatamente desse modo, conservando algo que funciona e selecionando outros dispositivos preparados para maior complexidade, sendo muito raro que se desenvolvam mecanismos completamente novos a partir do zero.

É plausível que um sistema "destinado" a produzir marcadores e sinalizações que orientem as respostas "pessoais" e "sociais" tenha sido cooptado para auxiliar "outras" tomadas de decisão. A maquinaria que o ajuda a decidir com quem travar amizade também o ajudará a desenhar uma casa cujo porão não sofra inundações. É claro que os marcadores-somáticos não teriam necessariamente de ser percebidos como "sentimentos". Mas continuariam a atuar de modo encoberto para colocar em destaque, sob a forma de um mecanismo de atenção, determinados componentes em detrimento de outros e controlar, de fato, os sinais de avançar, parar e virar, necessários a alguns aspectos do processo de decisão e planejamento fora dos domínios pessoal e social. Esse parece ser o tipo de dispositivo marcador geral que Tim Shallice propôs para a tomada de decisão, embora ele não tenha especificado um mecanismo neurofisiológico para seus marcadores; em um artigo recente, Shallice tece comentários a respeito da possível similitude da sua idéia e da minha.[15] A fisiologia subjacente poderia ser a mesma: sinalização com base no corpo, consciente ou não, segundo a qual a atenção pode ser dirigida e concentrada.

De um ponto de vista evolutivo, o mecanismo mais antigo de tomada de decisão pertence à regulação biológica básica; o seguinte, ao domínio pessoal e social; e o mais recente, a um conjunto de operações abstrato-simbólicas em relação com as quais podemos encontrar o raciocínio artístico e científico, o raciocínio utilitário-construtivo e os desenvolvimentos lingüístico e matemático. Mas, apesar de os milênios de evolução e de os sistemas neurais dedicados poderem conferir alguma independência a cada um desses "módulos" de raciocínio e tomada de decisão, suspeito que eles se encontram todos interligados. Quando presenciamos sinais de criatividade nos seres humanos contemporâneos, estamos provavelmente testemunhando o funcionamento integrado de diversas combinações desses dispositivos.

COM A AJUDA DA EMOÇÃO,
PARA O MELHOR E PARA O PIOR

O trabalho desenvolvido por Amos Tversky e Daniel Kahneman demonstra que o raciocínio objetivo que usamos nas decisões do dia-a-dia é muito menos eficiente do que parece e do que deveria ser.[16] Em termos simples, podemos dizer que nossas estratégias de raciocínio são defeituosas, e Stuart Sutherland toca num aspecto importante quando fala da irracionalidade como um "inimigo que vem de dentro".[17] Mas, mesmo que nossas estratégias de raciocínio estejam perfeitamente sintonizadas, parece que não se coadunariam muito com a incerteza e a complexidade dos problemas pessoais e sociais. Os frágeis instrumentos da racionalidade precisam realmente de cuidados especiais.

A situação é, no entanto, ainda mais complicada do que deixei até aqui antever. Muito embora acredite que é necessário um mecanismo com base no corpo para ajudar a razão "fria", também é verdade que alguns desses sinais podem prejudicar a qualidade do raciocínio. Ao refletir sobre as investigações de Kahneman e Tversky, encontro algumas falhas de racionalidade não apenas devidas a erros elementares de cálculo mas também à influência de impulsos biológicos como a obediência, a concordância, o desejo de preservar a auto-estima, que freqüentemente se manifestam como emoções e sentimentos. Por exemplo, a maior parte das pessoas receia muito mais andar de avião que de carro, não obstante o fato de um cálculo racional do risco demonstrar de forma inequívoca que é muito mais provável sobrevivermos a um vôo entre duas cidades do que a uma viagem de carro entre essas mesmas cidades. A diferença é de diversas ordens de grandeza a favor de se tomar o avião em vez de se ir de carro. E, no entanto, muitas pessoas sentem-se mais seguras ao volante do que no avião. Esse raciocínio deficiente provém do chamado "erro de disponibilidade", o qual, na minha perspectiva, consiste em permitir que a imagem de um desastre de avião, com todo o seu dra-

224

ma emocional, domine o panorama do nosso raciocínio, criando uma influência negativa em relação à escolha correta. O exemplo pode parecer estar em contradição com meu argumento principal, mas não está. Demonstra que os impulsos biológicos e as emoções *podem* influenciar a tomada de decisão e sugere que a influência "negativa" com base no corpo, apesar de defasada em relação à estatística correta, está, não obstante, voltada para a sobrevivência: os aviões caem de vez em quando mas sobrevivem menos pessoas nesses desastres do que nos de automóvel.

Mas, embora a emoção e os impulsos biológicos possam dar origem à irracionalidade em algumas circunstâncias, eles são indispensáveis em outras. Os impulsos biológicos e o mecanismo automatizado do marcador-somático que deles dependem são essenciais para alguns comportamentos racionais, em especial nos domínios pessoal e social, embora possam ser prejudiciais à decisão racional em determinadas circunstâncias, ao criar uma influência que se sobrepõe aos fatos objetivos ou que interfere nos mecanismos de apoio à decisão, tais como a memória de trabalho.

Um exemplo da minha experiência pessoal ajudará a esclarecer as idéias discutidas acima. Não há muito tempo, um dos nossos doentes com lesões pré-frontais ventromedianas visitou o laboratório num dia frio de inverno. Tinha nevado, as estradas estavam escorregadias e a condução era perigosa. A situação preocupava-me e perguntei ao doente, que viera dirigindo, como fora a viagem, se tivera dificuldades. Sua resposta foi imediata e calma: correra bem, nada diferente do habitual, exceto ter sido necessária alguma atenção com os cuidados indicados para dirigir sobre o gelo. O doente continuou falando de alguns desses cuidados e descreveu carros e caminhões que tinham deslizado para fora da pista porque não os tinham respeitado. Deu inclusive o exemplo de uma mulher que seguia a sua frente e que entrara no gelo, derrapara e, em vez de procurar sair cautelosamente da derrapagem, entrara em pânico, freara e precipitara-se numa vala. Um segundo mais tarde, aparentemente nada incomodado com essa cena terrível, meu doente atravessou a mesma zona de gelo e seguiu calmamente seu caminho. Contou-me tudo isso com a mesma tranqüilidade com que obviamente presenciara o acidente.

Não se duvidará de que, nesse caso, o fato de o doente não ter um marcador-somático normal foi imensamente vantajoso. A maior parte de nós precisaria ter recorrido à decisão deliberada de não tocar no freio, de não se deixar perturbar pelo pânico ou pela comiseração com a malograda motorista. Temos aqui um exemplo de como os mecanismos automatizados de marcação-somática podem ser prejudiciais ao nosso comportamento e como, em determinadas circunstâncias, sua ausência constitui uma vantagem.

A cena muda agora para o dia seguinte. Eu estava falando com o mesmo doente sobre sua próxima vinda ao laboratório. Apresentei-lhe duas datas possíveis, ambas no mês seguinte, apenas com alguns dias de diferença. O doente puxou sua agenda e começou a consultar o calendário. O comportamento que se seguiu, presenciado por diversos investigadores, foi extraordinário. Durante quase meia hora, o doente enumerou razões a favor e contra cada uma das datas: compromissos anteriormente assumidos, proximidade de outros compromissos, possíveis condições meteorológicas, praticamente tudo o que se pudesse imaginar a respeito de uma simples data. Com a mesma calma com que passara por cima do gelo e narrara o episódio, envolvia-nos agora numa análise de custos e benefícios, numa lista infindável e numa comparação infrutífera de opções e conseqüências possíveis. Foi necessário uma disciplina tremenda para escutar tudo aquilo sem dar um murro na mesa e mandá-lo calar-se, mas acabamos por lhe dizer calmamente que deveria vir na segunda das duas datas alternativas. Sua resposta foi da mesma forma calma e pronta. Limitou-se a dizer: "Está bem". A agenda desapareceu no seu bolso e ele foi-se embora. Esse comportamento exemplifica bem os limites da razão pura. É também um bom exemplo da conseqüência calamitosa de não se possuir mecanismos automatizados de tomada de decisão. O marcador-somático teria auxiliado o doente de diversas maneiras. Para começar, teria melhorado o enquadramento geral do problema. Nenhum de nós perderia tanto tempo como ele com a questão, porque um dispositivo automatizado de marcação-somática ter-nos-ia ajudado a detectar a natureza inútil do exercício. Quando mais não fosse, teríamos percebido o ridículo do esforço. Em outro nível, e antevendo a inutilidade da abordagem, teríamos optado por uma das datas alternativas como se lançássemos uma moeda ao ar ou confiássemos numa espécie de intuição em relação a uma ou outra data. Ou talvez pudéssemos ter transferido a decisão para a pessoa que fez a pergunta e respondido que não tinha importância, ela que escolhesse.

Em síntese, veríamos que era uma perda de tempo e tê-la-íamos marcado como negativa; e imaginaríamos as mentes dos outros observando e ter-nos-íamos sentido embaraçados. Tudo leva a crer que o doente consegue formar algumas dessas "imagens" internas, mas a ausência de um marcador não permite que sejam devidamente consultadas e consideradas.

Se você está agora se interrogando sobre o motivo por que os impulsos biológicos e a emoção podem ser *tanto* benéficos *como* nocivos, deixe-me dizer-lhe que não seria o único caso em biologia em que um determinado fator ou mecanismo pode ser negativo ou positivo, de acordo com as circunstâncias. Todos sabemos que o óxido nítrico é tóxico. Pode poluir a atmosfera e envenenar o sangue. No entanto, esse mesmo gás funciona como neurotransmissor, enviando sinais entre as células nervosas. Um exemplo ainda mais sutil é o glutamato, outro neurotransmissor. O glutamato encontra-se por todo o cérebro, onde é usado por uma célula nervosa para excitar outra. No entanto, quando as células nervosas são danificadas, como por exemplo numa apoplexia, libertam glutamato em excesso nas zonas em seu redor, provocando, desse modo, uma sobreexcitação e, eventualmente, a morte das inocentes e saudáveis células nervosas das proximidades.

Em última análise, a questão aqui suscitada diz respeito ao tipo e à quantidade de marcação-somática aplicada a diferentes enquadramentos do problema em questão. Um piloto encarregado da aterragem de seu avião em condições atmosféricas desfavoráveis não pode permitir que os sentimentos perturbem sua atenção aos pormenores de que dependem suas decisões. E, no entanto, precisa de sentimentos para não se desviar dos objetivos do seu comportamento nessa situação específica: sentimentos ligados ao sentido de responsabilidade pela vida dos passageiros e tripulação, pela sua própria vida e pela de sua família. Muitos sentimentos em enquadramentos pequenos ou poucos em enquadramentos mais amplos podem trazer conseqüências desastrosas. Os corretores da Bolsa estão sujeitos a uma provação idêntica. Uma ilustração fascinante desses aspectos é a que podemos encontrar num estudo sobre Herbert von Karajan.[18] Os psicólogos austríacos G. e H. Harrer puderam observar o padrão de respostas autônomas de Karajan em circunstâncias várias: enquanto aterrava seu avião particular no aeroporto de Salzburgo, enquanto dirigia a orquestra no estúdio de gravação e enquanto escutava a fita da peça gravada (a peça era a *Abertura Leonora*, n? 3 de Beethoven).

A execução musical de Von Karajan provocou grandes alterações de resposta autônoma. O ritmo de pulsações subiu consideravelmente mais durante as passagens de impacto emocional do que nas que exigiam um maior esforço físico real. O perfil de seu ritmo de pulsações quando escutou a fita foi semelhante ao registrado durante a gravação. O curioso é que Karajan aterrou seu avião maravilhosamente bem e, mesmo quando lhe disseram, após tocar o solo, que fizesse uma decolagem de emergência, seu ritmo cardíaco aumentou um pouco, mas bastante menos do que durante os exercícios musicais. Seu coração estava com a música, como aliás devia ser, e foi o que descobri pessoalmente durante um concerto: antes de ele baixar a batuta para iniciar a execução da *Sexta Sinfonia* de Beethoven, segredei algo a minha mulher, que estava sentada ao meu lado. Von Karajan suspendeu o movimento do braço, virou-se e fuzilou-me com o olhar. É pena ninguém ter medido nossas pulsações.

AO LADO E PARA LÁ
DOS MARCADORES-SOMÁTICOS

Por mais necessário que algo como o mecanismo de marcação-somática possa ser para a construção de uma neurobiologia da racionalidade, é evidente que essa necessidade não faz que esse mecanismo seja suficiente. Tal como referi, a competência lógica entra em funcionamento para lá dos marcadores-somáticos. Além disso, diversos processos têm de preceder, ser concomitantes ou imediatamente subseqüentes aos marcadores-somáticos para permitir sua atuação. Que processos são esses? É possível avançar algo a respeito de seu substrato neural?

O que sucede quando os marcadores-somáticos, manifesta ou veladamente, cumprem sua tarefa influenciadora? O que sucede no nosso cérebro para que as imagens sobre as quais raciocinamos sejam suspensas durante os intervalos de tempo necessários? A fim de respondermos a essas questões, temos de voltar a um problema esboçado no início do capítulo. Aquilo que domina o panorama mental quando se é confrontado com uma decisão é a ampla e variada apresentação dos conhecimentos sobre a situação que está sendo gerada. As imagens correspondentes a uma infinidade de opções de ação e possíveis resultados, também infinitos, são ativadas e constantemente trazidas para o centro da atenção. Também o componente lingüístico dessas entidades e cenas, as palavras e as frases que relatam o que nossa mente vê e ouve, se encontra presente, competindo pelo centro das atenções. Esse processo baseia-se numa criação contínua de entidades e acontecimentos, do qual resulta uma justaposição muito variada de imagens consentâneas com o conhecimento previamente categorizado. Jean-Pierre Changeux propôs o termo "gerador de diversidade"* para as estruturas pré-frontais que supostamente executam essa função e levam à formação de um vasto repositório de imagens em outra parte do cérebro. Esse termo é especialmente pertinente, pois evoca seu precursor imunológico e dá origem a um acrônimo curioso.[19]

Esse gerador de diversidade requer um vasto depósito de conhecimentos fatuais em relação às situações com que podemos deparar, às pessoas naquelas situações, ao que elas podem fazer e como suas diferentes ações podem produzir diferentes resultados. O conhecimento fatual é categorizado (sendo os fatos que o constituem organizados segundo classes, de acordo com os critérios que os constituem) e a categorização contribui para a tomada de decisões ao classificar os tipos de opções, os tipos de resultados e as ligações entre opções e resultados. A categorização ordena também as opções e os resultados em função de um determinado valor específico. Quando somos confrontados

---

(*) *Generator of diversity*, em inglês, cujo acrônimo dá origem a *god*, palavra inglesa que significa Deus. (N. T.)

com uma situação, a categorização prévia permite-nos descobrir rapidamente se uma dada opção ou resultado será vantajoso ou de que modo as diversas contingências podem alterar o grau de vantagem.

O processo de apresentação "mental" de conhecimentos, digamos de exibição, só é possível se duas condições se verificarem. Primeiro, sermos capazes de usar mecanismos de *atenção básica* que permitam a manutenção de uma imagem mental na consciência com a exclusão relativa de outras. Em termos neurais, isso depende provavelmente do favorecimento do padrão de atividade neural que sustenta uma determinada imagem, enquanto a restante atividade neural em redor é diminuída.[20] Segundo, é necessária a existência de um mecanismo de *memória de trabalho básica*, que mantém ativas diversas imagens separadas durante um período relativamente "extenso" de centenas de milhares de milissegundos (desde décimos de segundo a um número consecutivo de segundos).[21] Isso quer dizer que, com o tempo, o cérebro vai reiterando as representações topograficamente organizadas que sustentam essas imagens separadas. Claro que se impõe colocar aqui uma questão importante: o que faz mover a atenção básica e a memória de trabalho? A resposta só pode ser o *valor básico*, o conjunto de preferências básicas inerente à regulação biológica.

Sem a atenção e a memória de trabalho básicas não é possível uma atividade mental coerente e, com toda a certeza, os marcadores-somáticos não podem sequer funcionar porque não existe um campo de ação estável para eles desenvolverem sua ação. Contudo, a atenção e a memória de trabalho continuam muito provavelmente a ser necessárias mesmo depois de o mecanismo de marcação-somática ter feito seu trabalho. Elas são necessárias ao processo de raciocínio durante o qual se comparam resultados possíveis, se estabelecem ordenações de resultados e se fazem inferências. Na hipótese global do marcador-somático, proponho que um estado somático, negativo ou positivo, causado pelo aparecimento de uma dada representação atua não só como *marcador do valor do que está representado mas também como intensificador contínuo da memória de trabalho e da atenção*. A atividade subseqüente é "estimulada" por sinais de que o processo está de fato sendo avaliado, positiva ou negativamente, em termos das preferências e objetivos do indivíduo. Não é por milagre que a localização e a manutenção da atenção e da memória de trabalho acontecem. Primeiro, são motivadas pelas preferências inerentes ao organismo e depois pelas preferências e objetivos adquiridos com base nas que são inerentes.

No que se refere aos córtices pré-frontais, estou sugerindo que os marcadores-somáticos, que atuam no domínio biorregulador e social em consonância com o setor ventromediano, influenciam o funcionamento da atenção e da memória de trabalho no setor dorso-lateral, o setor de que dependem as operações em outros domínios do conhecimento. Fica assim em aberto a possibilidade de os marcadores-somáticos influenciarem também a atenção e a memória de trabalho dentro do próprio domínio biorregulador e social. Em outras palavras, nos indivíduos normais, os marcadores-somáticos que surgem da ativação de uma determinada contingência impulsionam a atenção e a memória de trabalho por meio do sistema cognitivo. Nos doentes com lesões na região ventromediana, todas essas ações ficariam comprometidas em maior ou menor grau.

PREDISPOSIÇÕES E A CRIAÇÃO DE ORDEM

Existem três intervenientes auxiliares no processo de raciocínio sobre uma vasta paisagem de cenários criados a partir do conhecimento factual: *estados somáticos automatizados*, com seus mecanismos de predisposição, a *memória de trabalho* e a *atenção*. Todos esses intervenientes auxiliares interagem e parecem estar relacionados com o problema crítico da criação da ordem a partir da exibição paralela de imagens, um problema identificado pela primeira vez por Karl Lashley e que surge porque o desenho do cérebro só permite, em um dado momento, uma quantidade limitada de atividade mental e de movimentos conscientes.[22] As imagens que constituem os nossos pensamentos têm de ser estruturadas em "sintagmas", os quais, por sua vez, têm de ser ordenados em "frases" no tempo, tal como as estruturas do movimento que constituem as nossas respostas externas têm de ser agrupadas em "sintagmas" que depois são colocados numa determinada ordem "frásica" para que o movimento surta o efeito

231

desejado. A seleção dos padrões que acabam por constituir os "sintagmas" e as "frases" na nossa mente e dos padrões do movimento partem de uma exposição paralela das possibilidades. E como tanto o pensamento como o movimento requerem processamentos concomitantes, a organização das diversas seqüências ordenadas deve ocorrer continuamente.

Quer concebamos a razão como sendo baseada na seleção automatizada, quer como baseada na dedução lógica por intermédio de um sistema simbólico, quer — de preferência — como sendo baseada em ambas, não podemos esquecer o problema da ordem. Proponho a seguinte solução: 1) se a ordem tiver de ser criada entre as possibilidades disponíveis, nesse caso elas terão de ser ordenadas; 2) se tiverem de ser ordenadas, então são necessários critérios (valores ou preferências são aqui termos equivalentes); 3) os critérios são fornecidos pelos marcadores-somáticos, que exprimem, a qualquer momento, as preferências cumulativas que recebemos e adquirimos.

Mas de que modo funcionam os marcadores-somáticos como critérios? Uma possibilidade é que, quando diferentes marcadores-somáticos se justapõem a diferentes combinações de imagens, alterem a maneira como o cérebro as trata e assim atuem como predisposição. A predisposição poderia atribuir uma quantidade diferente de atenção a cada componente, de onde resultaria a atribuição natural de *diversos graus* de atenção a *diversos conteúdos*, o que se traduziria numa paisagem irregular. O foco do processamento consciente passaria, nesse caso, de componente para componente, por exemplo, de acordo com sua ordenação numa progressão. Para que tudo isso suceda, os componentes têm de ficar expostos durante um intervalo que vai de centenas a milhares de milissegundos, de uma forma relativamente estável, e isso só é possível por meio da memória de trabalho. (Encontrei apoio para essa idéia geral nos estudos recentes sobre a neurofisiologia da decisão perceptual, realizados por William T. Newsome e colegas. O aumento de quantidade de sinais aplicados a uma determinada população de neurônios que representa um determinado conteúdo resultou numa "decisão" favorável a esse conteúdo por meio de um mecanismo do tipo "o vencedor leva tudo".[23])

O conhecimento e os movimentos normais requerem a organização de seqüências concomitantes e interativas. Onde existe uma necessidade de ordem, haverá uma necessidade de decisão, e, sempre que houver uma necessidade de decisão, deverá existir um critério para se tomar essa decisão. Dado que muitas decisões têm impacto sobre o futuro de um organismo, é possível que alguns critérios estejam enraizados, direta ou indiretamente, nos impulsos biológicos do organismo (as razões do organismo, por assim dizer). Os impulsos biológicos podem ser expressos de forma manifesta ou oculta e usados como um marcador estabelecido pela atenção num campo de representações mantido ativo pela memória de trabalho.

O dispositivo automatizado de marcação-somática da maior parte daqueles que tiveram a sorte de ser criados numa cultura relativamente saudável tem se acomodado, por via da educação, aos padrões de racionalidade dessa cultura. Não obstante suas raízes se encontrarem na regulação biológica, o dispositivo está sintonizado com as prescrições culturais que se destinam a garantir a sobrevivência numa determinada sociedade. Se o cérebro é normal e a cultura em que se desenvolve é saudável, o dispositivo funciona de modo racional relativamente às convenções sociais e à ética.

A ação dos impulsos biológicos, dos estados do corpo e das emoções pode ser uma base indispensável para a racionalidade. Os níveis inferiores do edifício neural da razão são os mesmos que regulam o processamento das emoções e dos sentimentos, juntamente com o das funções globais do corpo, de modo que o organismo consiga sobreviver. Esses níveis inferiores mantêm relações diretas e mútuas com o corpo propriamente dito, integrando-o desse modo na cadeia de operações que permite os mais altos vôos em termos da razão e da criatividade. Muito provavelmente, a racionalidade é configurada e modulada por sinais do corpo, mesmo quando executa as distinções mais sublimes e age em conformidade com elas.

Pascal, que afirmou que "o coração tem razões que a própria razão desconhece", talvez achasse plausível o argumento que acabo de apresentar.[24] Se me fosse permitido alterar sua afirmação, diria: *O organismo tem algumas razões que a razão tem de utilizar.* Não duvido de que o processo continua para além das razões do coração. Por um lado, usando os instrumentos da lógica, podemos verificar a validade das seleções que nossas preferências ajudaram a fazer. Por outro, podemos ultrapassá-las recorrendo às estratégias de dedução e indução em proposições lingüísticas imediatamente disponíveis. (Depois de ter terminado este manuscrito, encontrei varias vozes compatíveis. J. St. B. T. Evans propôs recentemente que existem dois tipos de racionalidade, que dizem respeito basicamente aos dois domínios que aqui mencionei [pessoal/social e não pessoal/social]; o filósofo Ronald De Sousa defende que as emoções são inerentemente racionais; e P. N. Johnson-Laird e Keith Oatley sugerem que as emoções básicas ajudam a controlar as ações de forma racional.[25]

PARTE 3

9
TESTANDO A
HIPÓTESE DO MARCADOR-SOMÁTICO

SABER MAS NÃO SENTIR

Comecei a investigar a hipótese do marcador-somático recorrendo às respostas do sistema nervoso autônomo, numa série de estudos em que colaborei com Daniel Tranel, psicofisiólogo e neuropsicólogo experimental. O sistema nervoso autônomo é constituído tanto pelos centros de controle autônomos, localizados no sistema límbico e no tronco cerebral, como pelas projeções de neurônios provenientes desses centros e destinadas às vísceras do organismo inteiro. Todos os vasos sangüíneos, incluindo os do mais espesso e extenso órgão do corpo, a pele, são enervados por terminais do sistema nervoso autônomo, o mesmo sucedendo ao coração, pulmões, intestinos, bexiga e órgãos reprodutores. Até um órgão como o baço, que está sobretudo associado à imunidade, é enervado pelo sistema nervoso autônomo.

As ramificações dos nervos autônomos estão organizadas em duas grandes divisões, o simpático e o parassimpático, e partem do tronco cerebral e da medula espinal, umas vezes de forma isolada, outras acompanhando ramificações nervosas não autônomas. (As ações das divisões simpática e parassimpática são mediadas por neurotransmissores diferentes e são, em larga medida, antagônicas, isto é, enquanto uma promove a contração dos músculos lisos, a outra promove sua dilatação.) As ramificações nervosas autônomas que regressam ao sistema nervoso, trazendo informações relativas ao estado das vísceras, tendem a usar os mesmos percursos.

De um ponto de vista evolutivo, o sistema nervoso autônomo foi o meio neural encontrado pelo cérebro de organismos bem menos sofisticados que o nosso para intervir na regulação da economia interna. Quando a vida consistia sobretudo em garantir o funcionamento equilibrado de alguns órgãos, e quando havia uma gama limitada e um pequeno número de transações com o meio ambiente, os sistemas imunológico e endócrino controlavam a maior parte do que era necessário. Aquilo de que o cérebro necessitava eram informações sobre o estado dos diferentes órgãos e de um meio para alterar esse estado em face de uma determinada circunstância externa. Foi exatamente isso que o sistema nervoso autônomo tornou possível: uma rede para a entrada da sinalização sobre as alterações registradas nas vísceras e uma rede para a saída de ordens motoras a caminho dessas vísceras. Mais tarde, desenvolveram-se formas mais complexas de resposta motora, como aquelas que acabaram por controlar as mãos e o aparelho vocal. Respostas desse último tipo necessitavam de uma diferenciação cada vez mais complexa do sistema motor periférico para que fosse possível controlar o funcionamento dos músculos finos e das articulações e receber sinais referentes ao tato, à temperatura, à dor, à posição das articulações e ao grau de contração muscular.

É preciso não esquecer que a idéia do marcador-somático abrange uma alteração integral do estado do corpo, a qual inclui modificações, tanto nas vísceras como no sistema músculo-esquelético, induzidas quer por informações neurais quer por informações químicas, ainda que o componente visceral se afigure um pouco mais crítico que o músculo-esquelético na criação de estados de fundo e estados emocionais. Para começarmos a explorar em termos experimentais a hipótese do marcador-somático, tivemos de escolher alguns aspectos desse vasto panorama de alterações, e fazia sentido iniciar pelo estudo das respostas do sistema nervoso autônomo. Afinal, quando geramos o estado somático que caracteriza uma determinada emoção, o sistema nervoso autônomo constitui provavelmente a chave para se obter a alteração adequada dos parâmetros fisiológicos no organismo, apesar da importância das vias químicas que são ativadas simultaneamente.

Entre as respostas do sistema nervoso autônomo que podem ser investigadas em laboratório, a de condutividade dérmica afigura-se talvez como a mais útil. É fácil detectá-la, é confiável e foi estudada com minúcia pelos psicofisiólogos em indivíduos normais de diversas idades e culturas. (Muitas outras respostas, como o ritmo cardíaco e a temperatura da pele, também têm sido estudadas.) É possível registrar a resposta de condutividade dérmica sem qualquer dor ou mal-estar para o indivíduo, usando um par de eletrodos ligados à pele e a um polígrafo. O princípio subjacente à reação é o seguinte: à medida que nosso organismo começa a se alterar após uma determinada percepção ou pensamento, passando a registrar-se o estado somático correspondente (por exemplo, o estado relativo a uma determinada emoção), o sistema nervoso autônomo aumenta sutilmente a secreção das glândulas sudoríparas. Embora o aumento da quantidade de fluido seja habitualmente tão pequeno que não é detectável a olho nu ou pelos sensores neurais da nossa própria pele, é suficiente para reduzir a resistência à passagem da corrente elétrica. Para medir a resposta, o investigador passa então uma corrente elétrica de baixa voltagem na pele entre os dois eletrodos detectores. A resposta de condutividade dérmica consiste numa alteração da quantidade de corrente elétrica conduzida. Ela é registrada como uma onda, que leva algum tempo para subir e depois para descer. Pode medir-se a amplitude da onda (em microSiemens), assim como seu perfil no tempo; pode medir-se também a freqüência com que as respostas se registram em relação a um determinado estímulo durante um determinado período de tempo.

As respostas de condutividade dérmica constituem um elemento central na investigação psicofisiológica, tendo desempenhado igualmente uma função prática, e controversa, nos chamados testes de detecção de mentiras, cuja finalidade é obviamente diferente da de nossas experiências. Esses testes visam determinar se as pessoas estão mentindo, e para tal procura-se levá-las a negar o conhecimento de um certo objeto ou rosto, o que pode produzir involuntariamente uma resposta de condutividade dérmica.

Nosso estudo pretendia determinar, antes de mais nada, se doentes como Elliot eram ainda capazes de gerar respostas de condutividade dérmica. Seu cérebro lesionado poderia ainda desencadear uma alteração no estado somático? Para respondermos a essa questão, comparamos doentes com lesões no lóbulo frontal, indivíduos normais e doentes com lesões em outras zonas do cérebro, em condições experimentais que originam infalivelmente uma resposta de condutividade dérmica. Uma dessas condições experimentais é designada por "sobressalto" e consiste em surpreender um indivíduo com um som inesperado, como por exemplo bater palmas, ou com um clarão luminoso súbito provocado por uma lâmpada estroboscópica que pisca rapidamente. Um outro indicador confiável de normalidade no mecanismo de condutividade dérmica é um ato fisiológico simples como respirar fundo.

Verificamos rapidamente que todos os nossos doentes com lesão no lóbulo frontal eram capazes de desenvolver respostas de condutividade dérmica nessas condições. Em outras palavras, parece que nos doentes com lesão frontal nada de essencial fora afetado no mecanismo neural básico por meio do qual são produzidas as reações de condutividade dérmica.

Procuramos saber em seguida se os doentes com lesões no lóbulo frontal eram capazes de produzir respostas de condutividade dérmica a um estímulo que requeria uma avaliação de seu conteúdo emocional. Por que razão? Porque doentes como Elliot apresentavam uma limitação na experiência da emoção e porque sabíamos, de estudos anteriores em indivíduos normais, que, quando somos expostos a estímulos com um elevado conteúdo emocional, eles produzem infalivelmente fortes respostas de condutividade dérmica. Essas respostas são geradas quando vemos cenas de horror ou de dor física, ou fotografias dessas cenas, ou quando vemos imagens sexuais explícitas. Podemos conceber a resposta de condutividade dérmica como a parte sutil e imperceptível de um estado do corpo que, se se desenvolver completamente, nos dará a nítida sensação de excitação e estímulo — pele de galinha, em algumas pessoas. Mas é importante termos presente que as alterações de condutividade dérmica são apenas uma parte da modificação do estado do corpo e que a existência dessas alterações não garante que percebamos uma nítida alteração do estado do corpo. O que parece suceder, no entanto, é o seguinte: se não tivermos uma resposta de condutividade dérmica, nunca chegaremos a ter consciência do estado do corpo que é característico de uma determinada emoção.

Montamos a experiência de forma a podermos comparar doentes com lesões frontais tanto com indivíduos normais como com doentes com lesão não frontal, certificando-nos de que os indivíduos se encontravam nivelados por idade e educação. Eles deveriam assistir à projeção de uma sucessão de slides enquanto estavam confortavelmente sentados numa cadeira, ligados a um polígrafo, sem dizer nem fazer nada. Muitos dos slides eram perfeitamente banais, mostrando paisagens tranqüilas ou padrões abstratos. Contudo, de vez em quando, de forma aleatória, era passada uma imagem perturbadora. A experiência decorreu enquanto havia slides para serem vistos (várias centenas). Antes de a projeção se iniciar, os indivíduos foram informados de que deveriam estar atentos, dado que, mais tarde, durante um período de entrevistas, lhes seria pedido que nos dissessem o que haviam visto e sentido e mesmo a ordem relativa de determinadas imagens durante a experiência.

Os resultados foram inequívocos.[1] Os indivíduos sem lesão frontal — quer os normais, quer aqueles com lesões em outras partes do cérebro — produziram um grande número de respostas de condutividade dérmica às imagens perturbadoras, mas não às imagens tranqüilas. Em oposição, os doentes com lesão frontal não conseguiram produzir nenhuma resposta de condutividade dérmica. Seus registros eram planos (ver figura 22).

Antes de tirarmos conclusões precipitadas, decidimos repetir a experiência com diferentes imagens e pessoas e repetir também a experiência com as mesmas pessoas em outra ocasião. Nenhuma dessas manipulações alterou os resultados. Repetidamente, nas condições antes descritas, os doentes com lesões frontais não davam nenhuma resposta de condutividade dérmica às imagens perturbadoras, embora conseguissem depois discutir, pormenorizadamente, o conteúdo dos slides e até mesmo recordar-se da posição em que alguns deles tinham surgido na seqüência. Conseguiram descrever, em palavras, o medo, a repugnância ou a tristeza relacionados às imagens que viram, e conseguiram dizer-nos o momento em que uma determinada imagem surgira em relação a uma outra ou na seqüência global de slides. Não havia dúvida de que esses indivíduos tinham estado atentos à exibição dos slides, que tinham compreendido o conteúdo das imagens e que os conceitos nelas representados se encontravam disponíveis para eles em vários níveis — não só sabiam o que tinha sido exibido (por exemplo, um homicídio) como também que a maneira como o homicídio estava representado continha um elemento de horror, ou que se devia ter pena da vítima e lamentar que semelhante si-

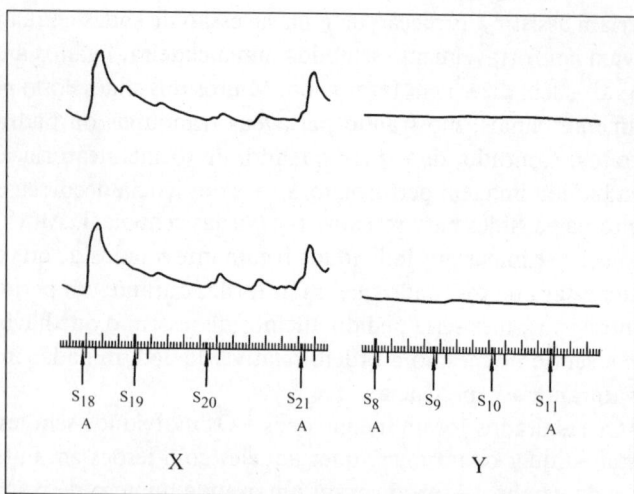

22. *O perfil das respostas de condutividade dérmica em controles normais sem lesão cerebral (X) e em doentes com lesões no lóbulo frontal (Y) ao assistirem a uma seqüência de imagens, algumas das quais com um forte conteúdo emocional (identificadas por A, para "alvo", debaixo do número do estímulo, ou seja, $S_{18}A$) e outras sem esse forte conteúdo emocional. Os controles normais produziram respostas de grande amplitude após a visão das imagens "emocionais", mas não após as neutras. Os doentes frontais não reagiram a qualquer delas.*

tuação pudesse ter acontecido. Em outras palavras, um dado estímulo produzira, na mente dos indivíduos com lesão frontal que participaram na experiência, uma abundante evocação de conhecimentos pertinentes à situação exibida no slide. No entanto, ao contrário do que se passou com os indivíduos de controle, os doentes com lesão frontal não apresentaram uma resposta de condutividade dérmica. A análise estatística das diferenças de resposta revelou-se extremamente significativa.

Durante uma das primeiras entrevistas, um dos doentes, de forma espontânea, confirmou-nos que faltava algo mais do que a resposta de condutividade dérmica. Salientou que, depois de ver todas as imagens, apesar de ter a noção de que seu conteúdo era perturbador, não se sentia de todo perturbado. Consideremos a importância dessa revelação. Eis aqui um ser humano ciente não só do sentido manifesto das imagens e do seu significado emocional implícito, mas ciente também de que não "sentia" como costumava sentir em relação ao significado implícito. O doente estava dizendo-nos, muito simplesmente, que sua carne já não reagia a esses temas como reagira em ocasiões anteriores. Que, de certa forma, *saber não significa necessariamente sentir*, mesmo quando percebemos que algo que sabemos deveria fazer-nos sentir de uma determinada maneira mas não o faz.

A ausência sistemática de respostas de condutividade dérmica, juntamente com o testemunho de doentes com lesões frontais sobre a ausência de sentimento, convenceu-nos, mais do que qualquer outro resultado, de que valia a pena continuar a estudar a hipótese do marcador-somático. Com efeito, o que parecia verificar-se era que o conhecimento daqueles doentes se encontrava disponível em toda a sua extensão, exceto pelo conhecimento dispositivo que relaciona um determinado fato com o mecanismo de pôr novamente em ação uma resposta emocional. Na ausência dessa ligação automática, os doentes eram capazes de evocar o conhecimento factual, mas não de produzir um estado somático ou, pelo menos, um estado somático de que tivessem consciência. Tinham acesso a um extenso repertório factual, mas não conseguiam experienciar uma sensação, isto é, o "conhecimento" de como seus corpos deveriam se comportar em relação ao conhecimento factual evocado. E, como esses indivíduos tinham sido anteriormente normais, conseguiam perceber que seu estado mental já não era o mesmo, de que algo lhes faltava.

No seu todo, as experiências sobre a resposta de condutividade dérmica proporcionaram uma contrapartida fisiológica mensurável, quer da redução na ressonância emocional que havíamos observado nesses doentes, quer da redução dos sentimentos que eles experienciavam.

ASSUNÇÃO DE RISCOS: AS EXPERIÊNCIAS DO JOGO

Uma outra abordagem que adotamos para testar a hipótese do marcador-somático recorreu a uma tarefa concebida pelo meu aluno de pós-doutoramento Antoine Bechara. Sentindo-se frustrado, como todos os investigadores, com a natureza artificial da maioria das tarefas neuropsicológicas experimentais, Antoine queria desenvolver um meio para avaliar os resultados da tomada de decisões que fosse o mais parecido possível com uma situação da vida real. O ardiloso conjunto de tarefas que ele concebeu, e que posteriormente aperfeiçoou em colaboração com Hanna Damásio e Steven Anderson, ficou conhecido no nosso laboratório, como era de se prever, como "experiências do jogo".[2] De um modo geral, o teatro das experiências é festivo, não se assemelhando em nada às fastidiosas manipulações da maioria das outras situações experimentais. Tanto as pessoas normais como os doentes gostam da situação, e a natureza da experiência dá margem a episódios curiosos. Recordo-me de um distinto visitante de olhos esbugalhados e boquiaberto que entrou no meu gabinete depois de ter percorrido o laboratório onde estava ocorrendo a experiência. "Tem gente jogando aqui!", informou-me num sussurro.

Na experiência básica, o indivíduo, designado por "jogador", senta-se diante de quatro baralhos de cartas etiquetados com as letras A, B, C e D. O jogador recebe um empréstimo de 2 mil dólares (um bom fac-símile de dinheiro) e é informado de que o objetivo do jogo é perder o menos possível daquele dinheiro e tentar ganhar o máximo possível. O jogo consiste em virar cartas, uma de cada vez, de qualquer um dos baralhos, até que o pesquisador diga para parar. O jogador não sabe o número total de cartas viradas necessário para terminar o jogo. É também informado de que toda e qualquer carta que tirar terá como resultado o ganho de uma dada importância e que, de vez em quando, ao virar determinadas cartas, receberá dinheiro mas terá também de pagar uma certa quantia ao investigador que conduz a experiência. A quantia a ganhar ou a pagar com uma determinada carta só é revelada depois de a carta ser virada. Não é fornecida nenhuma outra instrução. Tampouco é revelado o valor do que já foi ganho ou perdido; também não é permitido ao indivíduo tomar qualquer apontamento.

O que o jogador poderá vir a descobrir é o seguinte: cada carta virada do baralho A ou B paga a quantia de cem dólares, enquanto as do baralho C e D só pagam cinqüenta dólares. O jogador pode virar as cartas de qualquer dos baralhos na ordem que preferir. Certas cartas dos baralhos A e B (os que pagam cem dólares) requerem que o jogador efetue um pagamento elevado, atingindo, por vezes, 1250 dólares. De igual modo, certas cartas nos baralhos C e D (os de cinqüenta dólares) impõem também um pagamento, mas as quantias são muito menores, em média inferiores a cem dólares. Essas regras nunca são reveladas nem alteradas. O jogador não sabe que o jogo terminará ao fim de cem jogadas. Não pode prever, de início, o que irá acontecer, nem pode manter em mente o valor de ganhos e perdas enquanto ocorre o jogo. Tal como na vida, em que uma grande parte do conhecimento com que construímos nosso futuro vai se tornando acessível pouco a pouco, à medida que a experiência decorre, reina a incerteza. Nosso conhecimento — e o do jogador — é moldado tanto pelo mundo com que interagimos, como por predisposições do nosso próprio organismo, por exemplo nossa preferência natural por ganhos em vez de perdas, por recompensa em vez de castigo, por um risco baixo em vez de um risco alto.

É interessante ver o que as pessoas normais fazem na experiência. Começam por virar cartas dos quatro baralhos em busca de padrões e pistas. Depois, talvez atraídas pela experiência da recompensa elevada ao virar cartas dos baralhos A e B, começam a revelar uma preferência por aqueles baralhos. No entanto, gradualmente, dentro das trinta primeiras jogadas, mudam a preferência para os baralhos C e D. Em geral, mantêm essa estratégia até o fim, embora alguns possam voltar esporadicamente a escolher os baralhos A e B, para logo retomar o rumo de ação que parece mais prudente.

Não há maneira de os jogadores fazerem um cálculo preciso dos ganhos e das perdas. Em vez disso, pouco a pouco, vão-se apercebendo de que alguns baralhos — o A e o B — são mais "perigosos" do que os outros. Poder-se-ia dizer que intuem que as penalizações menores nos baralhos C e D lhes permitem maiores vantagens a longo prazo, apesar do menor ganho inicial. Suspeito que existe, antes do palpite consciente, um processo não consciente que gradualmente vai formulando uma "previsão" do resultado das jogadas e vai "empurrando" o jogador, de início discretamente, mas depois de forma cada vez mais acentuada, para os bons baralhos, dizendo-lhe sem dizer que o castigo ou a recompensa está prestes a vir *se* uma determinada jogada for, de fato, efetuada. Em suma, duvido de que se trate de um processo plenamente consciente ou plenamente não consciente. São necessários os dois tipos de processamento para o funcionamento de um cérebro que toma decisões equilibradas.

O comportamento dos doentes com lesões frontais nessa experiência foi revelador. Sua atitude no jogo de cartas foi semelhante àquilo que, com freqüência, tinham feito na vida real depois de sofrerem a lesão cerebral diferente do que teriam feito antes da lesão. Seu comportamento revelou-se diametralmente oposto ao dos indivíduos normais.

Após uma amostragem geral preliminar, os doentes com lesões frontais viravam sistematicamente mais cartas dos baralhos A e B e cada vez menos cartas dos baralhos C e D. Não obstante a maior quantidade de dinheiro que recebiam depois de virar cartas A e B, as multas que tinham de pagar constantemente eram tão elevadas que entravam em falência no meio do jogo e necessitavam contrair mais empréstimos junto ao investigador que conduzia a experiência. No caso de Elliot, esse comportamento é particularmente notável porque, por um lado, ele continua a descrever-se como uma pessoa conservadora e que faz apostas de baixo risco e, por outro lado, até mesmo os indivíduos normais que reconhecem ser jogadores de alto risco agiram de modo bastante mais prudente. Além disso, no final do jogo, Elliot sabia quais baralhos eram maus e quais eram bons. Repetida a experiência alguns meses depois, com cartas e etiquetas diferentes nos baralhos, Elliot cometeu o mesmo tipo de erros, comportando-se no jogo tal como na vida real.

Esse é o primeiro teste laboratorial em que se utilizou uma réplica das escolhas que Phineas Gage teve de fazer na vida real. Pacientes com lesões no lobo frontal cujo comportamento e lesões são comparáveis aos de Elliot tiveram um desempenho semelhante ao dele nessa tarefa.

Por que razão essa experiência teve sucesso onde as outras falharam? Provavelmente porque constitui uma imitação aproximada da vida real. Ela é efetuada em tempo real e assemelha-se a jogos de cartas reais. Leva em consideração o castigo e a recompensa e inclui de forma central valores monetários. Faz o indivíduo enveredar por uma procura de vantagens, coloca riscos e oferece escolhas, mas não diz como, quando ou o que escolher. Está cheia de incertezas, e a única forma de minimizar essas incertezas consiste em criar palpites, estimativas de probabilidade, mediante todos os meios viáveis, visto não ser possível um cálculo preciso.

Os mecanismos neurofisiológicos subjacentes a esse comportamento são fascinantes, em particular nos doentes com lesões frontais. É bastante claro que Elliot estava empenhado na sua tarefa, atento, cooperativo e interessado no resultado. De fato, ele queria *ganhar*. O que o levou então a fazer escolhas tão desastrosas? Tal como em relação aos outros comportamentos, não podemos invocar nem a falta de conhecimentos nem de compreensão da situação. À medida que o jogo progredia, as premissas encontravam-se constantemente disponíveis. Quando perdia mil dólares, tinha de se aperceber desse fato, visto que pagava a multa ao observador. Mesmo assim, continuava a escolher os baralhos que lhe davam cem dólares, o que lhe trazia mais perdas cada vez que era penalizado. Não podemos sequer sugerir que uma continuação do jogo impusesse uma sobrecarga adicional da memória, porque os constantes resultados negativos ou positivos eram bem explícitos. À medida que iam acumulando as perdas, Elliot e os outros doentes com lesões frontais tiveram de fazer empréstimos, prova manifesta do rumo negativo do seu jogo. E, no entanto, insistiam em fazer as escolhas menos vantajosas durante muito mais tempo do que qualquer outro grupo de indivíduos até então observados nessa tarefa, incluindo diversos doentes com lesões cerebrais fora dos lobos frontais.

Os doentes com grandes lesões em outras zonas do cérebro jogam como os controles normais desde que consigam ver e compreender as instruções. Isso sucede até com aqueles que têm limitações na linguagem. Uma doente com um grave defeito de expressão, provocado por disfunção no córtex temporal esquerdo, passou todo o jogo queixando-se, na sua linguagem afásica e entrecortada, de não conseguir entender tudo o que estava acontecendo. No entanto, seu perfil de desempenho foi irrepreensível. Escolheu, sem hesitar, aquilo que sua racionalidade perfeitamente intata a levou a escolher.

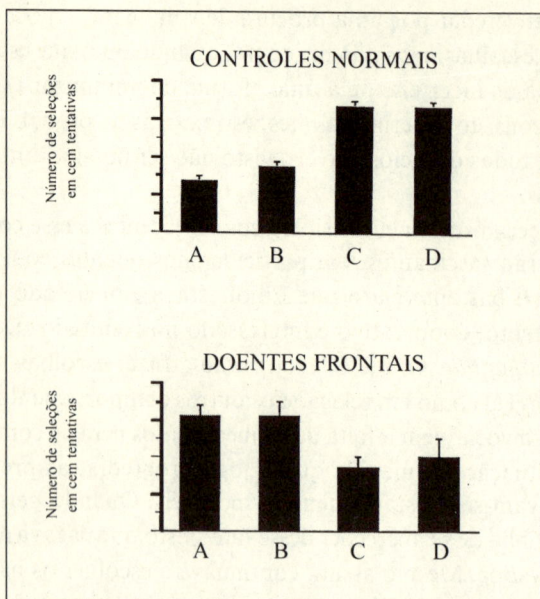

23. *Um gráfico de barras com os resultados da tarefa do jogo relativos a cada baralho. Os controles normais preferem, de maneira geral, os baralhos C e D, enquanto os doentes frontais fazem o oposto. As diferenças são significativas.*

O que poderia estar acontecendo nos cérebros dos doentes com lesões frontais? Apresento em seguida uma lista de possíveis mecanismos alternativos:

1) Ao contrário do que sucede com os indivíduos normais, eles deixaram de ser sensíveis ao castigo e são controlados apenas pela recompensa.

2) Tornaram-se tão sensíveis à recompensa que sua mera presença os leva a desprezar o castigo.

3) Continuaram sensíveis ao castigo e à recompensa, mas nenhum dos dois contribui para o desenvolvimento de previsões automáticas ou deliberadas acerca dos resultados futuros e, em resultado, as opções de recompensa imediata são preferidas.

Ao tentar selecionar entre essas possibilidades, Antoine Bechara desenvolveu uma outra experiência que consistia na inversão dos esquemas de recompensa e castigo. Agora, o castigo figurava em primeiro lugar, sob a forma de pagamentos por parte do jogador cada vez que era virada uma carta, enquanto a recompensa surgia esporadicamente, em algumas poucas cartas. Tal como sucedeu no caso do primeiro jogo, dois baralhos conduziam a ganhos e dois conduziam a perdas. Nessa sua nova tarefa, Elliot agiu de forma parecida com a dos indivíduos normais, e o mesmo sucedeu com os outros doentes frontais. Em outras palavras, não podia estar correta a idéia de que Elliot e outros doentes com lesões frontais eram insensíveis ao castigo.

Foram aduzidos outros dados contra a hipótese da insensibilidade ao castigo a partir de uma análise qualitativa do desempenho dos doentes no primeiro jogo. Os perfis mostravam que, imediatamente após efetuar um pagamento penalizador, os doentes evitavam o baralho de onde viera a carta má, tal como o faziam os indivíduos normais, mas depois, ao contrário dos normais, voltavam ao baralho mau. Esse aspecto sugere que os doentes ainda eram sensíveis ao castigo, embora os efeitos dessa sensibilidade não durassem muito tempo.

MIOPIA PARA O FUTURO

Para um observador externo, os mecanismos esboçados na terceira hipótese fariam os doentes parecerem muito mais preocupados com o presente que com o futuro. Privados das previsões, eles são em grande parte controlados pelas perspectivas imediatas e revelam-se, na verdade, insensíveis ao futuro. Isso sugere que os doentes com lesões frontais sofrem de um exagero profundo da tendência básica e normal de investirmos no presente em vez de confiar no futuro. Mas, ao passo que em indivíduos normais e socialmente adaptados essa tendência se encontra sob controle, em especial nas situações que se revestem de importância pessoal, a amplitude da tendência torna-se tão grande nos doentes frontais que eles sucumbem facilmente. Poderíamos descrever essa situação como uma "miopia para o futuro", um conceito que foi proposto para explicar o comportamento de indivíduos sob a influência do álcool e outras drogas. A embriaguez reduz a nossa visão do futuro a ponto de só o presente ser processado com clareza.[3]

Poderíamos concluir que o resultado das lesões desses doentes é o abandono daquilo que seus cérebros adquiriram por meio da educação e da socialização. Um dos traços mais distintivos dos seres humanos é sua capacidade de aprender a nortear-se não pelos resultados imediatos mas pelas perspectivas futuras, algo que começamos a adquirir na infância. Nos doentes frontais, as lesões cerebrais comprometem não só o repositório de conhecimentos pertinentes para essa orientação, que se foi acumulando até então, mas também a capacidade de adquirir novos conhecimentos do mesmo tipo. O único aspecto compensatório dessa tragédia, como sucede com freqüência nos casos de lesões cerebrais, reside na janela que abre para a ciência.

Sabemos onde se situam as lesões causadoras do problema. Sabemos algo sobre os sistemas neurais contidos nas áreas afetadas por essas lesões. Mas como é que sua destruição reduz o impacto das conseqüências futuras na tomada de decisões? Quando analisamos o processo nos seus componentes, deparamos com diversas possibilidades.

É concebível que as imagens que constituem um cenário futuro sejam fracas e instáveis. Elas seriam ativadas mas não seriam conservadas o tempo suficiente para desempenhar um papel no raciocínio. Em termos neuropsicológicos, isso é equivalente a dizer que a memória de trabalho e/ou a atenção não funcionam bem no que diz respeito às imagens sobre o futuro. Essa justificação aplica-se quer as imagens sejam relativas aos estados do corpo quer aos fatos exteriores ao corpo.

Uma outra abordagem faz uso da idéia dos marcadores-somáticos. Mesmo que as imagens de conseqüências futuras sejam estáveis, as lesões nos córtices ventromediais pré-frontais impossibilitariam a evocação de informações pertinentes sobre o estado somático (por meio quer do circuito do corpo quer do circuito "como se") e, conseqüentemente, os cenários futuros relevantes deixariam de ser marcados. Sua importância não seria notada e seu impacto sobre o processo de decisão seria facilmente superado pela importância de perspectivas imediatas. O que se perderia dessa forma seria um mecanismo capaz de gerar previsões automáticas sobre a importância de um resultado futuro. Nos indivíduos normais que participaram da experiência do jogo antes mencionada, essa importância teria sido adquirida pela exposição repetida a diferentes níveis de castigo e recompensa em relação a um determinado baralho. Em outras palavras, o cérebro associaria um determinado grau de "negatividade" ou "positividade" a cada baralho, A, B, C e D. O processo básico não seria consciente e consistiria em ponderar a freqüência e a quantidade de estados negativos. A expressão neural desse meio oculto e não consciente de raciocinar seria o estado somático de predisposição. Parece não haver um processo como esse nos pacientes com dano frontal.

Minha perspectiva atual combina essas duas possibilidades. A ativação de estados somáticos pertinentes é o fator crítico. Mas suspeito também de que o mecanismo do estado somático atua como impulsionador para conservar e otimizar a memória de trabalho e a atenção no que se refere a cenários do futuro. Em resumo, você pode formular e usar "teorias" adequadas para sua mente e para a mente dos outros se não tem algo semelhante ao marcador-somático.

PREVER O FUTURO: CORRELATOS FISIOLÓGICOS

Hanna Damásio sugeriu uma continuação para as experiências do jogo a dinheiro. Sua idéia era verificar o desempenho de indivíduos normais e de doentes com lesão frontal em termos de respostas de condutividade dérmica durante o jogo. De que forma diferiram os doentes dos indivíduos normais?

Antoine Bechara e Daniel Tranel propuseram-se investigar essa questão estudando os doentes e os indivíduos normais durante o jogo enquanto estavam ligados ao polígrafo. Recolheram-se, desse modo, dois conjuntos de dados paralelos: as escolhas sucessivas que os indivíduos faziam à medida que prosseguiam no jogo e o perfil contínuo das respostas de condutividade dérmica criadas durante o processo.

A primeira série de resultados mostrou um perfil extraordinário. Tanto os controles normais como os doentes do lóbulo frontal geraram respostas de condução dérmica à medida que cada recompensa ou castigo iam tendo lugar, depois de virada a carta apropriada. Em outras palavras, poucos segundos após o recebimento da recompensa monetária ou o pagamento da multa, os indivíduos normais e os indivíduos com lesão frontal eram afetados de acordo com o acontecimento em questão, e se seguia uma resposta de condutividade dérmica. Isso é importante, pois demonstra, mais uma vez, que os doentes podem gerar respostas de condutividade dérmica em determinadas condições, mas não em outras. Por aqui se vê que reagem a estímulos que ocorrem no momento presente — uma luz, um som, uma perda, um ganho —, mas que não reagirão se o ativador for uma representação mental de algo relacionado com o estímulo, porém inacessível em termos de percepção direta. À primeira vista, poderíamos descrever essa situação recorrendo ao provérbio "longe da vista, longe do pensamento", com que Patricia Goldman-Rakic sugestivamente se refere à deficiência da memória de trabalho resultante da disfunção frontal dorso-lateral. Mas sabemos que, nesses doentes, "longe da vista" pode ser "ainda no pensamento", só que isso não tem nenhuma importância. Talvez uma descrição mais adequada para os nossos doentes seja "longe da vista e no pensamento, mas pouco importa".

Mas também começou a suceder algo de extremamente curioso com os indivíduos normais, após um certo número de cartas serem viradas. No período imediatamente anterior à seleção de uma carta de um baralho mau, isto é, enquanto os indivíduos estavam deliberando sobre a escolha daquilo que o experimentador sabia ser um mau baralho, era gerada uma resposta de condutividade dérmica cuja amplitude aumentava com a continuação do jogo. Em outras palavras, os cérebros dos indivíduos normais começavam gradualmente a prever um mau resultado e indicavam a relativa negatividade do baralho em questão antes de a carta ser virada.[4]

O fato de os indivíduos normais não exibirem essas respostas quando o jogo começava, o fato de as respostas serem adquiridas com a experiência, com o decorrer do tempo, e o fato de sua grandeza não parar de crescer à medida que se iam somando mais experiências positivas e negativas constituíam evidência forte de que os cérebros dos indivíduos normais estavam aprendendo algo de importante sobre a situação e tentavam assinalar, de forma antecipada, o que não seria bom para o futuro.

Se a presença dessas respostas nos indivíduos normais já era fascinante, aquilo que vimos nos registros de doentes com lesões frontais foi mais ainda: *os doentes não evidenciavam quaisquer respostas antecipatórias.* Não havia nenhum indício de que seus cérebros estivessem desenvolvendo uma previsão para um resultado futuro negativo.

Talvez mais do que qualquer outro resultado, esse demonstra tanto a situação difícil que vivem esses doentes como uma parte significativa de sua neuropatologia. Os sistemas neurais que lhes teriam permitido aprender o que deveriam evitar ou preferir funcionam mal e não conseguem desenvolver respostas adequadas a uma nova situação.

Desconhecemos ainda o modo como se desenvolve a previsão de um resultado futuro negativo na nossa experiência do jogo. Pode-se perguntar, por exemplo, se os indivíduos fazem uma estimativa cognitiva do caráter negativo de um certo baralho e se esse palpite leva a um estado somático que significa algo negativo e pode, por sua vez, começar a atuar como sinal de alarme. Nessa formulação, o raciocínio e a conseqüente estimativa cognitiva precedem o marcador-somático; mas esse continua a ser o componente crítico da implementação, porque sabemos que os doentes não jogam "normalmente", mesmo quando conhecem os baralhos bons e maus.

Mas existe uma outra possibilidade. Ela postula que uma estimativa oculta, não consciente, precede qualquer processo cognitivo. As redes pré-frontais "calculam" a proporção do mau *versus* bom em cada baralho, com base na freqüência dos estados somáticos positivos ou negativos que se verificam *após* o castigo ou a recompensa. Ajudado por essa seleção automática, o indivíduo seria "levado a pensar" na probabilidade do aspecto mau ou bom de cada baralho, isto é, seria "orientado" para uma teoria sobre o jogo. Os sistemas reguladores básicos do organismo preparariam o terreno para o processo consciente, cognitivo. Sem essa preparação, a percepção do que é positivo e do que é negativo nunca ocorreria, ou ocorreria tarde demais e seria pequena demais.

10
O CÉREBRO
DE UM CORPO COM MENTE

NENHUM CORPO, NENHUMA MENTE

"O corpo subiu-lhe à cabeça" é, entre os famosos epigramas de Dorothy Parker, um dos menos conhecidos.

Podemos ter a certeza de que o espírito sem freios de miss Parker nunca se ocupou com a neurobiologia, que não estava se referindo a William James e que nunca ouvira falar de George Lakoff ou de Mark Johnson, um lingüista e um filósofo que têm, com certeza, o corpo em suas mentes.[1] Mas seu chiste pode trazer algum alívio aos leitores que se impacientam com as minhas divagações sobre o cérebro de um corpo com mente. Nas páginas que se seguem, retomo a idéia de que o corpo proporciona uma referência fundamental para a mente.

Imagine que você está indo a pé para casa sozinho, por volta da meia-noite, numa cidade qualquer onde se pode ainda ir a pé para casa, e percebe de repente que alguém, logo atrás de você, o segue insistentemente. Usando uma descrição informal, o que sucede é o seguinte: seu cérebro detecta a ameaça; reúne algumas opções de resposta; escolhe uma; age com base nela; reduz ou elimina assim o risco. No entanto, como tivemos oportunidade de ver quando falamos de emoções, as coisas são bem mais complicadas. Os aspectos neurais e químicos da resposta do cérebro provocam uma alteração profunda na maneira como os tecidos e os sistemas de órgãos funcionam. A disponibilidade de energia e a taxa metabólica de todo o organismo são alteradas, assim como a prontidão de resposta do sistema imunizador; o perfil bioquímico geral do organismo flutua rapidamente; a musculatura esquelética que permite mover a cabeça, o tronco e os mem-

254

bros contrai-se; e os sinais sobre todas essas alterações são retransmitidos ao cérebro, alguns por vias químicas pela corrente sangüínea, de modo que o estado do corpo, que se modifica constantemente segundo após segundo, afetará o sistema nervoso central no nível neural e químico em vários locais. A conseqüência final de o cérebro detectar o perigo (ou qualquer situação emocional semelhante) traduz-se num afastamento marcado de sua atividade habitual, tanto em setores específicos do organismo (alterações "locais") como no organismo em geral (alterações "globais"). É importante notar que as alterações se registram no cérebro *e* no corpo.

Apesar de exemplos como esse de ciclos complexos de interação, cérebro e corpo continuam a ser concebidos como separados em termos de estrutura e de função. A idéia de que o organismo inteiro, e não apenas o corpo ou o cérebro, interage com o meio ambiente é menosprezada com freqüência, se é que se pode dizer que chega a ser considerada. No entanto, quando vemos, ouvimos, tocamos, saboreamos ou cheiramos, o corpo *e* o cérebro participam na interação com o meio ambiente.

Imagine a visão de uma paisagem predileta. Encontram-se envolvidos nessa visão muito mais do que a retina e os córtices visuais do cérebro. De certo modo, a córnea é passiva, mas tanto o cristalino como a íris não só deixam passar a luz, como também ajustam suas dimensões e forma em resposta à cena que presenciam. O globo ocular é posicionado por vários músculos de modo a detectar objetos de forma eficaz, e a cabeça e o pescoço deslocam-se para a posição adequada. A menos que esses e outros ajustamentos tenham lugar, não se consegue ver grande coisa. Todos esses ajustamentos dependem de sinais vindos do cérebro para o corpo e de sinais correspondentes do corpo para o cérebro.

A seguir, os sinais sobre a paisagem são processados dentro do cérebro. São ativadas estruturas subcorticais, como os colículos superiores; são também ativados os córtices sensoriais iniciais e as várias estações do córtex de associação, assim como o sistema límbico que se encontra interconectado com elas. Quando o conhecimento relativo à paisagem é ativado no interior do cérebro a partir de representações dispositivas em diversas áreas, o resto do corpo também participa no processo. Mais cedo ou mais tarde, as vísceras são levadas a reagir às imagens que você está vendo e àquelas que a memória está criando internamente, relativas ao que vê. Por fim, quando se formar a memória da paisagem agora observada, essa memória será um registro neural das muitas alterações do organismo que acabei de descrever, algumas das quais tiveram lugar no cérebro (a imagem construída para o mundo exterior, juntamente com as imagens constituídas a partir da memória), enquanto outras ocorreram no próprio corpo.

Ter percepção do meio ambiente não é, portanto, apenas uma questão de fazer com que o cérebro receba sinais diretos de um determinado estímulo, muito menos imagens fotográficas diretas. O organismo altera-se ativamente de modo a obter a melhor interface possível. O corpo não é passivo. Cabe notar também um outro aspecto talvez não menos importante: a razão pela qual têm lugar a maioria das interações com o meio ambiente deve-se ao fato de o organismo necessitar que elas ocorram a fim de manter a homeostase, ou seja, um estado de equilíbrio funcional. O organismo *atua* constantemente sobre o meio ambiente (no princípio foram as ações), de modo a poder propiciar as interações necessárias à sobrevivência. Mas, para evitar o perigo e procurar de forma eficiente alimento, sexo e abrigo, é necessário *sentir* o meio ambiente (cheirar, saborear, tocar, ouvir, ver) para que se possam formular respostas adequadas ao que foi sentido. A percepção é tanto atuar sobre o meio ambiente como dele receber sinais.

À primeira vista, a idéia de que a mente emerge do organismo como um todo pode parecer contra-intuitiva. Ultimamente, o conceito de mente tem passado do nenhures etéreo que ocupou no século XVII para sua morada atual no ou em redor do cérebro — um certo rebaixamento, mas, mesmo assim, um posto digno. Pode parecer exagero sugerir que a mente depende das interações cérebro-corpo em termos de biologia evolutiva, ontogenia (desenvolvimento individual) e funcionamento atual. Mas o leitor não deve desanimar. O que estou sugerindo é que a mente surge da atividade nos circuitos neurais, sem sombra de dúvida, mas muitos desses circuitos são configurados durante a evolução por requisitos funcionais do organismo. Só poderá haver uma mente normal se esses circuitos contiverem representações básicas do organismo e se continuarem a monitorar os estados do organismo em ação. Em suma, os circuitos neurais representam o organismo continuamente, à medida que é perturbado pelos estímulos do meio ambiente físico e sociocultural, e à medida que atua sobre esse meio. Se o tema básico dessas representações não fosse um organismo ancorado no corpo, é possível que tivéssemos alguma mente, mas duvido de que fosse a mente que agora temos.

Não estou afirmando que a mente se encontra no corpo. Mas que o corpo contribui para o cérebro com mais do que a manutenção da vida e com mais do que efeitos modulatórios. Contribui com um *conteúdo* essencial para o funcionamento da mente normal.

Retomemos o exemplo da caminhada noturna. Seu cérebro detectou uma ameaça, a saber, a pessoa que o segue, e deu início a diversas cadeias complicadas de respostas bioquímicas e neurais. Algumas das linhas desse roteiro interno estão escritas no próprio corpo e outras no cérebro. No entanto, você não distingue com clareza o que se passa no seu cérebro e o que se passa no seu corpo, mesmo que fosse perito em neurofisiologia e neuroendocrinologia. Você vai dar-se conta de que corre perigo, de que está alarmado e de que talvez deva estugar o passo, de que já está caminhando mais rápido e que — espera-se — está fora de perigo. O "você" desse episódio é feito de um só bloco: na verdade, é uma construção mental muito real, que designarei por eu (à falta de uma palavra mais adequada) e que se baseia nas atividades em curso em todo o seu organismo, ou seja, no corpo propriamente dito e no cérebro.

Apresento em seguida um esboço daquilo que considero ser necessário para a base neural do eu, mas devo dizer desde já que o eu é um estado biológico constantemente reconstituído; *não* é o infame homúnculo dentro do cérebro que contempla o que se passa. Menciono mais uma vez essa criatura para que se saiba que não vou utilizá-la. De nada serve invocar um homúnculo vendo ou pensando ou fazendo qualquer outra coisa no nosso cérebro, porque a questão que se colocará em seguida é se o cérebro desse homúnculo tem também uma pequena pessoa que vê e pensa por ele, e assim sucessivamente. Essa explicação levanta o problema do chamado retrocesso infinito* e, no fundo, não explica nada. Devo referir também que ter um eu, um eu único, é perfeitamente compatível com a noção de Dennett de que não possuímos um teatro cartesiano em algum lugar de nossos cérebros. Existe, isso sim, um eu para cada organismo, exceto naquelas situações em que a doença mental criou mais de um (como sucede nos casos de personalidade múltipla) ou diminuiu ou eliminou o eu normal (como em determinadas formas de anosognosia e em determinados tipos de epilepsia). Mas o eu, que confere subjetividade a nossa experiência, não é um inspetor central de tudo o que acontece nas nossas mentes.

Para que o estado biológico do eu se verifique, é necessário que diversos sistemas cerebrais, bem como os inúmeros sistemas do corpo, estejam funcionando plenamente. Se você cortasse *todos* os nervos que levam sinais do cérebro para o corpo, seu estado do corpo alterar-se-ia radicalmente e, como conseqüência, o mesmo sucederia com sua mente. Se desligasse *apenas* os sinais do corpo para o cérebro, sua mente também se alteraria. Mesmo o bloqueio parcial do circuito cérebro-corpo, como sucede em doentes com lesões na medula espinal, basta para ocasionar alterações no estado mental.[2]

Existe uma experiência filosófica imaginária conhecida por "cérebro no tanque" que consiste em imaginar um cérebro removido do corpo, mantido vivo numa solução de nutrientes e estimulado por meio de seus nervos pendentes exatamente do mesmo modo como seria estimulado caso estivesse dentro do crânio.[3] Há quem acredite que tal cérebro teria experiências mentais normais. Deixando de lado a suspensão da descrença necessária para se imaginar tal coisa (e para se imaginar todas as experiências *Gedanken*)**, julgo que esse cérebro não teria uma mente normal. A ausência de estímulos que *saem* para o corpo-como-campo-de-

---

(*) Trata-se na verdade de um retrocesso infinito *no espaço*. O verdadeiro problema reside na criação de um encadeamento infinito de bonecas russas umas dentro das outras, cada uma olhando para aquela que imediatamente a contém. (N. A.)

(**) Experiências *Gedanken* ou *thought experiments* são experiências imaginárias. (N. T.)

atuação, capazes de contribuir para a renovação e modificação dos estados do corpo, teria como resultado a suspensão do desencadeamento e modulação dos estados do corpo, os quais, quando representados de volta para o cérebro, constituem o que considero ser a pedra basilar do sentido de se estar vivo. Poder-se-ia argumentar que, se fosse possível imitar, no nível dos nervos pendentes, as configurações realistas de sinais recebidas como se proviessem do corpo, nesse caso o cérebro retirado do corpo teria uma mente normal. Isso seria interessante, e suspeito que o cérebro nessas condições poderia ter, de fato, *alguma* mente. Mas o que essa experiência mais elaborada teria criado seria um substituto do corpo, confirmando assim que, afinal, "os sinais vindos do corpo" são necessários para um cérebro com mente normal. E não seria nada provável conseguir fazer que os "sinais do corpo" correspondessem de modo realista à variedade de configurações que os estados do corpo normalmente assumem quando são ativados por um cérebro envolvido em processos de avaliação.

Em conclusão, as representações que nosso cérebro cria para descrever uma situação e os movimentos formulados como resposta a essa situação dependem de interações mútuas cérebro-corpo. O cérebro cria representações do corpo à medida que esse vai mudando sob influências de tipo químico e neural. Algumas dessas representações permanecem não conscientes, enquanto outras se tornam conscientes. Ao mesmo tempo, os sinais do cérebro continuam a fluir até o corpo, alguns de forma deliberada e outros de forma automática, a partir de zonas do cérebro cujas atividades nunca são representadas diretamente na consciência. Em resultado, o corpo volta a alterar-se e a imagem que dele se recebe altera-seem conformidade.

Enquanto os acontecimentos mentais são o resultado da atividade nos neurônios do cérebro, a história prévia e imprescindível que os neurônios do cérebro têm de contar é a do esquema e do funcionamento do corpo.

O primado do corpo como tema aplica-se à evolução: do simples ao complexo, durante milhões de anos, os cérebros surgem a partir dos organismos que os possuem. Em menor proporção, a idéia também se aplica ao desenvolvimento de cada um de nós como indivíduos, pelo que, no princípio, existiram primeiro representações do corpo e só mais tarde houve representações relacionadas com o mundo exterior. E, numa proporção menor mas não desprezível, a idéia também se aplica ao *agora* com que construímos a mente do momento presente.

Fazer a mente surgir não de um cérebro sem corpo mas de um organismo é compatível com uma série de suposições.

Em primeiro lugar, quando a evolução selecionou cérebros suficientemente complexos para criar não só respostas motoras (ações) mas também respostas mentais (imagens na mente), foi provavelmente porque essas respostas mentais aumentaram as chances de sobrevivência do organismo por um, ou por todos, dos seguintes meios: uma maior apreciação das circunstâncias externas (por exemplo, perceber mais pormenores de um objeto, situando-o com rigor no espaço); um refinamento das respostas motoras (atingir um alvo com maior precisão); e uma previsão das conseqüências futuras pela imaginação de cenários e pelo planejamento de ações conducentes à realização dos melhores cenários imaginados.

Em segundo lugar, como a sobrevivência *mentalizada* se destinava à sobrevivência de todo o organismo, as representações primordiais do cérebro "mentalizador" tinham de dizer respeito ao corpo, em termos da estrutura e dos estados funcionais dele, inclusive as ações externas e internas com as quais o organismo reage ao meio ambiente. Não teria sido possível regular e proteger o organismo sem representar sua anatomia e fisiologia, tanto nos pormenores básicos como nos *atuais*.

Desenvolver uma mente, o que realmente quer dizer desenvolver representações das quais se pode tomar consciência como imagens, conferiu aos organismos uma nova forma de se adaptar a circunstâncias do meio ambiente que não podiam ter sido previstas no genoma. A base para essa adaptabilidade terá provavelmente começado pela construção de imagens do corpo em funcionamento, a saber, imagens do corpo enquanto ia reagindo ao ambiente de forma externa (digamos, usando um membro) e interna (regulando o estado das vísceras).

Se o cérebro evoluiu, antes de mais nada, para garantir a sobrevivência do corpo, quando surgiram os cérebros "mentalizados", eles começaram por ocupar-se do corpo. E, para garantir a sobrevivência do corpo da forma mais eficaz possível, a natureza, a meu ver, encontrou uma solução altamente eficiente: *representar o mundo exterior em termos das modificações que produz no corpo propriamente dito*, ou seja, representar o meio ambiente por meio da modificação das representações primordiais do corpo sempre que tiver lugar uma interação entre o organismo e o meio ambiente.

O que é e onde está essa representação primordial? Na minha perspectiva, ela abrange: 1) a representação dos estados de regulação bioquímica em estruturas do tronco cerebral e do hipotálamo; 2) a representação das vísceras, o que inclui não só os órgãos da cabeça, tronco e abdômen, mas também a massa muscular e a pele, que funciona como um órgão e constitui a delimitação do organismo, a supermembrana que nos delimita como uma unidade; e 3) a representação da estrutura músculo-esquelética e seu movimento potencial. Essas representações, que, conforme indiquei antes nos capítulos 4 e 7, se encontram distribuídas por diversas regiões cerebrais, devem ser coordenadas por conexões neuronais. Suspeito que a representação da pele desempenha um papel importante para assegurar essa coordenação.

A primeira idéia que ocorre quando pensamos na pele é a de uma extensa camada sensorial, voltada para o exterior, pronta a ajudar-nos a construir a forma, a superfície, a textura e a temperatura de objetos externos pelo sentido do tato. Mas a pele é muito mais do que isso. Em primeiro lugar, é uma peça-chave na regulação homeostática: é controlada por sinais neurais autônomos do cérebro e por informações químicas de diversas proveniências. Quando coramos ou empalidecemos, o rubor ou a lividez têm lugar na pele "visceral" e não propriamente na pele que conhecemos como sensor do tato. Em sua função visceral — a pele é na verdade a maior víscera de todo o corpo —, a pele ajuda a regular a temperatura do corpo, ao estabelecer o calibre dos vasos sangüíneos que abriga na sua espessura, e ajuda a regular o metabolismo, ao mediar as alterações dos íons (como por exemplo quando transpiramos). A razão por que as pessoas morrem de queimaduras não tem a ver com a perda de uma parte da sensação do tato. Morrem porque a pele é uma víscera indispensável.

A meu ver, o complexo somatossensorial do cérebro, em especial o do hemisfério direito nos seres humanos, representa nossa estrutura orgânica tendo por referência um esquema corporal onde existem partes intermediárias (tronco, cabeça), partes apendiculares (membros) e uma delimitação do corpo. A representação da pele poderia ser o meio natural de estabelecer a fronteira do corpo porque está voltada tanto para o interior do organismo como para o meio ambiente com que o organismo interage.

Esse mapa dinâmico de todo o organismo ancorado no esquema e na delimitação do corpo não é concretizado apenas numa área do cérebro, mas em várias, por meio de padrões de atividade neural temporalmente coordenados. As representações das operações do corpo, cartografadas de forma indistinta no nível do tronco encefálico e hipotálamo (onde a organização topográfica da atividade neural é mínima), estariam conectadas com regiões cerebrais onde se registra uma organização topográfica crescente dos sinais disponíveis — os córtices insulares e os somatossensoriais conhecidos por S_1, e S_2.[4] A representação sensorial de todas as partes potencialmente móveis estaria ligada a diversos locais e níveis do sistema motor cuja atividade pode causar, por sua vez, contrações musculares. Em outras palavras, o conjunto dinâmico de mapas que tenho em mente é verdadeiramente "somatomotor".

Que as estruturas antes apresentadas em esboço existem não há dúvidas. Não posso garantir, contudo, que funcionem da maneira que descrevi ou que desempenhem a função que julgo desempenharem. Mas minha hipótese pode ser investigada. Entretanto, deve-se levar em consideração que, se não dispuséssemos de algo parecido com esse mecanismo, nunca seríamos capazes de indicar a localização aproximada da dor ou do mal-estar numa parte qualquer do nosso corpo, por mais imprecisa que essa localização possa ser; não conseguiríamos detectar o peso nas pernas depois de longas horas passadas de pé ou as náuseas e o cansaço que aparecem após uma longa viagem de avião e que "localizamos" em praticamente todo o corpo.

Admitamos que minha hipótese é sustentável e discutamos algumas de suas implicações. A primeira é a de que a maior parte das interações com o meio ambiente ocorre *num local* dentro do limite do corpo, quer seja o tato ou qualquer outro sentido que intervenha, visto os órgãos dos sentidos se encontrarem implantados num determinado local no vasto mapa geográfico dessa

fronteira. Pode bem acontecer que os sinais relativos às interações de um organismo com o meio ambiente externo sejam processados por referência a esse mapa geral do limite do corpo. Um
sentido específico, como por exemplo a visão, é processado num
lugar específico do limite do corpo, aqui, os olhos.

Por conseguinte, os sinais do exterior são *duplos*. Algo que
se vê ou ouve excita o sentido da visão ou da audição como um
sinal "não corporal", mas excita também um sinal "corporal"
que provém da zona da "pele" onde o sinal específico entrou.
Na medida em que os diferentes sentidos se encontram envolvidos, dois conjuntos de sinais são produzidos por eles. O primeiro conjunto provém do corpo, com origem no local específico
do órgão sensorial específico em causa (os olhos na visão, os ouvidos na audição), e é transmitido ao complexo somatossensorial e motor que representa, de forma dinâmica, todo o corpo
como um mapa funcional. O segundo provém do próprio órgão
específico e é representado nas unidades sensoriais adequadas à
modalidade sensorial. (No caso da visão, encontram-se envolvidos os córtices visuais iniciais e os colículos superiores.)

Essa configuração teria uma conseqüência prática. Quando
você vê, não se limita apenas a ver: *sente que está vendo algo com
os seus olhos*. Seu cérebro processa os sinais acerca da atividade
do organismo num local específico do mapa de referência do corpo
(tal como os olhos e os músculos que os controlam) e acerca dos
pormenores visuais daquilo que está estimulando suas retinas.

Suspeito que o conhecimento que os organismos adquiriram
a partir do toque em um objeto, da visão de uma paisagem, da
audição de uma voz ou da deslocação no espaço segundo uma
determinada trajetória foi sempre representado em relação ao corpo em ação. No princípio, não houve tato, visão ou movimento
propriamente ditos, mas *uma sensação do corpo* ao tocar, ao ver,
ao ouvir ou ao mover-se.

Em grande medida, essa configuração ter-se-á mantido. É
apropriado descrever a nossa percepção visual como uma "sensação do corpo ao vermos", e, sem dúvida, "sentimos" que estamos vendo com nossos olhos e não com nossa testa. (Também
sabemos que vemos com os olhos porque, se os fecharmos, lá se
vão as imagens visuais. Mas essa inferência não equivale à sensação natural de ver com os olhos.) É verdade que a atenção desti-

nada ao processamento visual tende a fazer-nos, em parte, ignorar o corpo. No entanto, se se instalam a dor, o mal-estar ou a emoção, a atenção converge de imediato para as representações do corpo e a sensação nele sai do fundo de cena para o primeiro plano.

Com efeito, estamos muito mais conscientes do estado geral do corpo do que habitualmente admitimos, mas é notório que, com a evolução da visão, da audição e do tato, a atenção habitualmente reservada à percepção do exterior aumentou também; desse modo, a percepção do corpo propriamente dito ficou exatamente onde melhor desempenhava, e desempenha, a sua função: *no plano do fundo*. Essa idéia é consistente com o fato de que, em organismos simples, além do antepassado de um sentido do corpo, o qual provém do limite corporal do organismo, ou "pele", há também antepassados dos sentidos específicos (visão, audição, tato), a avaliar pela maneira como *todo* o limite corporal pode reagir à luz, à vibração e aos contatos mecânicos, respectivamente. Até mesmo num organismo não dotado de sistema visual é possível encontrar-se um antepassado da visão sob a forma de fotossensibilidade corporal integral: o que é intrigante é que, quando a fotossensibilidade é dominada por uma parte especializada do corpo (os olhos), essa mesma parte tem um *lugar* específico no esquema geral do corpo. (A idéia de que os olhos se desenvolveram a partir de zonas sensíveis à luz pertence a Darwin. Nicholas Humphrey usou uma idéia similar.)[5]

Na maior parte dos casos de funcionamento perceptivo regular, os sistemas somatossensorial e motor encontram-se envolvidos, a par do sistema sensorial adequado aos objetos que são percebidos. Isso é o que sucede mesmo quando o sistema sensorial em questão é o componente exteroceptivo — ou seja, voltado para o exterior — do sistema somatossensorial. Quando você toca um objeto, ocorrem então dois conjuntos de sinais locais a partir de sua pele. Um diz respeito à forma e à textura do objeto; o outro, às zonas do corpo que são ativadas pelo contato com o objeto e pelo movimento do braço ou da mão. Acrescente a tudo isso que, dado o objeto poder criar uma resposta corporal subseqüente, relativa ao seu valor emocional, o sistema somatossensorial é novamente ativado pouco depois dessa resposta. A quase inevitabilidade do processamento corporal, independente do que estejamos fazendo ou pensando, é evidente. É muito provável que a mente não seja concebível sem algum tipo de incorporação, uma noção que tem lugar de destaque nas propostas teóricas de George Lakoff, Mark Johnson, Eleanor Rosch, Francisco Varela e Gerald Edelman, e, evidentemente, nas nossas próprias.[6]

Tenho discutido essa idéia com diferentes públicos e, se minha experiência serve de indicador, a maior parte dos leitores não se sentirá desconfortável com ela, embora alguns talvez a achem exagerada ou mesmo errada. Tenho ouvido os céticos com atenção e descobri que a principal objeção provém daquilo que se lhes afigura como uma falta de experiência atual e predominante do corpo no decurso do seu próprio pensamento. No entanto, não vejo nisso problema algum, dado que não estou sugerindo que as representações do corpo dominam a paisagem de nossa mente (com exceção dos momentos de agitação emocional). No que se refere ao momento atual, defendo que as imagens do estado do corpo se encontram em plano de fundo, normalmente em repouso, mas prontas a entrar em ação. Além disso, a parte principal da minha idéia é relativa não ao momento atual mas à *história do desenvolvimento* dos processos cérebro/mente. Julgo que as imagens do corpo foram indispensáveis, como blocos de construção e andaimes, para o que existe agora. Não há dúvida, contudo, de que o que existe hoje é dominado por imagens não corporais.

Uma outra fonte de ceticismo vem da noção de que o corpo teve efetivamente relevância na evolução do cérebro, mas que está "simbolizado" de forma tão profunda na estrutura do cérebro que já não necessita fazer parte do "circuito". Essa, sim, é uma perspectiva exagerada. Concordo que o corpo está bem "simbolizado" na estrutura cerebral e que esses "símbolos" podem ser usados "como se" fossem sinais corporais reais. Mas prefiro pensar que o corpo se mantém "no circuito" por todos os motivos já apontados. Devemos aguardar mais provas para avaliarmos os méritos da idéia aqui proposta. Enquanto isso, peço aos céticos para terem paciência.

O CORPO COMO REFERÊNCIA DE BASE

As representações primordiais do corpo em ação constituiriam um enquadramento espacial e temporal, uma métrica, que poderia servir de base a todas as outras representações. A representação daquilo que construímos como um espaço com três dimensões poderia ser engendrada no cérebro com base na anatomia do corpo e nos padrões de movimento no meio ambiente.

Se, por um lado, existe uma realidade externa, por outro, o que dela sabemos chegar-nos-ia pela intervenção do próprio corpo em ação por meio das representações de suas perturbações. Nunca saberemos quão fiel é o nosso conhecimento em relação à realidade "absoluta". O que precisamos ter, e creio que temos, é uma notável consistência em termos das construções da realidade que os cérebros de cada um de nós efetuam e partilham.

Pense por um momento na nossa relação com o conceito de gato: precisamos construir uma imagem da maneira como nossos organismos tendem a ser alterados por uma categoria de entidades que viremos a designar por gatos, e precisamos fazê-lo de forma consistente, tanto individualmente como nas sociedades humanas em que vivemos. Essas representações sistemáticas e consistentes de gatos são reais em si mesmas. Nossas mentes são reais, nossas imagens dos gatos são reais, nossos sentimentos em relação aos gatos são reais. Sucede que essa realidade mental, neural e biológica é a *nossa* realidade. As rãs e as aves que olham para os gatos vêem-nos de maneira diferente, para não falar do modo como os próprios gatos se vêem a si mesmos e a nós.

Julgo que as representações primordiais do corpo em ação desempenham um papel importante na consciência. Proporcionariam o núcleo da representação neural do eu e, desse modo, uma referência natural para o que acontece no organismo, dentro ou fora de seus limites. A referência de base do corpo eliminaria a necessidade de atribuir a um homúnculo a produção da subjetividade. Em vez disso, haveria estados sucessivos do organismo, cada um neuralmente representado de novo, em múltiplos mapas concertados, momento a momento, e cada um ancorando o eu que existe a cada momento.

Tenho um enorme interesse pelo tema da consciência, e estou convencido de que a neurobiologia pode começar a abordar o assunto. Alguns filósofos (entre eles John Searle, Patricia Churchland e Paul Churchland) instigaram os neurobiólogos a estudar a consciência, e tanto filósofos como neurobiólogos (Francis Crick, Daniel Dennett, Gerald Edelman, Rodolfo Llinás, entre outros) deram início a uma teorização acerca do assunto.[7] Como este livro não é sobre a consciência, limitarei meus comentários a um aspecto que é relevante para a discussão das imagens, das sensações e dos marcadores-somáticos. Esse aspecto diz respeito à base neural do eu, cuja compreensão poderá ajudar a esclarecer o processo da subjetividade, a característica-chave da consciência.

Em primeiro lugar, preciso esclarecer o que entendo pelo eu, e para tal vou apresentar um dado que tenho observado sistematicamente em muitos doentes afetados por doenças neurológicas. Quando um doente desenvolve uma incapacidade de reconhecer rostos familiares, ver cores ou ler, ou quando os doentes deixam de reconhecer melodias, ou falar, a descrição que fazem do fenômeno, com raras exceções, é a de que lhes está acontecendo algo de novo e invulgar, que podem observar, tentar resolver e, em muitos casos, descrever de forma esclarecedora e concreta. Curiosamente, a teoria da mente implícita nessas descrições leva a crer que eles "localizam" o problema em relação a uma parte de suas pessoas, a qual estão observando do ponto de vista do seu eu. O quadro de referência não difere daquele que usariam caso se referissem a um problema nos joelhos ou nos cotovelos. Há algumas exceções, mas são raras. Alguns doentes com afasia grave podem não se aperceber de sua deficiência e não apresentar uma descrição clara do que se passa na sua mente. Mas, regra geral, lembram-se muito bem de tudo até o momento exato em que a deficiência começou se a manifestar (essas condições começam freqüentemente de uma forma aguda). Tenho ouvido muitas vezes doentes descreverem sua experiência do terrível momento em que uma lesão cerebral teve início e em que se estabeleceu uma limitação em termos cognitivos ou motores: "Meu Deus, o que está acontecendo comigo?" é uma frase comum. Nenhum desses complicados sintomas é referido a uma entidade vaga ou à pessoa que mora ao lado. Eles acontecem ao eu.

Deixe-me contar agora o que sucede aos doentes com a forma de anosognosia completa discutida anteriormente. Nem na minha experiência nem em qualquer descrição que tenha lido, eles apresentam uma descrição comparável às dos doentes descritos no parágrafo anterior. Nenhum diz: "Meu Deus, como é estranho que tenha deixado de sentir o meu corpo e que tudo o que me resta seja a minha mente". Nenhum deles consegue dizer *quando* começaram os problemas, porque não sabem, a menos que lhes tenha sido dito. Ao contrário dos doentes a que me referi acima, os anosognósicos não referenciam o problema ao eu.

Ainda mais curiosa é a observação de que os doentes com uma redução parcial do sentido do corpo conseguem referenciar o problema ao eu. Isso sucede naqueles com anosognosia transitória ou com o que é conhecido por asomatognosia. Um caso exemplar foi o de uma mulher com perda temporária da sensação de todo o seu enquadramento e delimitação corporal (tanto do lado esquerdo como do direito), mas que estava plenamente consciente de suas funções viscerais (respiração, batimentos cardíacos, digestão) e conseguia caraterizar a situação como uma perda inquietante de parte do corpo mas não do seu "ser". Ela ainda tinha um eu — na verdade, um eu bastante alarmado — a cada vez que se registrava um novo episódio de perda parcial do sentido do corpo. A doente tinha convulsões que surgiam numa lesão pequena mas estrategicamente localizada no hemisfério direito, no cruzamento de vários mapas somatossensoriais que discuti anteriormente; a lesão não afetou a ínsula anterior, uma região crítica para o sentido visceral; uma medicação anticonvulsiva apropriada pôs imediatamente fim ao problema.

Minha interpretação do estado dos anosognósicos completos é a de que as lesões sofridas destruíram parcialmente o substrato do eu neural. O estado do eu que conseguem construir fica assim empobrecido em virtude de sua capacidade limitada para processar os estados atuais do corpo. O estado que constroem baseia-se em informação antiga que se desatualiza a cada minuto que passa.

A atenção dispensada ao eu não significa que esteja falando de autoconsciência, uma vez que considero o eu e a subjetividade por ele gerada como necessários à consciência em geral e não apenas à autoconsciência. Tampouco o interesse no eu significa que outros aspectos da consciência sejam menos importantes ou menos suscetíveis de estudo pela neurobiologia. O processo de criação de imagens, assim como o estado de vigília necessário à formação dessas imagens, são tão relevantes como o eu, o qual experienciamos como sendo o conhecedor e o dono dessas imagens. Todavia, o problema da base neural do eu e o problema da base neural para a formação das imagens não se situam no mesmo plano, em termos cognitivos ou neurais. Não se pode ter um eu sem vigília, atenção e formação de imagens, mas tecnicamente pode estar-se desperto e atento e formar imagens em setores do cérebro e da mente ao mesmo tempo que se tem um eu comprometido. Em casos extremos, a alteração patológica da vigília e da atenção provoca estupor, estado vegetativo e coma, estados em que o eu desaparece completamente, como o demonstraram Fred Plum e Jerome Posner numa descrição clássica.[8] Mas podem registrar-se alterações patológicas do eu sem uma quebra desses processos básicos, como se verifica em doentes com certos tipos de epilepsia ou anosognosia completa.

Cabe aqui uma palavra de esclarecimento antes de prosseguirmos: ao usar a noção de eu, não estou de modo algum sugerindo que *todo* o conteúdo de nossas mentes seja inspecionado por um único conhecedor central e por um único proprietário central, e muito menos que semelhante entidade se possa situar num único local do cérebro. No entanto, o que estou afirmando é que nossas experiências tendem a apresentar uma perspectiva consistente, como se de fato existisse um proprietário e conhecedor central para a maioria, mas não todos, dos conteúdos mentais. Concebo que essa perspectiva se encontra enraizada num estado biológico relativamente estável e incessantemente repetido. A origem da estabilidade reside na estrutura e no funcionamento quase sempre invariáveis do organismo e em elementos, em lenta mutação, dos dados autobiográficos.

A base neural para o eu, tal como a concebo, consiste na reativação contínua de pelo menos dois conjuntos de representações. Um deles diz respeito às representações de acontecimentoschave na autobiografia de um indivíduo, com base nas quais é possível reconstituir repetidamente uma noção de identidade por ativação parcial em mapas sensoriais dotados de organização topográfica. O conjunto de representações dispositivas que descreve qualquer das nossas autobiografias envolve um grande número de fatos categorizados que definem a nossa pessoa: o que fazemos, do que e de quem gostamos, quais os tipos de objetos que usamos, que locais e ações costumamos freqüentar e realizar. Esse conjunto de representações poderia ser concebido como o tipo de arquivo que J. Edgar Hoover era perito em preparar, só que se aplica aos córtices de associação de várias zonas cerebrais e não ao preenchimento de pastas ministeriais. Além disso, acima dessas categorizações estão os fatos únicos do nosso passado que são constantemente ativados como representações localizadas: onde moramos e trabalhamos, qual é exatamente o nosso trabalho, nosso nome e os nomes dos parentes próximos e amigos, da cidade, do país, e assim por diante. Por último, temos na memória dispositiva recente um conjunto de acontecimentos recentes, juntamente com sua continuidade temporal aproximada, e também um conjunto de planos e alguns acontecimentos imaginários que queremos que aconteçam. Os planos e os acontecimentos imaginários constituem aquilo que designo por uma "memória do futuro possível", que é preservada nas representações dispositivas tal como qualquer outra memória.

Em suma, a reativação constante de imagens atualizadas sobre a nossa identidade (uma combinação de memórias do passado e do futuro planejado) constitui uma parte considerável do estado do eu tal como o concebo.

O segundo conjunto de representações subjacentes ao eu neural consiste nas representações primordiais do corpo de um indivíduo, a que já aludi: não só aquilo que o corpo tem sido em geral mas também o que o corpo tem sido *ultimamente*, antes mesmo dos processos que levam à percepção do objeto X (esse aspecto é importante: como iremos ver, estou convencido de que a subjetividade depende, em grande parte, das alterações que têm lugar no estado do corpo durante e após o processamento do objeto X). Abrange necessariamente os sentimentos de fundo do corpo e os sentimentos emocionais. A representação coletiva do corpo constitui a base para um "conceito" de eu, tanto quanto uma coleção de representações da forma, tamanho, cor, textura e gosto podem constituir a base para o conceito de laranja ou de limão. Os sinais iniciais do corpo, tanto na evolução da espécie como no desenvolvimento individual, ajudaram a formar um "conceito básico" do eu; esse conceito constituiu a estrutura de referência de todo o resto que pudesse acontecer ao organismo, incluindo os estados atuais do corpo que foram *continuamente* integrados no conceito do eu, tornando-se de imediato estados passados. (Foram o antecedente e a base da noção do eu tal como foi formulada por Jerome Kagan.[9]) O que nos acontece *agora* está, de fato, acontecendo a um conceito de eu baseado no passado, incluindo o passado que era atual há apenas um instante.

A cada momento que passa, o estado do eu é construído a partir da base. É um estado de referência evanescente, e de tal forma é *re*feito contínua e consistentemente que seu proprietário nunca chega a saber que ele está sendo *refeito*, a menos que aconteça algo de problemático durante esse processo. A sensação de fundo *agora* ou a sensação de uma emoção agora juntamente com os sinais sensoriais não corporais *acontecem* ao conceito do eu tal como representado na atividade coordenada de múltiplas regiões cerebrais. Mas o nosso eu ou, melhor ainda, o nosso meta-eu só "aprende" o que acontece "agora" um instante depois. As afirmações de Pascal sobre o passado, o presente e o futuro, com que dei início ao capítulo 8, captam essa essência de modo lapidar. O presente torna-se continuamente passado, e no momento em que nos apercebemos disso já estamos em outro presente, que foi gasto em planejar o futuro e se baseia nos degraus do passado. O presente nunca está aqui. Estamos irremediavelmente atrasados para a consciência.

Por último, deixe-me abordar a questão que é talvez a mais delicada nessa discussão. Por que passe de magia uma imagem do objeto X e um estado do eu, que existem ambos como ativações momentâneas de representações topograficamente organizadas, geram a subjetividade que caracteriza nossas experiências? Farei uma previsão quanto à resposta dizendo que isso depende da criação de uma descrição feita pelo cérebro e da exibição imagética dessa descrição. À medida que as imagens correspondentes a uma entidade acabada de detectar (por exemplo, um rosto) formam-se nos córtices sensoriais iniciais, o *cérebro reage a es-*

sas imagens. Isso sucede porque os sinais provenientes dessas imagens são retransmitidos a diversos núcleos subcorticais (por exemplo, a amígdala e o tálamo) e a diversas regiões corticais; e porque esses núcleos e essas regiões corticais contêm disposições que respondem a determinados tipos de sinais. O resultado final é o de que as representações dispositivas nos núcleos e regiões corticais são ativadas e, como conseqüência, induzem um conjunto de mudanças no estado do organismo. Essas, por sua vez, alteram momentaneamente a imagem corporal, perturbando assim a representação *atual* do conceito do eu.

Embora o processo de resposta envolva conhecimento, não implica certamente que qualquer componente do cérebro "saiba" que estão sendo geradas respostas à presença de uma entidade. Quando o cérebro desenvolve um conjunto de respostas a uma entidade, a existência de uma representação do eu não faz que o eu *saiba* que o organismo que lhe corresponde está respondendo. O eu, tal como o descrevi, nada pode *saber*. No entanto, um processo que poderíamos designar por *meta-eu* poderia saber, desde que l) o cérebro criasse uma *descrição da perturbação do estado do organismo* resultante de suas próprias respostas à presença de uma imagem, 2) *criasse uma imagem do processo de perturbação*, e 3) a imagem do eu *perturbado* surgisse conjuntamente ou em rápida interpolação com a imagem que desencadeou a perturbação. Em síntese, a descrição a que me refiro diz respeito à *perturbação do estado do organismo* como um resultado das respostas que o cérebro dá à imagem do objeto X. Ela não utiliza linguagem verbal, embora possa ser traduzida oralmente.

Para que haja subjetividade, não basta uma imagem isolada, mesmo que invoquemos a atenção e o conhecimento, porque tanto um como o outro são propriedades de um eu enquanto experiencia imagens, por exemplo um eu que toma conhecimento das imagens de que cuida. Ter imagens *e* eu também não é suficiente. Dizer que a imagem de um objeto é referida às imagens que constituem o eu, ou que estão com elas correlacionadas, não são afirmações de grande utilidade. Em que consistem a referência ou a correlação, ou o que realizam? A maneira como surge a subjetividade em semelhante processo continuaria a ser um mistério.

Considere agora as seguintes possibilidades. Em primeiro lugar, que o cérebro possui um terceiro conjunto de estruturas neurais que não é nem o que sustenta a imagem de um objeto nem o que sustenta as imagens do eu, mas que está interligado com ambas de forma recíproca. Em outras palavras, um conjunto intermediário de neurônios, a que chamamos zona de convergência e que invocamos como o substrato neural para a criação de representações dispositivas em todo o cérebro, nas regiões corticais e nos núcleos subcorticais. Recorde a noção de corretor da Bolsa que invoquei no capítulo 7.

Imagine, em seguida, que esse intermediário recebe sinais tanto da representação do objeto como das representações do eu, *à medida que o organismo é perturbado pela representação do objeto*. Em outras palavras, imagine que o conjunto intermediário está construindo uma *representação dispositiva do eu durante a alteração resultante da resposta do organismo a um objeto*. Não haveria nada de misterioso nessa representação dispositiva, que seria exatamente do mesmo tipo das que o cérebro parece saber criar, conservar e remodelar com incrível perícia. De igual modo, sabemos que o cérebro dispõe de toda a informação necessária à criação dessa representação dispositiva: logo após termos visto um objeto, desenhamos sua representação nos córtices visuais iniciais, evocamos também muitas representações do organismo a reagir ao objeto, em várias regiões somatossensoriais.

A representação dispositiva de que estou falando não é criada ou percebida por um homúnculo e, como sucede com todas as disposições, tem a capacidade de reativar, nos córtices sensoriais iniciais a que está associada, uma imagem somatossensorial do organismo reagindo a um determinado objeto.

Por último, considere que todos os ingredientes que descrevi acima — um objeto que está sendo representado, um organismo reagindo ao objeto da representação e um estado do eu no processo de alteração em virtude da resposta do organismo ao objeto — são retidos simultaneamente pela memória de trabalho e pela atenção, em paralelo ou em rápida interpolação, nos córtices sensoriais iniciais. Proponho que a subjetividade emerge durante essa última fase, quando o cérebro está produzindo não só imagens de um objeto e imagens das respostas do organismo ao objeto, mas um terceiro tipo de imagem, a *do organismo no ato de perceber e responder a um objeto*.

O dispositivo neural mínimo capaz de produzir subjetividade necessita assim de córtices sensoriais iniciais (incluindo os somatossensoriais), regiões de associação cortical sensorial e motora e núcleos subcorticais (especialmente tálamo e gânglios basais) com propriedades de convergência.

Esse mecanismo neural básico não necessita da linguagem. A construção do meta-eu que estou esboçando é puramente não verbal, trata-se de uma visão esquemática dos principais protagonistas a partir da perspectiva que é exterior a ambos. Com efeito, essa perspectiva intermediária constitui, momento a momento, um documento narrativo não verbal do que está acontecendo a esses protagonistas. A narrativa pode ser efetuada sem linguagem pela utilização dos instrumentos representacionais dos sistemas sensorial e motor no espaço e no tempo. Não vejo nenhuma razão para duvidar de que os animais sem linguagem efetuem esse mesmo tipo de narrativa.

Os seres humanos dispõem de capacidades narrativas de segunda ordem, proporcionadas pela linguagem, que podem produzir relatos verbais a partir dos não verbais. A forma apurada da subjetividade humana resultaria desse último processo. A linguagem pode não estar na origem do eu, mas está sem dúvida na origem do *eu* enquanto sujeito verbal.

Não tenho conhecimento de nenhuma outra proposta científica para uma base neural da subjetividade, mas, dado que ela constitui um aspecto-chave da consciência, cabe referir aqui, ainda que muito brevemente, em que medida minha proposta se relaciona com outras nessa área.

A hipótese de Francis Crick sobre a consciência concentra-se sobre o problema da criação das imagens e não considera a subjetividade. Crick não ignorou o problema da subjetividade. Simplesmente decidiu não o considerar, por agora, por duvidar de que possa ser abordado de uma forma experimental. Suas reservas e cautelas são legítimas, mas preocupa-me o fato de, ao adiarmos a consideração da subjetividade, podermos não interpretar corretamente os dados empíricos relativos à criação e à percepção de imagens.

Por outro lado, a hipótese de Daniel Dennett debruça-se sobre o nível mais alto da consciência, sobre os produtos terminais da mente. Concorda que existe um eu, mas não considera sua base neural e prefere debruçar-se sobre os mecanismos pelos quais poderia ser criada a corrente de consciência. É interessante notar que, nesse nível do processo, Dennett utiliza uma noção de construção seqüencial (a máquina joyceana virtual), que não deixa de ser parecida com a noção de construção de imagens que uso em um nível mais baixo e inicial. Tenho a certeza, no entanto, de que meu dispositivo de criação da subjetividade não é a máquina virtual de Dennett.

Minha proposta possui uma característica em comum com o ponto de vista de Gerald Edelman sobre a base neural da consciência, a saber, o reconhecimento de um eu biológico imbuído de valor. (Edelman tem estado praticamente sozinho entre os teóricos contemporâneos na importância que atribuiu ao valor inato dos sistemas biológicos.) Contudo, Edelman restringe o eu biológico aos sistemas homeostáticos subcorticais (ao passo que eu o integro aos sistemas factuais de base cortical e decido que alguns produtos de sua atividade se tornam sensações). Os processos que concebo e as estruturas que proponho para os levar a efeito são, por conseguinte, diferentes. Além do mais, não sei até que ponto minha noção de subjetividade coincide com a noção de consciência primária de Edelman.

William James, que achava que nenhuma psicologia racional podia duvidar da existência de *eus* pessoais e que acreditava que o pior que uma psicologia poderia fazer era destituí-los de significado, ficaria satisfeito ao descobrir que, hoje em dia, esses eus são plausíveis, muito embora não haja ainda hipóteses provadas quanto à sua base neural.

11
UMA PAIXÃO PELA RAZÃO

Sugeri no início do livro que os sentimentos exercem uma forte influência sobre a razão, que os sistemas cerebrais necessários aos primeiros se encontram enredados nos sistemas necessários à segunda e que esses sistemas específicos estão interligados com os que regulam o corpo.

Os fatos que apresentei sustentam, de um modo geral, essas hipóteses, mas nem por isso elas deixam de ser hipóteses, propostas na esperança de que possam levar ao prosseguimento da investigação e possam ser sujeitas a revisão à medida que novas descobertas forem surgindo. Com efeito, os sentimentos parecem depender de um delicado sistema com múltiplos componentes que é indissociável da regulação biológica; e a razão parece, na verdade, depender de sistemas cerebrais específicos, alguns dos quais processam sentimentos. Assim, pode existir um elo de ligação, em termos anatômicos e funcionais, entre razão e sentimentos e entre esses e o corpo. É como se estivéssemos possuídos por uma paixão pela razão, um impulso que tem origem no cerne do cérebro, atravessa outros níveis do sistema nervoso e, finalmente, emerge quer como sentimento quer como predisposições não conscientes que orientam a tomada de decisão. A razão, da prática à teórica, baseia-se provavelmente nesse impulso natural por meio de um processo que faz lembrar o domínio de uma técnica ou de uma arte. Retire-se o impulso, e não é mais possível alcançar essa perícia. Mas o fato de se possuir esse impulso não faz de nós, automaticamente, peritos.

No caso de essas hipóteses virem a se confirmar, haverá implicações socioculturais para a noção de que a razão não é de modo algum pura? Creio que há e que são claramente positivas.

Conhecer a relevância das emoções nos processos de raciocínio *não* significa que a razão seja menos importante do que as emoções, que deva ser relegada para segundo plano ou deva ser menos cultivada. Pelo contrário, ao verificarmos a função alargada das emoções, é possível realçar seus efeitos positivos e reduzir seu potencial negativo. Em particular, sem diminuir o valor da orientação das emoções normais, é natural que se queira proteger a razão da fraqueza que as emoções anormais ou a manipulação das emoções normais podem provocar no processo de planejamento e decisão.

Não creio que o conhecimento das emoções nos torne menos interessados na verificação empírica. Pelo contrário, o maior conhecimento da fisiologia da emoção e da sensação pode tornar-nos mais conscientes das armadilhas da observação científica. A formulação por mim apresentada não diminui nossa determinação em controlar as circunstâncias externas em proveito dos indivíduos e da sociedade, ou nossa vontade de desenvolver, inventar ou aperfeiçoar os instrumentos culturais com que podemos melhorar o mundo: a ética, o direito, a arte, a ciência, a tecnologia. Em outras palavras, nada na minha formulação leva a que se aceitem as coisas tal como são ou estão. Devo realçar esse aspecto, pois a referência às emoções cria com freqüência a imagem de uma percepção voltada para a própria pessoa, de um certo desinteresse pelo mundo em redor e de tolerância para as insuficiências de desempenho intelectual. Na verdade, essa perspectiva é exatamente o oposto da minha, e constitui uma preocupação a menos para aqueles que, como o biólogo molecular Gunther Stent, pensam justificadamente que a atribuição de um valor excessivo às emoções pode resultar numa menor determinação no cumprimento do pacto faustiano que tem trazido progresso à humanidade.[1]

O que me preocupa é a aceitação da importância das emoções sem nenhum esforço para compreender sua complexa maquinaria biológica e sociocultural. Podemos encontrar o melhor exemplo dessa atitude na tentativa de explicar sentimentos magoados ou comportamentos irracionais por meio de causas sociais superficiais ou da ação dos neurotransmissores, duas explicações que predominam no discurso apresentado pelos meios de comunicação social visual e escrita, e na tentativa de corrigir problemas pessoais e sociais com drogas médicas e não médicas. É precisamente essa falta de compreensão da natureza das emoções e da razão (uma das características mais salientes da "cultura da queixa"*²) que suscita alarme.

A concepção de organismo humano esboçada neste livro e a relação entre emoção e razão que emerge dos resultados aqui discutidos sugerem, no entanto, que o fortalecimento da racionalidade requer que seja dada uma maior atenção à vulnerabilidade do mundo interior.

Em um nível prático, a função atribuída às emoções na criação da racionalidade tem implicações em algumas das questões com que nossa sociedade se defronta atualmente, entre elas a educação e a violência. Não é este o local para uma abordagem adequada dessas questões, mas devo dizer que os sistemas educativos poderiam ser melhorados se se insistisse na ligação inequívoca entre as emoções atuais e os cenários de resultados futuros, e que a exposição excessiva das crianças à violência na vida real, nos noticiários e na ficção audiovisual desvirtua o valor das emoções na aquisição e desenvolvimento de comportamentos sociais adaptativos. O fato de tanta violência gratuita ser apresentada sem um enquadramento moral só reforça sua ação dessensibilizadora.

O ERRO DE DESCARTES

Não teria sido possível apresentar minha participação nesta conversa sem ter invocado Descartes como símbolo de um conjunto de idéias acerca do corpo, do cérebro e da mente que, de uma maneira ou de outra, continuam a influenciar as ciências e as humanidades no mundo ocidental. A preocupação é dirigida tanto à noção dualista com a qual Descartes separa a mente do cérebro e do corpo como às variantes modernas dessa noção: por exemplo, a idéia de que mente e cérebro estão relacionados mas apenas no sentido de a mente ser o programa de *software* que corre numa parte do *hardware* chamado cérebro; ou que cérebro e corpo estão relacionados, mas apenas no sentido de o primeiro não conseguir sobreviver sem a manutenção que o segundo lhe oferece.

(*) *Cuture of complaint* no original. (N. T.)

Qual foi, então, o erro de Descartes? Ou, melhor ainda, a *que* erro de Descartes me refiro com ingratidão? Poderíamos começar com um protesto e censurá-lo por ter convencido os biólogos a adotarem, até hoje, uma mecânica de relojoeiro como modelo dos processos vitais. Mas talvez isso não fosse muito justo, e comecemos, então, pelo "penso, logo existo". Essa afirmação, talvez a mais famosa da história da filosofia, surge pela primeira vez na quarta seção de *O discurso do método* (1637), em francês (*"Je pense, donc je suis"*); e depois na primeira parte de *Princípios da filosofia* (1644), em latim (*"Cogito ergo sum"*).[3] Considerada literalmente, a afirmação ilustra exatamente o oposto daquilo que creio ser verdade acerca das origens da mente e da relação entre a mente e o corpo. A afirmação sugere que pensar e ter consciência de pensar são os verdadeiros substratos de existir. E, como sabemos que Descartes via o ato de pensar como uma atividade separada do corpo, essa afirmação celebra a separação da mente, a "coisa pensante" (*res cogitans*), do corpo não pensante, o qual tem extensão e partes mecânicas (*res extensa*).

No entanto, antes do aparecimento da humanidade, os seres já eram seres. Num dado ponto da evolução, surgiu uma consciência elementar. Com essa consciência elementar apareceu uma mente simples; com uma maior complexidade da mente veio a possibilidade de pensar e, mais tarde ainda, de usar linguagens para comunicar e melhor organizar os pensamentos. Para nós, portanto, no princípio foi a existência e só mais tarde chegou o pensamento. E para nós, no presente, quando vimos ao mundo e nos desenvolvemos, começamos ainda por existir e só mais tarde pensamos. Existimos e depois pensamos e só pensamos na medida em que existimos, visto o pensamento ser, na verdade, causado por estruturas e operações do ser.

Quando colocamos a afirmação de Descartes no devido contexto, podemos perguntar-nos por um instante se poderá ter significado diferente daquele que lhe estamos atribuindo. Poderia ser vista como o reconhecimento da superioridade da razão e do sentimento consciente, sem nenhum compromisso firme no que respeita à sua origem, substância ou permanência? É possível. Não poderia a afirmação ter servido também o hábil propósito de aliviar as pressões religiosas que Descartes podia sofrer? É possível, mas não podemos saber ao certo. (A inscrição que Descartes

escolheu para sua lápide foi uma citação a que recorria com freqüência: *"Bene qui latuit, bene vixit"*,* de *Tristia*, 3.4.25, de Oví-
dio. Uma renúncia discreta ao dualismo?) Quanto à primeira possibilidade de interpretação, e fazendo o balanço final, suspeito
que Descartes *também* queria dizer precisamente aquilo que escreveu. Quando as famosas palavras surgem pela primeira vez,
Descartes está feliz com a descoberta de uma proposição tão verdadeira que não podia ser negada ou abalada por nenhuma dose
de ceticismo:

> [...] e reparando que esta verdade, *"Penso, logo existo"*, era tão
> certa e tão segura que nem sequer as suposições mais extravagantes
> dos céticos a conseguiam abalar, cheguei à conclusão de que a re-
> ceberia sem hesitação alguma como o primeiro princípio da filoso-
> fia que procurava.[4]

Descartes procurava uma fundação lógica para a filosofia,
e a afirmação não se afastava muito da de santo Agostinho, *"Fal-
lor ergo sum"* ("Sou enganado, logo existo").[5] Mas, umas linhas
mais adiante, Descartes esclarece a afirmação de forma inequívoca:

> Por isso eu soube que era uma substância cuja essência integral é
> pensar, que não havia necessidade de um lugar para a existência
> dessa substância e que ela não depende de algo material; então, es-
> se "eu", quer dizer, a alma por meio da qual sou o que sou,
> distingue-se completamente do corpo e é ainda mais fácil de conhecer
> do que esse último; e, ainda que não houvesse corpo, a alma não
> deixaria de ser o que é.[6]

É esse o erro de Descartes: a separação abissal entre o corpo
e a mente, entre a substância corporal, infinitamente divisível,
com volume, com dimensões e com um funcionamento mecâni-
co, de um lado, e a substância mental, indivisível, sem volume,
sem dimensões e intangível, de outro; a sugestão de que o raciocínio, o juízo moral e o sofrimento adveniente da dor física ou
agitação emocional poderiam existir independentemente do corpo. Especificamente: a separação das operações mais refinadas
da mente, para um lado, e da estrutura e funcionamento do organismo biológico, para o outro.

(*) "Aquele que se esconde bem viveu bem." (N. T.)

Mas há quem possa perguntar: por que motivo incomodar Descartes e não Platão, cujas idéias sobre o corpo e a mente são muito mais exasperantes, como podemos verificar no *Fédon*? Por que preocuparmo-nos com esse erro específico de Descartes? Afinal, alguns de seus outros erros são bem mais espetaculares do que esse. Descartes pensava que o calor fazia circular o sangue, que as finas e minúsculas partículas do sangue se transformavam em "espíritos animais", os quais conseguiam depois mover os músculos. Por que não censurá-lo por uma dessas noções? A razão é simples: há muito tempo que sabemos que ele estava errado nesses aspectos concretos, e as perguntas sobre como e por que circula o sangue receberam já uma resposta que nos satisfaz completamente. O mesmo não sucede com as questões relativas à mente, ao cérebro e ao corpo, em relação às quais o erro de Descartes continua a prevalecer. Para muitos, as idéias de Descartes são consideradas evidentes em si mesmas, sem necessitar de nenhuma reavaliação.

Pode bem ter sido a idéia cartesiana de uma mente separada do corpo que esteve na origem, na metade do século XX, da metáfora da mente como programa de *software*. De fato, se a mente pudesse ser separada do corpo, talvez fosse possível compreendê-la sem recorrer à neurobiologia, sem nenhuma necessidade de saber neuroanatomia, neurofisiologia e neuroquímica. É interessante e paradoxal que muitos investigadores em ciência cognitiva, que se julgam capazes de investigar a mente sem nenhum recurso à neurobiologia, não se considerem dualistas.

A separação cartesiana pode estar também subjacente ao modo de pensar de neurocientistas que insistem em que a mente pode ser perfeitamente explicada em termos de fenômenos cerebrais, deixando de lado o resto do organismo e o meio ambiente físico e social — e, por conseguinte, excluindo o fato de parte do próprio meio ambiente ser também um produto das ações anteriores do organismo. Protesto contra essa restrição, não porque a mente não esteja diretamente relacionada com a atividade cerebral, pois obviamente está, mas porque essa formulação restritiva é forçosamente incompleta e insatisfatória em termos humanos. É um fato incontestável que o pensamento provém do cérebro, mas prefiro qualificar essa afirmação e considerar as razões por que os neurônios conseguem pensar tão bem. Essa é, de fato, a questão principal.

A idéia de uma mente desencarnada parece ter também moldado a forma peculiar como a medicina ocidental aborda o estudo e o tratamento da doença (ver o Posfácio). A divisão cartesiana domina tanto a investigação como a prática médica. Em resultado, as conseqüências psicológicas das doenças do corpo propriamente dito, as chamadas doenças reais, são normalmente ignoradas ou levadas em conta muito mais tarde. Mais negligenciado ainda é o inverso, os efeitos dos conflitos psicológicos no corpo. É curioso pensar que Descartes contribuiu para a alteração do rumo da medicina, ajudando-a a abandonar a abordagem orgânica da mente-no-corpo que predominou desde Hipócrates até o Renascimento. Se o tivesse conhecido, Aristóteles teria ficado irritado com Descartes.

Versões do erro de Descartes obscurecem as raízes da mente humana em um organismo biologicamente complexo, mas frágil, finito e único; obscurecem a tragédia implícita no conhecimento dessa fragilidade, finitude e singularidade. E, quando os seres humanos não conseguem ver a tragédia inerente à existência consciente, sentem-se menos impelidos a fazer algo para minimizá-la e podem mostrar menos respeito pelo valor da vida.

Os fatos que apresentei relativos às sensações e à razão, juntamente com outros que discuti acerca da interligação entre o cérebro e o corpo propriamente dito, dão apoio à idéia mais geral com a qual abri o livro: que a compreensão cabal da mente humana requer a adoção de uma perspectiva do organismo; que não só a mente tem de passar de um *cogitum* não físico para o domínio do tecido biológico, como deve também ser relacionada com todo o organismo que possui cérebro e corpo integrados e que se encontra plenamente interativo com um meio ambiente físico e social.

No entanto, a mente verdadeiramente incorporada que concebo não renuncia aos seus níveis mais refinados de funcionamento, aqueles que constituem sua alma e seu espírito. Do meu ponto de vista, o que se passa é que a alma e o espírito, em toda a sua dignidade e dimensão humana, são os estados complexos e únicos de um organismo. Talvez a coisa mais indispensável que possamos fazer no nosso dia-a-dia, enquanto seres humanos, seja recordar a nós próprios e aos outros a complexidade, fragilidade, finitude e singularidade que nos caracterizam. É claro que essa não é uma tarefa fácil: tirar o espírito do seu pedestal em algum lugar não localizável e colocá-lo num lugar bem mais exato, preservando ao mesmo tempo sua dignidade e sua importância; reconhecer sua origem humilde e sua vulnerabilidade e ainda assim continuar a recorrer à sua orientação e conselho. Uma tarefa indispensável e difícil, sem dúvida, mas sem a qual talvez seja melhor que o erro de Descartes fique por corrigir.

POSFÁCIO

O CORAÇÃO HUMANO EM CONFLITO

"A voz do poeta não precisa apenas ser um registro do homem, pode ser também um de seus amparos, o pilar que o ajude a resistir e a prevalecer."[1] William Faulkner escreveu essas palavras por volta de 1950, mas elas mantêm toda a sua atualidade. O público que tinha em mente era composto pelos seus colegas escritores, mas o que disse podia perfeitamente aplicar-se àqueles que estudam o cérebro e a mente. A voz do cientista pode ser mais do que o mero registro da vida tal como ela é; o conhecimento científico pode constituir um pilar que ajude os seres humanos a resistir e a vingar. Escrevi este livro convicto de que o conhecimento em geral e o conhecimento neurobiológico em particular têm uma função importante a desempenhar no destino humano; convicto de que, se realmente o quisermos, o profundo conhecimento do cérebro e da mente ajudará a alcançar a felicidade, cuja procura foi o trampolim para o progresso há dois séculos, e ajudará a manter a liberdade que Paul Éluard descreveu tão gloriosamente no seu poema "Liberté".[2]

No mesmo texto que citei acima, Faulkner acusa seus colegas de profissão de "terem esquecido os problemas do coração humano em conflito consigo próprio, o único tema que pode resultar em boa literatura, porque só acerca dele vale a pena escrever e sofrer a agonia e o cansaço". Pede-lhes que não deixem espaço nos seus trabalhos "para nada que não seja as velhas realidades e verdades do coração, as velhas verdades universais sem as quais qualquer história é efêmera e condenada — amor e honra, piedade e orgulho, compaixão e sacrifício".

É tentador e encorajante acreditar, indo talvez além das palavras de Faulkner, que a neurobiologia não só pode nos ajudar na compreensão e na compaixão da condição humana, mas que, ao fazê-lo, pode nos ajudar a compreender os conflitos sociais e contribuir para sua diminuição. Não quero com isso dizer que a neurobiologia possa salvar o mundo, mas apenas que o aumento gradual de conhecimentos sobre os seres humanos pode nos ajudar a encontrar melhores formas de gerir as coisas humanas.

Há algum tempo que os seres humanos atravessam uma nova fase evolutiva em termos intelectuais, na qual suas mentes e cérebros tanto podem ser escravos como donos de seus corpos e das sociedades que constituem. É claro que há imensos riscos quando os cérebros e as mentes que vieram da natureza resolvem fazer de aprendiz de feiticeiro e influenciar a própria natureza. Mas também é arriscado não aceitar o desafio e não tentar minimizar o sofrimento. Os riscos de não se fazer coisa nenhuma são ainda maiores. Fazer apenas o que a natureza dita só pode agradar àqueles que não conseguem imaginar mundos e alternativas melhores, àqueles que pensam que já estão no melhor dos possíveis mundos.[3]

A NEUROBIOLOGIA MODERNA E A IDÉIA DE MEDICINA

Há algo de paradoxal na nossa cultura em relação à conceitualização da medicina e seus profissionais. Muitos médicos interessam-se pelas humanidades, das artes à literatura e à filosofia. Há um número surpreendentemente grande de médicos que se tornaram poetas, romancistas e dramaturgos de destaque, e houve vários que refletiram com profundidade sobre a condição humana e abordaram sabiamente suas dimensões fisiológica, social e política. E, no entanto, as escolas de medicina de onde eles provêm ignoram, na sua maior parte, essas dimensões humanas, concentrando-se na fisiologia e na patologia do corpo propriamente dito. A medicina ocidental, e em particular a medicina dos Estados Unidos, alcançou a glória por meio da expansão da medicina interna e das subespecialidades cirúrgicas, sendo objetivo de ambas o diagnóstico e o tratamento de órgãos e sistemas doentes em todo o corpo. O cérebro (mais concretamente, os sistemas nervosos central e periférico) foi incluído nesse empreendimento, uma vez que era um desses "órgãos". Mas seu produto mais precioso, a mente, não foi alvo de grande preocupação por parte da corrente central da medicina e, na verdade, não tem constituído o tópico principal da especialidade associada ao estudo das doenças do cérebro, a neurologia. Talvez não tenha sido por acaso que a neurologia americana começou como subespecialidade da medicina interna e apenas se tornou autônoma no século XX.

O resultado dessa tradição tem sido uma considerável negligência da mente enquanto função do organismo. Poucas escolas de medicina oferecem atualmente aos seus estudantes alguma formação acerca da mente normal, a qual só pode ser fornecida num currículo forte em psicologia geral, neurofisiologia e neurociência. As escolas de medicina proporcionam estudos da mente doente que se encontra nas doenças mentais, mas é espantoso ver que, por vezes, os estudantes começam a aprender psicopatologia sem nunca terem aprendido psicologia normal.

Há diversas razões subjacentes a essa situação, e suponho que a maior parte delas provém de uma visão cartesiana da condição humana. Ao longo dos três últimos séculos, o objetivo da biologia e da medicina tem sido a compreensão da fisiologia e da patologia do corpo. A mente foi excluída, sendo em grande parte relegada para o campo da religião e da filosofia, e, mesmo depois de se tornar o tema de uma disciplina específica, a psicologia, só recentemente lhe foi permitida a entrada na biologia e na medicina. Sei que há louváveis exceções a esse panorama, mas elas vêm apenas reforçar essa idéia sobre a situação geral.

O resultado de tudo isso tem sido uma amputação do conceito de natureza humana com o qual a medicina trabalha. Não surpreende que, de um modo geral, as conseqüências do corpo sobre a mente mereçam uma atenção secundária, ou não mereçam mesmo nenhuma atenção. A medicina tem demorado a perceber que aquilo que as pessoas sentem em relação ao seu estado físico é um fator principal no resultado do tratamento. Ainda sabemos muito pouco acerca do efeito placebo, através do qual os doentes apresentam uma reação melhor que aquela que uma determinada intervenção médica levaria a esperar. (O efeito placebo pode ser avaliado por meio do efeito de comprimidos ou injeções que, sem o doente saber, não contêm nenhum ingrediente farmacológico e se presume desse modo não terem influência alguma, positiva ou negativa.) Por exemplo, não sabemos se alguém é mais suscetível a reagir com efeito placebo ou se somos todos suscetíveis a ele. Desconhecemos também até onde pode ir o efeito placebo e até que ponto pode se aproximar do resultado de um medicamento ativo. Sabemos muito pouco sobre a maneira de induzir o efeito placebo e não temos a menor idéia do grau de erro criado por ele nos chamados estudos *double-blind*.

Começa finalmente a ser aceito o fato de as perturbações psicológicas poderem provocar doenças no corpo, mas continuam por ser estudadas circunstâncias em que isso se verifica e o grau que atinge. É claro que nossas avós conheciam bem o assunto: diziam-nos que o sofrimento, a preocupação obsessiva, o mau humor, e assim por diante, podiam estragar a pele e tornar-nos mais sujeitos a infecções, mas tudo isso tinha um ar "folclórico" e não era nada convincente em termos científicos. A medicina demorou muito tempo a descobrir que valia a pena tomar em consideração o que estava por detrás de tanta sabedoria humana.

A negligência cartesiana da mente, por parte da biologia e da medicina ocidentais, tem tido duas conseqüências negativas principais. A primeira situa-se no campo da ciência. O esforço para compreender a mente em termos biológicos em geral atrasou-se várias décadas e pode dizer-se que só agora começa. Antes tarde do que nunca, sem dúvida alguma, mas o atraso significa também que se tem perdido o impacto potencial que um conhecimento profundo da biologia da mente poderia ter causado nos problemas das sociedades humanas.

A segunda conseqüência negativa relaciona-se com o diagnóstico e com o tratamento eficaz das doenças. É bem verdade que todos os grandes médicos têm sido homens e mulheres não apenas bem versados no essencial da fisiopatologia da sua época, mas também pessoas que estão à vontade, dado o bom senso e a sabedoria que acumularam, no que toca aos conflitos do coração humano. Têm sido peritos exímios no diagnóstico e no tratamento graças a uma *combinação* de conhecimentos e talento. No entanto, estaríamos iludindo-nos se pensássemos que o padrão da prática da medicina no mundo ocidental é o desses médicos famosos que todos conhecemos. Uma imagem distorcida

do organismo humano, juntamente com o crescimento assober-
bador do conhecimento e com a necessidade de subespecialização, torna a medicina cada vez mais inadequada. A medicina bem
poderia dispensar o acréscimo de problemas que sua dimensão
industrial agora lhe traz, mas também esses não param de se avo-
lumar e agravam, por certo, o seu desempenho.

O problema do abismo que separa o corpo da mente na medicina ocidental ainda não é matéria de debate para o público em
geral, embora pareça já ter sido detectado. Suspeito que o êxito
de algumas formas da chamada medicina "alternativa", em especial aquelas que estão ligadas à tradição não ocidental, constitui
uma reação compensatória a esse problema. Há algo a admirar
e aprender com essas formas de medicina alternativa, mas, infelizmente, e independente de sua adequação em termos humanos,
o que oferecem não chega para tratar eficazmente as doenças. Com
toda a justiça, devemos admitir que até mesmo a medíocre medicina ocidental resolve um número extraordinário de problemas.
No entanto, as formas de medicina alternativa vêm colocar em
destaque o ponto fraco da tradição ocidental, que deveria ser cien-
tificamente corrigido dentro da própria medicina. Se, como julgo,
o êxito atual dos tratamentos alternativos é um indício da insatisfação do público em relação à incapacidade da medicina tradicional de considerar o ser humano como um todo, é de prever que
essa insatisfação irá aumentar nos próximos anos, à medida que
se aprofundar a crise espiritual da sociedade ocidental.

Não parece provável que venham a diminuir em breve a pro-
clamação de sentimentos feridos, a procura desesperada da diminuição da dor e do sofrimento individuais ou o chorar inarticulado
pela perda do equilíbrio e felicidade interiores, nunca alcançados,
a que a maioria dos seres humanos aspira.[4] Seria absurdo preten-
der que a medicina curasse sozinha uma cultura doente, mas é igualmente absurdo ignorar esse aspecto da doença humana.

UMA NOTA SOBRE OS LIMITES ATUAIS
DA NEUROBIOLOGIA

Ao longo deste livro, falei de fatos aceitos, de fatos em discussão e de interpretações de fatos; de idéias partilhadas ou não

por muitos de nós das ciências do cérebro e da mente; de coisas que são como eu digo e de coisas que podem ser como eu digo. O leitor talvez tenha ficado surpreso com minha insistência de que reina a incerteza sobre tantos "fatos" e de que o muito que se pode dizer sobre o cérebro deva ser apresentado como hipótese de trabalho. Naturalmente que gostaria de poder afirmar que sabemos com certeza como é que o cérebro cria a mente, mas não o posso fazer — e receio que ninguém possa.

Apresso-me a acrescentar que a falta de respostas definitivas sobre as questões do cérebro e da mente não constitui motivo de desespero e não deve ser vista como um sinal de fracasso nos campos científicos que se encontram atualmente empenhados nesse empreendimento. Muito pelo contrário, o moral das tropas é elevado, uma vez que o ritmo em que vão surgindo novas descobertas é maior do que nunca. A falta de explicações concretas e exaustivas não indica um impasse. Há razões para se crer que chegaremos a explicações satisfatórias, mas seria tolice estabelecer uma data provável para isso, e mais tolice ainda se disséssemos que elas estão logo ali, virando a esquina. Se existe algum motivo para preocupação, ele deve-se não à falta de progresso mas à torrente de fatos novos que a neurociência vai revelando e à ameaça de que esses possam submergir a capacidade de pensar com clareza.

Se se possui toda essa profusão de fatos novos, você poderá perguntar: por que não há respostas definitivas? Por que não podemos apresentar uma descrição precisa e exaustiva do modo como vemos e, mais importante, como é que existe um eu que consegue ver?

A principal razão da demora — poder-se-ia talvez dizer até que a única razão — é a enorme complexidade dos problemas para os quais não temos respostas precisas. É óbvio que o que queremos compreender depende, em larga medida, do funcionamento de neurônios, e que dispomos de conhecimentos substanciais sobre a estrutura e a função desses neurônios, até às moléculas que os constituem e os levam a fazer o que melhor fazem: disparar com certos padrões de excitação. Até sabemos algumas coisas sobre os genes que criam esses neurônios e os fazem agir de determinada maneira. Mas, nitidamente, as mentes humanas dependem da excitação geral desses neurônios na medida em que constituem agregados de grande complexidade, que vão desde circuitos locais, à escala microscópica, a sistemas macroscópicos que se estendem por vários centímetros. Existem vários bilhões de neurônios nos circuitos de um cérebro humano. O número de sinapses formadas entre eles é de pelo menos 10 trilhões, e o comprimento dos cabos dos axônios que formam os circuitos neurais atinge várias centenas de milhares de quilômetros. (Agradeço a Charles Stevens, neurobiólogo do Instituto Salk, essa estimativa informal.) O produto da atividade nesses circuitos constitui um padrão de estimulação que é transmitido a outro circuito. Esse outro circuito pode ou não ativar-se, o que depende de uma série de influências, algumas locais, fornecidas por outros neurônios que terminam nas proximidades, outras globais, trazidas por compostos químicos, como os hormônios, que chegam pelo sangue. A escala temporal para a produção de impulsos é extremamente pequena, da ordem de décimos de milésimos de segundo — o que significa que, num segundo da vida de nossas mentes, o cérebro produz milhões de padrões de impulsos numa grande diversidade de circuitos distribuídos por várias regiões do cérebro.

É evidente que os segredos da base neural da mente não podem ser descobertos pela revelação de todos os mistérios de um único neurônio, por mais típico que ele possa ser; ou pelo desvendamento de todos os padrões complicados de atividade local num circuito de neurônios típico. Numa primeira aproximação, os segredos elementares da mente residem na interação dos padrões de impulsos criados por muitos circuitos neurais, em nível local e global, momento a momento, dentro do cérebro de um organismo vivo.

Não há uma resposta única e simples para o enigma cérebro/mente, mas muitas respostas ligadas aos inúmeros componentes do sistema nervoso nos seus diversos níveis de estrutura. A abordagem necessária para se compreender esses níveis requer diversas técnicas e processa-se em diferentes ritmos. Parte do trabalho pode ser baseado nas experiências em animais, e estas tendem a desenvolver-se com relativa rapidez. Mas um outro tipo de trabalho só pode ser levado a efeito em seres humanos, com as devidas reservas e limitações éticas, e aqui o ritmo é mais lento.

Há quem tenha perguntado por que motivo a neurociência não alcançou ainda resultados tão espetaculares como os que a biologia molecular obteve ao longo das últimas quatro décadas. Há quem tenha perguntado qual é o equivalente neurocientífico da descoberta da estrutura do DNA e se o fato neurocientífico correspondente foi ou não estabelecido. Não existe nenhuma correspondência isolada desse gênero, embora alguns fatos, em vários níveis do sistema nervoso, possam ser considerados comparáveis, no seu valor prático, ao conhecimento da estrutura do DNA — por exemplo, entender de modo satisfatório o que é um potencial de ação. Mas o equivalente, para o cérebro produtor de mente, tem de ser *um plano, de grande escala, do design de circuitos e de sistemas*, que envolva descrições *tanto no nível microestrutural como no nível macroestrutural.*

Caso o leitor considere insuficientes as justificativas que dei para os limites do nosso conhecimento atual, deixe-me mencionar mais duas. Em primeiro lugar, como indiquei anteriormente, só uma parte das redes de circuitos nos nossos cérebros é especificada pelos genes. O genoma humano especifica com grande minúcia a construção dos nossos corpos, o que inclui o *design* geral do cérebro. Mas nem todos os circuitos se desenvolvem ativamente e funcionam como se encontra estabelecido nos genes. Uma grande parte das redes de circuitos do cérebro, em qualquer momento da vida adulta, é individual e única, refletindo fielmente a história e as circunstâncias daquele organismo em particular. Naturalmente que isso não facilita a revelação dos mistérios neurais. Em segundo lugar, cada organismo humano funciona em conjuntos de seres semelhantes; a mente e o comportamento dos indivíduos que pertencem a esses conjuntos e que funcionam em meios ambientes culturais e físicos específicos não são moldados apenas pela atividade das redes de circuitos acima mencionadas, muito menos apenas pelos genes. Para se compreender satisfatoriamente o modo como o cérebro cria a mente e o comportamento humanos, é necessário considerar seu contexto social e cultural. E é isso que torna a empresa tão espantosamente difícil.

ALAVANCAGEM PARA A SOBREVIVÊNCIA

Em algumas espécies não humanas, e mesmo não primatas, em que a memória, o raciocínio e a criatividade são limitados, há, mesmo assim, manifestações de um comportamento social complexo cujo controle neural tem de ser inato. Os insetos — as formigas e as abelhas em particular — apresentam exemplos dramáticos de cooperação social que poderiam facilmente fazer corar de vergonha a Assembléia Geral das Nações Unidas. Mais próximos de nós, os mamíferos exibem manifestações semelhantes, e os comportamentos dos lobos, golfinhos e morcegos-vampiros, entre outras espécies, sugerem até a existência de uma estrutura ética. É evidente que os seres humanos possuem alguns desses mecanismos inatos, os quais são provavelmente a base de algumas estruturas éticas usadas pelo homem. No entanto, as convenções sociais e as estruturas éticas mais elaboradas pelas quais nos regemos devem ter surgido e sido transmitidas de forma cultural.

Assim sendo, poderemos perguntar-nos qual foi o mecanismo desencadeador do desenvolvimento cultural de tais estratégias? É bem provável que elas se tenham desenvolvido como um meio de mitigar o sofrimento sentido por indivíduos cuja capacidade de lembrar o passado e antever o futuro tinha atingido já um grau notável de desenvolvimento. Em outras palavras, essas estratégias desenvolveram-se em indivíduos capazes de se aperceber de que sua sobrevivência estava ameaçada ou de que a qualidade de vida pós-sobrevivência podia ser melhorada. Essas estratégias ter-se-iam manifestado apenas naquelas espécies, em número limitado, cujos cérebros estavam estruturados para permitir o seguinte: primeiro, uma grande capacidade para memorizar categorias de objetos e acontecimentos e para memorizar acontecimentos e objetos únicos, isto é, estabelecer as representações dispositivas de entidades e acontecimentos no nível das categorias e no nível da singularidade; segundo, uma grande capacidade para manipular os componentes dessas representações memorizadas e para modelar novas criações por meio de novas combinações. A variedade imediatamente mais útil dessas criações consistia em cenários imaginados, na antecipação dos resultados das ações, na formulação de planos futuros e na criação de novos objetivos que melhorassem a sobrevivência; e terceiro, uma grande capacidade de memorizar as novas criações acima referidas, isto é, os resultados antecipados, os novos planos e os novos objetivos. Chamo a essas criações memorizadas "memórias do futuro".[5]

Se o conhecimento melhorado das experiências do passado e das expectativas quanto ao futuro esteve na origem da criação de estratégias sociais para fazer face ao sofrimento, continuamos a ter de explicar, antes de mais nada, como foi que o sofrimento surgiu. E, para isso, temos de considerar a sensação de dor imposta pelo mecanismo biológico, assim como o seu oposto, a sensação de prazer. É curioso notar que os mecanismos biológicos subjacentes ao que agora designamos por dor e prazer constituíram também uma razão importante para que os instrumentos inatos de sobrevivência fossem selecionados e combinados da forma como foram, ao longo da evolução, quando não havia nem sofrimento nem razão individuais. Isso pode bem querer dizer que o mesmo dispositivo simples, quando aplicado a sistemas com ordens de complexidade e em circunstâncias muito diferentes, leva a resultados diversos mas relacionados. O sistema imunológico, o hipotálamo, os córtices frontais ventromediais e a Declaração dos Direitos do Homem têm na raiz a mesma causa.

A dor e o prazer são as alavancas de que o organismo necessita para que as estratégias instintivas e adquiridas atuem com eficácia. Muito provavelmente, foram também esses os instrumentos que controlaram o desenvolvimento das estratégias sociais de tomada de decisão. Quando muitos indivíduos, em grupos sociais, experienciaram as conseqüências dolorosas de fenômenos psicológicos, sociais e naturais, tornou-se possível o desenvolvimento de estratégias culturais e intelectuais para fazer face à experiência de dor e para conseguir reduzi-la.

A dor e o prazer ocorrem quando nos tornamos conscientes dos perfis do estado do corpo que se afastam nitidamente do intervalo de variação de nossos sentimentos de fundo. A configuração dos estímulos e dos padrões de atividade cerebral percebidos como dor ou prazer são estabelecidos *a priori* na estrutura cerebral. Eles ocorrem porque os circuitos são ativados de um determinado modo e são instruídos geneticamente para se constituírem de um determinado modo. Embora nossas reações à dor e ao prazer possam ser alteradas pela educação, constituem um excelente exemplo de fenômenos mentais que dependem da ativação de disposições inatas.

Devemos distinguir pelo menos dois componentes na dor e no prazer. No primeiro, o cérebro organiza a representação da alteração de um estado local do corpo, a qual se refere, como é evidente, a uma parte do corpo. Trata-se de uma percepção somatossensorial na verdadeira acepção. Provém da pele, de uma mucosa ou de um ponto de um órgão. O segundo componente resulta de uma alteração mais genérica no estado do corpo, na verdade de uma emoção. Por exemplo, aquilo que designamos por dor ou prazer é o nome dado ao conceito de uma determinada paisagem corporal que nossos cérebros estão percebendo. A percepção dessa paisagem é modulada no interior do cérebro por neurotransmissores e neuromoduladores, os quais afetam a transmissão da informação e o funcionamento de setores do cérebro intervenientes na representação do corpo. A libertação de endorfinas (a morfina do próprio organismo), que se ligam a receptores opióides (que se assemelham aos receptores que sofrem o efeito da morfina), é um fator importante na percepção de uma "paisagem de prazer" e pode anular ou reduzir a percepção de uma "paisagem de dor".

Vamos esclarecer um pouco melhor essa idéia com um exemplo do processamento da dor. Eu diria que as coisas funcionam do seguinte modo: a partir dos terminais dos nervos estimulados numa zona do corpo onde se verificaram lesões nos tecidos (o canal da raiz de um dente, por exemplo), o cérebro constrói uma representação transitória de uma alteração do corpo local, que é diferente da representação anterior para essa zona. O padrão de atividade que corresponde aos sinais de dor e as características perceptuais da representação daí resultante são integralmente determinados pelo cérebro, mas, por outro lado, não diferem em termos neurofisiológicos de nenhum outro tipo de percepção do corpo. Todavia, se só isso acontecesse, creio que o mais que poderíamos experienciar seria uma determinada imagem de alteração do corpo sem conseqüências perturbadoras. Você talvez não a apreciasse, mas também não se sentiria incomodado. Mas *o processo não termina aí*. O inocente processamento da alteração do corpo desencadeia rapidamente uma onda de respostas que alteram o estado do corpo e o desviam ainda mais do seu estado de fundo. *O estado que se segue é assim uma emoção, com um perfil específico*. É a partir dos subseqüentes desvios do estado do corpo que uma sensação desagradável de sofrimento se formará. Por que esses desvios são experienciados como sofrimento? Porque o organismo assim o determina. Viemos ao mundo com um mecanismo pré-organizado para nos proporcionar experiências de dor e de prazer. A cultura e a história individuais podem alterar o limiar em que esse mecanismo começa a ser ativado, sua intensidade, ou dotar-nos de meios para o mitigar. Mas o mecanismo essencial é algo dado desde o início.

De que vale possuir esse mecanismo pré-organizado? Por que deve existir esse estado adicional de importunação e não apenas uma imagem de dor? Pode-se apenas tecer conjeturas, mas a razão para a existência desse mecanismo deve ter alguma coisa a ver com o fato de o sofrimento nos colocar de sobreaviso. O sofrimento proporciona a melhor proteção para a sobrevivência, uma vez que aumenta a probabilidade de darmos atenção aos sinais de dor e agirmos no sentido de evitar sua origem ou corrigir suas conseqüências.

Se a dor constitui a alavanca para o desenvolvimento apropriado dos impulsos e dos instintos e para o desenvolvimento de estratégias eficazes de tomada de decisão, conclui-se que alterações na percepção da dor devam ser acompanhadas de problemas do comportamento. Parece ser isso exatamente o que acontece. Os indivíduos afetados por uma estranha doença conhecida por ausência congênita de dor não adquirem estratégias normais de comportamento. Alguns deles passam o tempo rindo, apesar de a doença os levar a destruir as articulações (privados de dor, movimentam as articulações muito além dos limites mecânicos permissíveis, rompendo assim os ligamentos e as cápsulas das articulações), a queimaduras graves, a golpes (não retiram a mão de uma chapa quente ou de uma lâmina que lhes rasga a pele).[6] Visto conseguirem ainda sentir prazer, podendo assim ser influenciados por sensações positivas, é notável que seu comportamento seja tão deficiente. Mas mais fascinante ainda é a hipótese de esses mecanismos de alavanca participarem não só no desenvolvimento mas também no melhoramento das estratégias de tomada de decisão. Os doentes com lesões pré-frontais apresentam respostas à dor com alterações curiosas. Suas imagens de dor estão intatas, mas as respostas emocionais que fazem parte integrante do processo de dor não são normais. Existem outros dados acerca dessa dissociação que dizem respeito a doentes nos quais foram feitas lesões cerebrais cirúrgicas para o tratamento da dor crônica.

Certos estados neurológicos envolvem uma dor intensa e freqüente. Um exemplo é a nevralgia do trigêmeo, também conhecida como *tic douloureux*. O termo nevralgia refere-se à dor de origem neural e o termo trigêmeo ao nervo trigêmeo, que serve os tecidos faciais e leva, por exemplo, sinais do rosto para o cérebro. A nevralgia do trigêmeo afeta o rosto, geralmente em um lado e em um setor, por exemplo a bochecha. Subitamente, um ato inocente, como tocar a pele, pode desencadear uma dor súbita e lancinante. As pessoas afetadas por esse problema descrevem sensações como facas espetando a pele ou alfinetes furando pele e ossos. Suas vidas centram-se na dor; não conseguem fazer ou pensar em nada mais enquanto dura a dor, a qual pode tornar-se bastante freqüente. Seus corpos fecham-se sobre si mesmos de forma rígida e defensiva.

Para os doentes nos quais a nevralgia resiste a todos os medicamentos, a doença é classificada de intratável e refratária. Nesses casos, a neurocirurgia pode oferecer a solução, a possibilidade de alívio por meio uma intervenção. Uma das modalidades de tratamento tentadas no passado foi a leucotomia pré-frontal (descrita no capítulo 4). Os resultados dessa intervenção ilustram melhor que qualquer outro fato a distinção entre a própria dor, ou seja, a percepção de uma determinada classe de sinais sensoriais, e o sofrimento, ou seja, o sentimento que resulta de se perceber a reação emocional a essa percepção.

Consideremos o seguinte episódio que eu mesmo presenciei quando estagiei com Almeida Lima, o neurocirurgião que ajudou Egas Moniz a criar a angiografia cerebral e a leucotomia pré-frontal e que realizou a primeira dessas operações. Lima, que era não só um hábil cirurgião mas também um homem de notável sensibilidade humana, usava uma leucotomia modificada para o tratamento da nevralgia refratária e estava convencido de que a intervenção se justificava em casos desesperados. Ele quis que eu acompanhasse um exemplo desse problema desde o início.

Lembro-me perfeitamente do doente, sentado na cama à espera da operação. Estava todo dobrado, em profundo sofrimento, quase imóvel, receando provocar um aumento das dores. Dois dias após a intervenção cirúrgica, quando Lima e eu fazíamos a visita diária à enfermaria, não parecia o mesmo. Estava tão tranqüilo como qualquer um de nós, jogando cartas com um companheiro de hospital. Lima perguntou-lhe como estavam as dores, ao que ele ergueu o olhar e disse, animado: "Oh, as dores são as mesmas, mas agora me sinto bem, muito obrigado". Claramente, o que a operação parecia ter feito nesse caso fora eliminar a reação emocional que faz parte daquilo que chamamos dor. A operação acabara com o sofrimento. A expressão facial, a voz e o contentamento eram aqueles que associamos a um estado agradável e não de dor. Mas a operação não tinha afetado a imagem da alteração local na região do corpo servida pelo nervo trigêmeo e o doente achava, por isso, que as dores ainda eram as mesmas. Apesar de ter deixado de gerar sofrimento, o cérebro continuava a produzir "imagens de dor", isto é, a processar normalmente a cartografia somatossensorial de uma paisagem de dor.[7] Além daquilo que nos pode ensinar acerca dos mecanismos da dor, esse exemplo revela também a separação entre a imagem de uma entidade (o estado do tecido biológico que origina uma imagem de dor) e a imagem de um estado do corpo que qualifica a imagem dessa entidade por meio de uma justaposição no tempo.

Julgo que um dos principais esforços da neurobiologia e da medicina deverá ser o de procurar proporcionar o alívio de sofrimentos como o que acabei de descrever. Uma meta não menos importante dos esforços biomédicos deveria ser também o alívio do sofrimento nas doenças mentais. Mas a maneira de tratar o sofrimento proveniente dos conflitos pessoais e sociais exteriores ao campo da medicina é um assunto completamente diferente que continua ainda por resolver. A tendência atual vai no sentido de não se fazer nenhuma distinção e utilizar a abordagem médica para eliminar qualquer desconforto. Os proponentes dessa atitude apresentam um argumento atrativo. Se, por exemplo, um aumento dos níveis de serotonina não se limita a tratar a depressão mas reduz também a agressividade, diminui a timidez e incute confiança na pessoa, por que não tirar partido dessa oportunidade? Quem poderia ser tão puritano e desmancha-prazeres para negar a um semelhante os benefícios dessas drogas maravilhosas? O problema reside, é claro, no fato de a escolha não ser tão límpida como parece, por várias razões. Primeiro, desconhecem-se os efeitos biológicos das drogas a longo prazo. Segundo, são igualmente misteriosas as conseqüências do consumo social e massivo de drogas. Terceiro, e talvez o mais importante: se a solução proposta para o sofrimento individual ignorar as causas de conflito individual e social, é pouco provável que funcione por muito tempo. Pode tratar um sintoma, mas não afeta a raiz da doença.

Eu disse pouca coisa acerca do prazer. A dor e o prazer não são imagens gêmeas ou simétricas uma da outra, pelo menos não o são em termos de suas funções no apoio à sobrevivência. De certa forma, e a maior parte das vezes, é a informação associada à dor que nos desvia do perigo iminente, tanto no momento presente como no futuro antecipado. É difícil imaginar que os indivíduos e as sociedades que se regem pela busca do prazer, tanto ou ainda mais do que pela fuga à dor, consigam sobreviver. Alguns dos desenvolvimentos sociais contemporâneos em culturas cada vez mais hedonistas conferem plausibilidade a essa idéia, e o trabalho que meus colegas e eu atualmente realizamos sobre a base neural das várias emoções reforça ainda mais essa plausibilidade. Há mais variedades de emoção negativa que de emoção positiva, e é claro que o cérebro trata de forma diferente essas duas variedades. Talvez Tolstoi tenha tido uma intuição semelhante quando escreveu no início de *Ana Karenina*: "Todas as famílias felizes são parecidas umas com as outras, cada família infeliz é infeliz à sua maneira".

NOTAS E REFERÊNCIAS

INTRODUÇÃO (pp.11-19)

(1) Procurei tornar os termos *razão, racionalidade* e *tomada de decisão* o mais inequívocos possível, mas devo dizer que, tal como discuti no início do capítulo 8, os seus significados são por vezes problemáticos. O problema não é só meu ou do leitor. Um dicionário contemporâneo de filosofia tem a dizer o seguinte acerca da razão: "Há muito que o termo *razão* teve, e continua a ter, um grande número e uma imensa variedade de sentidos e usos que estão relacionados uns com os outros de formas que são muitas vezes complexas e pouco claras [...]" (*Encyclopedia of philosophy*, P. Edwards (org.), Nova York, Macmillan Publishing Company e Free Press, 1967).

Seja como for, a maneira como uso os termos *razão* e *racionalidade* é relativamente convencional. Uso geralmente o termo *razão* para denotar a capacidade de pensar e fazer inferências de um modo ordenado e lógico; e o termo *racionalidade* para denotar a qualidade do pensamento e do comportamento que resulta da adaptação da razão a um contexto pessoal e social. Não uso indiferentemente *raciocínio* e *tomada de decisão*, visto nem todos os processos de raciocínio levarem a uma decisão.

Como o leitor também verificará, não utilizo indiferentemente os termos *emoção* e *sentimento*. De um modo geral, uso o termo *emoção* (*emotion*) para denotar um conjunto de mudanças que ocorrem quer no corpo quer no cérebro e que normalmente é originado por um determinado conteúdo mental. O termo *sentimento* (*feeling*) denota a percepção dessas mudanças. A discussão dessa distinção é feita no capítulo 7.

(2) C. Darwin (1871), *The descent of man*, Londres, Murray.

(3) N. Chomsky (1984), *Modular approaches to the study of the mind*, São Diego, San Diego State University Press.

(4) O. Flanagan (1991), *The science of the mind*, Cambridge, MA, MIT Press/Bradford Books.

301

1. CONSTERNAÇÃO EM VERMONT (pp. 23-41)

(1) J. M. Harlow (1868), "Recovery from the passage of an iron bar through the head", *Publications of the Massachusetts Society*, 2:327-47, e (1848-49), "Passage of an iron rod through the head", *Boston Medical and Surgical Journal*, 39:389.

(2) Ver nota 1 acima.

(3) E. Williams, citado em H. J. Bigelow (1850), "Dr. Harlow's case of recovery from the passage of an iron bar through the head", *American Journal of the Medical Sciences*, 19:13-22.

(4) Ver nota 3 acima (Bigelow).

(5) Ver nota 1 acima (1868).

(6) N. West (1939), *The day of the locust*, capítulo 1.

(7) Um exemplo dessa atitude é E. Dupuy (1873), *Examen de quelques points de la physiologie du cerveau*, Paris, Delahaye.

(8) D. Ferrier (1878), "The Goulstonian Lectures on the localisation of cerebral disease", *British Medical Journal*, 1:399-447.

(9) Para uma apreciação extremamente rigorosa das contribuicões de Gall, ver J. Marshall (1980), "The new organology", *The Behavioral and Brain Sciences*, 3:23-5.

(10) M. B. MacMillan (1986), "A wonderful journey through skull and brains", *Brain and Cognition*, 5:67-107.

(11) N. Sizer (1882), *Forty years on phrenology; embracing recollections of history; anecdote and experience*, Nova York, Fowler and Wells.

(12) Ver nota 1 acima (1868).

2. A REVELAÇÃO DO CÉREBRO DE GAGE (pp. 42-57)

(1) P. Broca (1865), "Sur la faculté du langage articulé", *Bull. Soc. Anthropol.*, Paris, 6:337-93; K. Wernicke (1874), *Der aphasische Symptomencomplex*, Breslau, Cohn und Weigert. Para pormenores sobre as afasias de Broca e Wernicke, ver A. Damásio (1992), *The New England Journal of Medicine*, 326:531-9. Para uma perspectiva recente sobre a neuroanatomia da linguagem, ver A. Damásio e H. Damásio (1992), *Scientific American*, 267:89-95.

(2) Para um texto geral sobre neuroanatomia, ver J. H. Martin (1989), *Neuroanatomy text and atlas*. Nova York, Elsevier. Para um atlas moderno do cérebro humano, ver H. Damásio (1995). *Human neuroanatomy from computerized images*, Nova York, Oxford University Press. Para um comentário sobre a importância da neuroanatomia no futuro da neurobiologia, ver F. Crick e E. Jones (1993), "The backwardness of human neuroanatomy", *Nature*, 361:109-10.

(3) H. Damásio e R. Frank (1992), "Three-dimensional *in vivo* mapping of brain lesions in humans", *Archives of Neurology*, 49:137-43.

(4) Ver E. Kandel J. Schwartz e T. Jessell (1991), *Principles of neuroscience*, Amsterdam, Elsevier; P. S. Churchland e T. J. Sejnowski (1992), *The com-*

putational brain: models and methods on the frontiers of computational neuroscience, Boston, MIT Press, Bradford Books.

(5) H. Damásio, T. Grabowski, R. Frank, A. M. Galaburda e A. R. Damásio (1994), "The return of Phineas Gage: the skull of a famous patient yields clues about the brain", *Science*, 264:1102-5.

3. *UM PHINEAS GAGE MODERNO* (pp. 58-76)

(1) À exceção de Phineas Gage, a privacidade de todos os doentes mencionados no texto encontra-se protegida por iniciais em código, pseudônimos e por omissão de pormenores biográficos.

(2) Grande parte dos testes neuropsicológicos a que me refiro nesta seção está descrita em M. Lezak (1983), *Neuropsychological assessment*. Nova York, Oxford University Press; e A. L. Benton (1983), *Contributions to neuropsychological assessment*, Nova York, Oxford University Press.

(3) B. Milner (1964), "Some effects of frontal lobectomy in man", in J. M. Warren e K. Akert (orgs.), *The frontal granular cortex and behavior*, Nova York, McGraw-Hill.

(4) T. Shallice e M. E. Evans (1978), "The involvement of the frontal lobes in cognitive estimation", *Cortex*, 14:294-303.

(5) S. R. Hathaway e J. C. McKinley (1951), *The Minnesota Multiphasic Personality Inventory manual* (ed. rev.), Nova York, Psychological Corporation.

(6) L. Kohlberg (1987), *The measurement of moral judgement*, Cambridge, Massachusetts, Cambridge University Press.

(7) J. L. Saver e A. R. Damásio (1991), "Preserved access and processing of social knowlegde in a patient with acquired sociopathy due to ventromedial frontal damage", *Neuropsychologia*, 29:1241-9.

4. *A SANGUE-FRIO* (pp. 77-105)

(1) B. J. McNeil, S. G. Pauker, H. C. Sox e A. Tversky (1982), "On the elicitation of preferences for alternative therapies", *New England Journal of Medicine*, 306:1259-69.

(2) Para pormenores sobre a estratégia de investigação da neuropsicologia, ver H. Damásio e A. R. Damásio (1989), *Lesion analysis in neuropsychology*, Nova York, Oxford University Press.

(3) R. M. Brickner (1934), "An interpretation of frontal lobe function based upon the study of a case of partial bilateral frontal lobectomy", *Research Publications of the Association for Research in Nervous and Mental Disease*, 13:259-351; e (1936), *The intellectual functions of the frontal lobes: study based upon observation of a man after partial bilateral lobectomy*, Nova York, Macmillan. Para outros estudos sobre lesões do lóbulo frontal, ver também D. T. Stuss e F. T. Benson (1986), *The frontal lobes*, Nova York, Raven Press.

(4) D. O. Hebb e W. Penfield (1940), "Human behavior after extensive bilateral removals from the frontal lobes", *Archives of Neurobiology and Psychiatry*, 44:421-38.

(5) S. S. Ackerly e A. L. Benton (1948), "Report of a case of bilateral frontal lobe defect", *Research Publications of the Association for Research in Nervous and Mental Disease*, 27:479-504.

(6) Entre os poucos casos documentados comparáveis com o do doente de Ackerly e Benton, contam-se os seguintes: B. H. Price, K. R. Dafftner, R. M. Stowe e M. M. Mesulam (1990), "The comportmental learning disabilities of early frontal lobe damage", *Brain*, 113:1383-93; L. M. Grattan e P. J. Eslinger (1992), "Long-term psychological consequences of childhood frontal lobe lesion in patient DT", *Brain and Cognition*, 20:185-95.

(7) E. Moniz (1936), *Tentatives opératoires dans le traitement de certaines psychoses*, Paris, Masson.

(8) Para uma discussão dessas e de outras formas de tratamento agressivo, ver E. S. Valenstein (1986), *Great and desperate cures: the rise and decline of psychosurgery and other radical treatment for mental illness*, Nova York, Basic Books.

(9) J. Babinski (1914), "Contributions à l'étude des troubles mentaux dans l'hémiplégie organique cérébrale (anosognosie)", *Revue Neurologique*, 27: 845-7.

(10) A. Marcel (1993), "Slippage in the unity of consciousness", in *Experimental and theoretical studies of consciousness* (Ciba Foundation Symposium 174), Nova York, John Wiley & Sons, pp. 168-86.

(11) S. W. Anderson e D. Tranel (1989), "Awareness of disease states following cerebral infarction, dementia, and head trauma: standardized assessment", *The Clinical Neuropsychologist*, 3:327-39.

(12) R. W. Sperry (1981), "Cerebral organization and behavior", *Science*, 133:1749-57; J. E. Bogen e G. M. Bogen (1969), "The other side of the brain. III: The corpus callosum and creativity", *Bull. Los Angeles Neurol. Soc.*, 34:191-220; E. de Renzi (1982), *Disorders of space exploration and cognition*, Nova York, John Wiley & Sons; D. Bowers, R. M. Bauer e K. M. Heilman (1933), "The nonverbal affect lexicon: theoretical perspectives from neuropsychological studies of affect perception", *Neuropsychologia*, 7:433-4; M. M. Mesulam (1981), "A cortical network for directed attention and unilateral neglect", *Ann. Neurol.*, 10:309-25; E. D. Ross e M. M. Mesulam (1979), "Dominant language functions of the right hemisphere", *Arch. Neurol.*, 36:144-8. Ver também o trabalho de Alexandre Castro Caldas sobre afasia cruzada e dominância cerebral.

(13) B. Woodward e S. Armstrong (1979), *The Brethren*, Nova York, Simon & Schuster.

(14) D. Tranel e B. T. Hyman (1990), "Neuropsychological correlates of bilateral amygdala damage", *Archives of Neurology*, 47:349-55; F. K. D. Nahm, H. Damásio, D. Tranel e A. Damásio (1993), "Cross-modal associations and the human amygdala", *Neuropsychologia*, 31:727-44; R. Adolphs, D. Tranel, H. Damásio e A. Damásio (1994), "Bilateral damage to the human amygdala impairs the recognition of emotion in facial expressions", *Nature*, 372:669-72.

(15) L. Weiskrantz (1956), "Behavioral changes associated with ablations of the amygdaloid complex in monkeys", *Journal of Comparative and Physiological Psychology*, 49:381-91; J. P. Aggleton e R. E. Passingham (1981), "Syndrome produced by lesions of the amygdala in monkeys (*Macaca mulatta*)", *Journal of Comparative and Physiological Psychology*, 95:961-77. Para estudos em ratos, ver J. E. LeDoux (1992), "Emotion and the amygdala", in J. P. Aggleton (org.), *The amygdala: neurobiological aspects of emotion, mystery, and mental dysfunction*, Nova York, Wiley-Liss, pp. 339-51.

(16) R. J. Morecraft e G. W. van Hoesen (1993), "Frontal granular cortex input to the cingulate (M_3) supplementary (M_2), and primary (M_1) motor cortices in the rhesus monkey", *Journal of Comparative Neurology*, 337: 669-89.

(17) A. R. Damásio e G. W. van Hoesen (1983), "Emotional disturbances associated with focal lesions of the limbic frontal lobe", in K. M. Heilman e P. Satz (orgs.), *Neuropsychology of human emotion*, Nova York, The Guilford Press; M. I. Posner e S. E. Petersen (1990), "The attention system of the human brain", *Annual Review of Neuroscience*, 13:25-42.

(18) F. Crick (1994), *The astonishing hypothesis: the scientific search for the soul*, Nova York, Charles Scribner's Sons.

(19) J. F. Fulton e C. F. Jacobsen (1935), "The functions of the frontal lobes: a comparative study in monkeys, chimpanzees and man", *Advances in Modern Biology (Moscow)*, 4:113-23; J. F. Fulton (1951), *Frontal lobotomy and affective behavior*, Nova York, Norton and Company.

(20) C. F. Jacobsen (1935), "Functions of the frontal association area in primates", *Archives of Neurology and Psychiatry*, 33:558-69.

(21) R. E. Myers (1975), "Neurology of social behavior and affect in primates: a study of prefrontal and anterior temporal cortex", in K. J. Zuelch, O. Creutzfeld, e G. C. Galbraith (orgs.), *Cerebral localization*, Nova York, Springer-Verlag, pp.161-70; E. A. Franzen e R. E. Myers (1973), "Neural control of social behavior: prefrontal and anterior temporal cortex", *Neuropsychologia*, 11:141-57.

(22) S. J. Suomi (1987), "Genetic and maternal contributions to individual differences in rhesus monkey biobehavioral development", in *Perinatal development: a psychobiological perspective*, Nova York, Academic Press, Inc., pp. 397-419.

(23) Para uma apreciação das provas neurofisiológicas sobre essa matéria, ver L. Brothers, "Neurophysiology of social interactions", in M. Gazzaniga (org.), *The cognitive neurosciences* (no prelo).

(24) P. Goldman-Rakic (1987), "Circuitry of primate prefrontal cortex and regulation of behavior by representational memory", in F. Plum e V. Mountcastle (orgs.), *Handbook of physiology: the nervous system*, vol. 5, Bethesda, MD, American Physiological Society, pp. 373-417; J. M. Fuster (1989), *The prefrontal cortex: anatomy, physiology, and neuropsychology of the frontal lobe*, 2.ª ed., Nova York, Raven Press.

(25) M. J. Raleigh e G. L. Brammer (1993), "Individual differences in serotonin-2 receptors and social behavior in monkeys", *Society for Neuroscience Abstracts*, 19:592.

5. ELABORANDO UMA EXPLICAÇÃO (pp. 109-41)

(1) E. G. Jones e T. P. S. Powell (1970), "An anatomical study of converging sensory pathways within the cerebral cortex of the monkey", *Brain*, 93:793-820. O trabalho dos neuroanatomistas D. Pandya, K. Rockland, G. W. van Hoesen, P. Goldman-Rakic e D. van Essen confirmou repetidamente esse princípio de conexão e clarificou seus pormenores.

(2) D. Dennett (1991), *Consciousness explained*, Boston, Little, Brown.

(3) A. R. Damásio (1989), "The brain binds entities and events by multiregional activation from convergence zones", *Neural Computation*, 1:123-32; idem (1989), "Time-locked multiregional retroactivation: a systems level proposal for the neural substrates of recall and recognition", *Cognition*, 33:25-62; A. R. Damásio e H. Damásio (1993), "Cortical systems underlying knowledge retrieval: evidence from human lesion studies", in *Exploring brain functions: models in neuroscience*, Nova York, Wiley & Sons; pp. 233-48 idem (1994), "Cortical systems for retrieval of concrete knowledge: the convergence zone framework", in C. Koch (org.), *Large-scale neuronial theories of the brain*, Cambridge, MA, MTI Press.

(4) Ver, entre outros: C. von der Malsburg (1987), "Synaptic plasticity as a basis of brain organization", in J.-P. Changeux e M. Konishi (orgs.), *The neural and molecular basis of learning* (Dahlem Workshop Report 38), Chichester, Inglaterra, Wiley, pp. 411-31; G. Edelman (1987), *Neural Darwinism: the theory of neuronal group selection*, Nova York, Basic Books; R. Llinás (1993), "Coherent 40-Hz oscillation characterizes dream state in humans", *Proceedings of the National Academy of Sciences*, 90:2078-81; F. H. Crick e C. Koch (1990), "Towards a neurobiological theory of consciousness", *Seminars in the Neurosciences*, 2:263-75; W. Singer, A. Artola, A. K. Engel, P. Koenig, A. K. Kreiter, S. Lowel e T. B. Schillen (1993), "Neuronal representations and temporal codes", in T. A. Poggio e D. A. Glaser (orgs.), *Exploring brain functions: models in neuroscience*, Chichester, Inglaterra, Wiley, pp. 179-94; R. Eckhorn, R. Bauer, W. Jordan, M. Brosch, W. Kruse, M. Munk e H. J. Reitboeck (1988), "Coherent oscillations: a mechanism for feature linking in the visual cortex", *Biologica Cybernetica*, 60:121-30; S. Zeki (1993), *A vision of the brain*, Londres, Blackwell Scientific; S. Bressler, R. Coppola e R. Nakamura (1993), "Episodic multiregional cortical coherence at multiple frequencies during visual task performance", *Nature*, 366:153-6.

(5) Ver discussão no capítulo 4 deste livro e ver: M. I. Posner e S. E. Petersen (1990), "The attention system of the human brain", *Annual Review of Neuroscience*, 13:35-42; P. S. Goldman-Rakic (1987), "Circuitry of primate prefrontal cortex and regulation of behavior by representational memory", in F. Plum e V. Mountcastle (orgs.), *Handbook of physiology: the nervous system*, vol. 5, Bethesda, *MD* American Physiological Society, pp. 373-417; J. M. Fuster (1989), *The prefrontal cortex: anatomy, physiology and neuropsychology of the frontal lobo*, 2ª ed., Nova York, Raven Press.

(6) Para os estudos neuroanatômicos, neurofisiológicos e psicofísicos relativos à visão, ver: J. Allman, F. Miezin e E. McGuiness (1985), "Stimulus specific responses from beyond the classical receptive field: neuropsychological me-

chanisms for local-global comparisons in visual neurons", *Annual Review of Neuroscience*, 8:407-30; W. Singer, C. Gray, A. Engel, P. Koenig, A. Artola e S. Brocher (1990), "Formation of cortical cell assemblies", *Sinopsia on Quantitative Biology*, 55:939-52; G. Tononi, O. Sporns e G. Edelman (1992), "Reentry and the problem of integrating multiple cortical areas: simulation of dynamic integration in the visual system", *Cerebral Cortex*, 2:310-35; S. Zeki (1992), "The visual image in mind and brain", *Scientific American*, 267:68-76. Para os estudos somatossensoriais e auditivos, ver: R. Adolphs (1993), "Bilateral inhibition generates neuronal responses tuned to interneural differences in the auditory brainstem of the barn owl", *The Journal of Neuroscience*, 13:3647-68; M. Konishi, T. Takahashi, H. Wagner, W. E. Sullivan e C. E. Carr (1988), "Neurophysiological and anatomical substrates of sound localization in the owl", in G. Edelman, W, Gall e W. Cowan (orgs.), *Auditory function*, Nova York, John Wiley & Sons, pp. 721-46; M. M. Merzenich e J. H. Kaas (1980), "Principles of organization of sensory perceptual systems in mammals", in J. M. Sprague e A. N. Epstein (orgs.), *Progress in psychobiology and physiological psychology*, Nova York, Academic Press, pp. 1-42. Para estudos sobre a plasticidade cortical, ver: C. D. Gilbert, J. A. Hirsch e T. N. Wiesel (1990), "Lateral interactions in visual cortex", in *Symposia on quantitative biology*, vol. 55, Cold Spring Harbor, N. I., Laboratory Press, pp. 663-77; M. M. Merzenich, J. H. Kaas, J. Wall, R. J. Nelson, M. Sur e D. Felleman (1983), "Topographic reorganization of somatosensory cortical areas 3B e 1 in adult monkeys following restructured deafferentation", *Neuroscience*, 8:33-55; V. S. Ramachandran (1993), "Behavioral and magnetoencephalographic correlates of plasticity in the adult human brain", *Proceedings of the National Academy of Science*, 90:10 413-20.

(7) F. C. Bartlett (1964), *Remembering: a study in experimental and social psychology*, Cambridge, Inglaterra, Cambridge University Press.

(8) S. M. Kosslyn, N. M. Alpert, W. L. Thompson, V. Maljkovic, S. B. Weise, C.F. Chabris, S. E. Hamilton, S. L. Rauch e F. S. Buonanno (1993), "Visual mental imagery activates topographically organized visual cortex: PET investigations", *Journal of Cognitive Neuroscience*, 5:263-87; H.Damásio, T. J. Grabowski, A. Damásio, D. Tranel, L. Boles-Ponto, G. L. Watkins e R. D. Hichwa (1993), "Visual recall with eyes closed and covered activates early visual cortices", *Society for Neuroscience Abstracts*, 19:1603.

(9) Começam a ser compreendidos os caminhos para a resposta (*back-firing*). Ver: C.W. van Hoesen (1982), "The parahippocampal gyrus: new observations regarding its cortical connections in the monkey", *Trends in Neurosciences*, 5:345-50; M. S. Livingstone e D. H. Hubel (1984), "Anatomy and physiology of a color system in the primate visual cortex", *The Journal of Neuroscience*, 4:309-56; M. S. Livingstone e D. H. Hubel (1987), "Connections between layer 4B of area 17 and thick cytochrome oxidase stripes of area 18 in the squirrel monkey", *The Journal of Neuroscience*, 7:3371-77; K. S. Rockland e A. Virga (1989), "Terminal arbors of individual 'feedback' axons projecting from area V2 to V1 in the macaque monkey: a study using immunohistochemistry of anterogradely transported *Phaseolus vulgaris* leucoagglutinin", *Journal of Comparative Neurology*, 285:54-72; D. J. Felleman e D. C. van Essen (1991), Distributed hierarchical processing in the primate cerebral cortex", *Cerebral cortex*, 1:1-47.

(10) R. B. H. Tootell, E. Switkes, M. S. Silverman e S. L. Hamilton (1988), "Functional anatomy of macaque striate cortex. II. Retinoptic organization", *The Journal of Neuroscience*, 8:1531-68.

(11) M. M. Merzenich, nota 3 acima.

(12) Não é possível apresentar aqui um sumário da literatura científica sobre a aprendizagem e a plasticidade. O leitor poderá consultar capítulos selecionados em duas obras: E. Kandel, J. Schwartz e T. Jessel (1991), *Principles of neuroscience*, Amsterdam, Elsevier; P. S. Churchland e T. J. Sejnowski (1992), *The computational brain: models and methods on the frontiers of computational neuroscience*, Cambridge, MA, Bradford Books, MIT Press.

(13) O valor atribuído às imagens é um progresso recente e constitui parte da revolução cognitiva que se seguiu à longa noite do behaviorismo "estímulo-resposta". Devemo-lo em grande parte à obra de Roger Shepard e Steven Kooslyn. Ver: R. N. Shepard e L. A. Cooper (1982), *Mental images and their transformations*, Cambridge, MA, MIT Press; S. M. Kosslyn (1980), *Image and mind*, Cambridge, MA, Harvard University Press. Para uma crítica histórica, ver também Howard Gardner (1985), *The mind's new science*. Nova York, Basic Books.

(14) B. Mandelbrot, comunicação pessoal.

(15) A. Einstein, citado em J. Hadamard (1945), *The psychology of invention in the mathematical field*, Princeton, NJ, Princeton University Press.

(16) As referências que se seguem são basilares para esse assunto: D. H. Hubel e T. N. Wiesel (1965), "Binocular interaction in striate cortex of kittens reared with artificial squint", *Journal of Neurophysiology*, 28:1041-59; D. H. Hubel, T. N. Wiesel e S. LeVay (1977), "Plasticity of ocular dominance columns in monkey striate cortex", *Philosophical Transactions of the Research Society of London*, série B, 278:377-409; L. C. Katz e M. Constantine-Paton (1988), "Relationship between segregated afferents and post-synaptic neurons in the optic tectum of three-eyed frogs", *The Journal of Neuroscience*, 8:3160-80; G.Edelman (1988), *Topobiology*, Nova York, Basic Books; M. Constantine-Paton, H. T. Cline e E. Debski (1990), "Patterned activity, synaptic convergence and the NMDA receptor in developing visual pathways", *Annual Review of Neuroscience*, 13:129-54; C. Shatz (1992), "The developing brain", *Scientific American*, 267:61-7.

(17) Para os respectivos antecedentes dessa questão, ver: R. C. Lewontin (1992), *Biology as ideology*, Nova York, Harper Perennial; Stuart A. Kauffman (1993), *The origins of order. Self-organization and selection in evolution*, Nova York, Oxford University Press.

(18) O substrato das alterações rápidas e dramáticas que parecem registrar-se no *design* de circuitos incluem a quantidade enorme de sinapses, a que já fiz alusão, enriquecida pela variedade de neurotransmissores e receptores existente em cada sinapse. A caracterização desse processo plástico está fora do âmbito do presente texto, mas a descrição aqui apresentada é compatível com a idéia de que o processo ocorre em parte por meio da seleção dos circuitos no nível sináptico. A aplicação da noção de seleção ao sistema nervoso foi sugerida pela primeira vez por Niels Jerne e J. Z. Young e usada por Jean-Pierre Changeux. Gerald Edelman defendeu a idéia e concebeu em torno dela uma teoria sobre a mente e o cérebro.

6. REGULAÇÃO BIOLÓGICA E SOBREVIVÊNCIA (pp. 142-55)

(1) C. B. Pert, M. R. Ruff, R. J. Weber e M. Herkenham (1985), "Neuropeptides and their receptors: a psychosomatic network", *The Journal of Immunology*, 135:820-26s.; F. Bloom (1985), "Neuropeptides and other mediators in the central nervous system", *The Journal of Immunology*, 135:743s-45s.; J.Roth, D. LeRoith, E. S. Collier, N. R. Weaver, A. Watkinson, C. F. Cleland e S. M. Click (1985), "Evolutionary origins of neuropeptides, hormones and receptors: possible applications to immunology", *The Journal of Immunology*, 135:816s-19s.; B. S. McEwen (1991), "Non-genomic and genomic effects of steroids on neural activity", *Trends in Pharmacological Sciences*, 12 de abril, (4):141-7; A. Herzog (1984), "Temporal lobe epilepsy: an extrahypothalmic pathogenesis for polycystic ovarian syndrome?", *Neurology*, 34:1389-93.

(2) J. Hosoi, G. F. Murphy e C. L. Egan (1993), "Regulation of Langerhans cell function by nerves containing calcitonin gene related peptide", *Nature*, 363:159-63.

(3) J. R. Calabrese, M. A. Kling e P. Gold (1987), "Alterations in immunocompetence during stress, bereavement and depression: focus on neuroendocrine regulation", *American Journal of Psychiatry*, 144:1123-34.

(4) E. Marder (org.) (1989), "Neuromodulation in circuits underlying behavior", *Seminars in the Neurosciences*, 1:3-4; C. B. Saper (1987), "Diffuse cortical projection and role in cortical function", in V. B. Mountcastle (org.), *Handbook of psychology*, Bethesda, Maryland, American Physiological Society, pp. 169-210.

(5) C. S. Carter (1992), "Oxytocin and sexual behavior", *Neuroscience Biobehavioral Review*, 16:131; T. R. Insel (1992), "Oxytocin, a neuropeptide for affiliation: evidence from behavioral, receptor autoradiographic, and comparative studies", *Psychoneuroendocrinology*, 17:3.

(6) R. Descartes (1647), *The passions of the soul*, in J. Cottingham, R. Stoothoff e D. Murdoch (orgs.), *The philosophical writings of Descartes*, vol. 1, Cambridge, Inglaterra, Cambridge University Press, 1985.

(7) S. Freud (1930), *Civilization and its discontents* Chicago, University of Chicago Press.

7. EMOÇÕES E SENTIMENTOS (pp. 156-96)

(1) J. M. Allman, T. McLaughlin e A. Hakeem (1993), "Brain weight and life-span in primate species", *Proceedings of the National Academy of Science*, 90:118-22.

(2) Idem, "Brain structures and life-span in primate species", *Proceedings of the National Academy of Science*, 90:3559-63.

(3) W. James (1890), *The principles of psychology*, vol. 2, Nova York, Dover, 1950.

(4) Como introdução à imensa investigação sobre o assunto, recomendo as seguintes obras: P. Ekman (1992), "Facial expressions of emotion: new findings,

new questions", *Psychological Science*, 3:34-8; R. S. Lazarus (1984), "On the primacy of cognition", *American Psychologist*, 39:124-9; G. Mandler (1984), *Mind and body: psychology of emotion and stress*, Nova York, W. W. Norton & Co; R. B. Zajonc (1984), "On the primacy of affect", *American Psychologist*, 39: 117-23.

(5) M. H. Bagshaw, D. P. Kimble e K. H. Pribram (1965), "The GSR of monkeys during orienting and habituation and after ablation of the amygdala, hippocampus and inferotemporal cortex", *Neuropsychologia*, 3:111-9; L.Weiskrantz (1965), "Behavioral changes associates with ablations of the amygdaloid complex in monkeys", *Journal of Comparative and Physiological Psychology*, 49:381-91; J. P. Aggleton e R. E. Passingham (1981), "Syndrome produced by lesions of the amygdala in monkeys (*Macaca mulatta*)", *Journal of Comparative and Physiological Psychology*, 95:961-77; J. E. LeDoux (1992), "Emotion and the amygdala", in J. P. Aggleton (org.), *The amygdala neurobiological aspects of emotion, memory and mental disfunction*, Nova York, Wiley-Liss, pp. 339-51.

(6) M. Davis (1992), "The role of the amygdala in conditioned fear", in J. P. Aggleton (org.), *The amygdala: neurobiological aspects of emotion, and mental dysfunction*, Nova York, Wiley-Liss, pp. 255-305; S. Zola-Morgan, L. R. Squire, P. Alvarez-Royo e R. P. Clower (1991), "Independence of memory functions and emotional behavior: separate contributions of the hippocampal formation and the amygdala", *Hippocampus*, 1:207-20.

(7) P. Gloor, A. Olivier e L. F. Quesney (1981), "The role of the amygdala in the expression of psychic phenomena in temporal lobe seizures", in Y. Ben-Air (org.), *The amygdaloid complex* (INSERM Symposium 20), Amsterdam, Elsevier, North-Holland, pp. 489-98; W. Penfield e W. Jasper (1954), *Epilepsy and the functional anatomy of the human brain*, Boston, Little, Brown.

(8) H. Kluver e P. C. Bucy (1937), " 'Psychic blindness' and other symptoms following bilateral temporal lobe lobectomy in rhesus monkeys", *American Journal of Physiology*, 119:352-3.

(9) D. Laplane, J. D. Degos, M. Baulac e F. Gray (1981), "Bilateral infarction of the anterior cingulate gyri and of the fornices", *Journal of the Neurological Sciences*, 51:289-300; e A. R. Damásio e G. W. van Hoesen (1983), "Emotional disturbances associated with focal lesions of the limbic frontal lobe", in K. M. Heilman e P. Satz (orgs.), *Neuropsychology of human emotion*, Nova York, The Guilford Press.

(10) R. W. Sperry, M. S. Gazzaniga e J. E. Bogen (1969), "Interhemispheric relationships. The neocortical commissures; syndromes of their disconnection", in P. J. Vinken e G. W. Bruyn (eds.), *Handbook of clinical neurology*, vol. 4, Amsterdam, North-Holland, pp.273-90; R. Sperry, E. Zaidel e D. Zaidel (1979), "Self recognition and social awareness in the deconnected minor hemisphere", *Neuropsychologia*, 17:153-66.

(11) G. Gainotti (1972), "Emotional behavior and hemispheric side of the lesion", *Cortex*, 8:41-55; H. Gardner, H. Brownell, W. Wapner e D. Michelow (1983), "Missing the point: the role of the right hemisphere in the processing of complex linguistic materials", in E. Pericman (org.), *Cognitive processes and the right hemisphere*, Nova York, Academic Press; K. Heilman, R. T. Watson e D.

Bowers (1983), "Affective disorders associated with hemispheric disease", in K. Heilman e P. Satz (eds.), *Neuropsychology of human emotion*, Nova York, The Guilford Press, pp. 45-64; J. C. Borod (1992), "Interhemispheric and intrahemispheric control of emotion: a focus on unilateral brain damage", *Journal of Consulting and Clinical Psychology*, 60:339-48; R. Davidson (1992), "Prolegomenon to emotion: gleanings from neuropsychology", *Cognition and Emotion*, 6:245-68.

(12) C. Darwin (1872), *The expression of the emotions in man and animals*, Nova York, Philosophical Library.

(13) G.-B. Duchenne (1862), *The mechanism of human facial expression, or an electro-physiological analysis of the expression of emotions*, trad. R. A. Cuthberton, Cambridge University Press, 1990.

(14) P. Ekman (1992), "Facial expressions of emotion: new findings, new questions", *Psychological Science*, 3:34-48; P. Ekman e R. J. Davidson (1993), "Voluntary smiling changes regional brain activity", *Psychological Science*, 4:342-5; P. Ekman, R. W. Levenson e W. V. Friesen (1983), "Autonomic nervous system activity distinguishes among emotions", *Science*, 221:1208-10.

(15) P. Ekman e R. J. Davidson (1993), "Voluntary smiling changes regional brain activity", *Psychological Science*, 4:342-5.

(16) Enquanto parece existir um grande componente biológico naquilo que designei por emoções primárias, a forma como conceituamos as emoções secundárias é relativa a culturas específicas (para provas sobre a maneira como a cultura contribui para a forma como categorizamos as emoções, ver James A. Russell [1991], "Culture and the categorization of emotions", *Psychological Bulletin*, 110:426-50).

(17) O. Sacks (1987), *The man who mistook his wife for a hat, and other clinical tales*, Nova York, Harper & Row, parte I, capítulo 3, p. 43.

(18) A autobiografia de William Styron pode, mais uma vez, ser oferecida como uma ilustração oportuna dessas muitas linhas de ação. Alguns dos dados por mim utilizados para o quadro que estou aqui construindo provêm também de estudos do estilo conceitual nos escritores. N. J. Andreasen e P. S. Powers (1974), "Creativity and psychosis: an examination of conceptual style", *Archives of General Psychiatry*, 32:70-3.

8. *A HIPÓTESE DO MARCADOR-SOMÁTICO* (pp. 197-234)

(1) Blaise Pascal, *Pensées*. A fonte usada para a presente obra foi a "nova edição" publicada por Mercure de France, 1976, Paris. O excerto citado na p. 178 vem na seção 80: "Que chacun examine ses pensées, il les trouvera toutes occupées au passé ou à l'avenir. Nous ne pensons presque point au présent, et si nous y pensons, ce n'est que pour prendre de la lumière pour disposer de l'avenir". O excerto citado na p. 211 surge na seção 680: "Le coeur a ses raisons, que la raison ne connaît point". Traduções do autor.

(2) Phillip N. Johnson-Laird e Elgar Shafir (1993), "The interaction between reasoning and decision-making: an introduction", *Cognition*, 49:109.

(3) H. Gardner (1983), *Frames of mind: the theory of multiple intelligences*, Nova York, Basic Books.

(4) A. Tversky e D. Kahneman (1973), "Availability: a heuristic for judging frequency and probability", *Cognitive Psychology*, 2:207-32.

(5) S. Sutherland (1992), *Irrationality: the enemy within*, Londres, Constable.

(6) L. Cosmides (1989), "The logic of social exchange: has natural selection shaped how humans reason? Studies with the Wason selection task", *Cognition*, 33:187-276; Jerome H. Barkow, Leda Cosmides e John Tooby (orgs.), *The adapted mind: evolutionary psychology and the generation of culture*, Nova York, Oxford University Press, 1992; L. Brothers, cap. 4, nota 23, e Suomi, cap. 4, nota 22.

(7) Sobre a anatomia frontal, ver F. Sanides (1964), "The cytomyeloarchitecture of the human frontal lobe and its relation to phylogenetic differentiation of the cerebral cortex", *Journal fur Hirnforschung*, 6:269-82; P. Goldman-Rakic (1987), "Circuitry of primate prefrontal cortex and regulation of behavior by representational memory", in F. Plum e V. Mountcastle (orgs.), *Handbook of physiology: the nervous system*, vol. 5, Bethesda, MD, American Physiological Society, pp. 373-401; D. Pandya e E. H. Yeterian (1990), "Prefrontal cortex in relation to other cortical areas in rhesus monkey: architecture and connections", in H. B. M. Uylings (org.), *The prefrontal cortex: its structure, function and pathology*, Amsterdam, Elsevier, pp. 63-94; H. Barbas e D. N. Pandya (1989), "Architecture and intrinsic connections of the prefrontal cortex in rhesus monkey", *The Journal of Comparative Neurology*, 286:353-75.

(8) M. Petrides e B. Milner (1982), "Deficits on subject-ordered tasks after frontal and temporal lobe lesions in man", *Neuropsychologia*, 20:249-62; J. M. Fuster (1989), *The prefrontal cortex: anatomy, physiology and neuropsychology of the frontal lobe*, 2ª, ed. Nova York, Raven Press; P. Goldman-Rakic (1992), "Working memory and the mind", *Scientific American*, 267:110-7.

(9) R. J. Morecraft e G. W. Van Hoesen (1993), "Frontal granular cortex input to the cingulate (M_3), supplementary (M_2), and primary (M_1) motor cortices in the rhesus monkey", *Journal of Comparative Neurology*, 337:669-89.

(10) L. A. Leal (1991), "Animal choice behavior and the evolution of cognitive architecture", *Science*, 253:980-6.

(11) P. R. Montague, P. Dayan e T. J. Sejnowski (1993), "Foraging in an uncertain world using predictive hebbian learning", *Society for Neuroscience*, 19:1609.

(12) H. Poinacaré (1908), "Le raisonnement mathématique", in *Science et méthode*, trad. George Bruce Halsted, in B. Chiselin, *The creative process*, Los Angeles, Mentor Books/UCLA, 1955.

(13) L. Szilard in W. Lanouette, *Genius in the shadows*, Nova York, Charles Scribner's Sons, 1992.

(14) J. Salk (1985), *The anatomy of reality*, Nova York, Praeger.

(15) T. Shallice e P. W. Burgess (1993), "Supervisory control of action and thought selection", in A. Baddeley e L. Weiskrantz (orgs.), *Attention: selection, awareness, and control: a tribute to Donald Broadbent*, Oxford, Clarendon Press, pp. 171-87.

(16) Ver nota 4 acima.

(17) Ver nota 5 acima.

(18) G. Harrer e H. Harrer (1977), "Music, emotion and autonomic function", in M. Critchley e R. A. Henson (orgs)., *Music and the brain*, Londres, William Heinemann Medical, pp. 202-15.

(19) S. Dehaene e J.-P. Changeux (1991), "The Wisconsin Card Sorting Test: theoretical analysis and modeling in a neuronal network", *Cerebral Cortex*, 1:62-79.

(20) Ver Posner e Petersen, cap. 4, nota 17.

(21) Ver Goldman-Rakic, "Working memory and the mind", cap. 8, nota 8.

(22) K. S. Lashley (1951), "The problem of serial order in behavior", in L. A. Jeffress (org.), *Cerebral mechanisms in behavior*, Nova York, John Wiley & Sons.

(23) C. D. Salzman e W. T. Newsome (1994), "Neural mechanisms for forming a perceptual decision", *Science*, 264:231-7.

(24) Blaise Pascal (1670), *Pensées*. Ver nota 1 acima.

(25) J. St. Evans, D. E. Over e K. I. Manktelow (1993), "Reasoning, decision-making and rationality", *Cognition*, 49:165-87; R. De Sousa (1991), *The rationality of emotion*, Cambridge, MA, MIT Press; P. N. Johnson-Laird e K. Oatley (1992), "Basic emotions, rationality, and folk theory", *Cognition and Emotion*, 6:201-23.

9. *TESTANDO A HIPÓTESE DO MARCADOR-SOMÁTICO* (pp. 237-53)

(1) A. R. Damásio, D. Tranel e H. Damásio (1991), "Somatic markers and the guidance of behavior: theory and preliminary testing", in H. S. Levin, H. M. Eisenberg e A. L. Benton (orgs.), *Frontal lobe function and dysfunction*, Nova York, Oxford University Press, pp. 217-29. É interessante notar que, em experiências semelhantes, os indivíduos diagnosticados com psicopatia do desenvolvimento e com registro criminal se comportaram de forma idêntica. Ver R. D. Hare e M. J. Quinn (1971), "Psychopathy and autonomic conditioning", *Journal of Abnormal Psychology*, 77:223-35.

(2) A. Bechara, A. R. Damásio, H. Damásio e S. Anderson (1994), "Insensitivity to future consequences following damage to human prefrontal cortex", *Cognition*, 50:7-12.

(3) C. M. Steele e R. A. Josephs (1990), "Alcohol myopia", *American Psychologist*, 45:921-33.

(4) A. Bechara, D. Tranel, H. Damásio e A. R. Damásio (1993), "Failure to respond autonomically in anticipation of future outcomes following damage to human prefrontal cortex", *Society for Neuroscience*, 19:791.

10. *O CÉREBRO DE UM CORPO COM MENTE* (pp. 254-75)

(1) G. Lakoff (1987), *Women, fire and dangerous things: what categories reveal about the mind*, Chicago, University of Chicago Press; M. Johnson (1987),

The body in the mind: the bodily basis of meaning, imagination and reason, Chicago, University of Chicago Press.

(2) G. W. Hohmann (1966), "Some effects of spinal cord lesions on experienced emotional feelings", *Psychophysiology*, 3:143-56.

(3) H. Putnam (1981), *Reason, truth, and history*. Cambridge, Inglaterra, Cambridge University Press.

(4) Para uma análise dos aspectos viscerais da representação somatossensorial, ver M. M. Mesulam e E. J. Mufson (1985), "The insula of Reil in man and monkey", in A. Peters e E. G. Jones (orgs.), *Cerebral cortex*, vol. 5, Nova York, Plenum Press, pp. 179-226. Ver também J. R. Jennings (1992), "Is it important that the mind is in the body? Inhibition and the heart", *Psychophysiology*, 29:369-83. Ver também S. M. Oppenheimer, A. Gelb, J. P. Girvin e V. C. Hachinski (1992), "Cardiovascular effects of human insular cortex stimulation", *Neurology*, 42:1727-32.

(5) N. Humphrey (1992), *A history of the mind*, Nova York, Simon & Schuster.

(6) Ver nota 1 acima, e F.Varela, E. Thompson e E. Rosch (1992), *The embodied mind*, Cambridge, MA, MIT Press; G.Edelman (1992), *Bright air, brilliant fire*, Nova York, Basic Books.

(7) J. Searle (1992), *The rediscovery of the mind*, Cambridge, MA, MIT Press; P. S. Churchland (1986), *Neurophilosophy: toward a unified science of the mindbrain*, Cambridge, MA, Bradford Books, MIT Press; P. M. Churchland (1984), *Matter and consciousness*, Cambridge, MA, Bradford Books, MIT Press; F. Crick (1994), *The astonishing hypothesis: the scientific search for the soul*, Nova York: Charles Scribner's Sons; D.Dennett (1991), *Consciousness explained*, Little, Brown; G. Edelman, ver nota 6 acima; R. Llinás (1991), "Commentary of dreaming and wakefulness", *Neuroscience*, 44:521-35.

(8) F. Plum e J. Posner (1980), *The diagnosis of stupor and coma* (Contemporary Neurology Series, 3ª ed.), Filadélfia, F. A. Davis.

(9) J. Kagan (1989), *Unstable ideas: temperament, cognition, and self*, Cambridge, MA, Harvard University Press.

11. *UMA PAIXÃO PELA RAZÃO* (pp. 276-83)

(1) G. S. Stent (1969), *The coming of the golden age: a view of the end of progress*, Nova York, Doubleday.

(2) É possível encontrar uma excelente descrição dessa situação em Robert Hoghes (1992), *The culture of complaint*. Nova York, Oxford University Press.

(3) R. Descartes (1637), *The philosophical works of Descartes*, traduzido para o inglês por Elizabeth S. Haldane e C. R. T. Ross, vol. 1, Nova York, Cambridge University Press, 1970, p. 101.

(4) R. Descartes. Ver nota 3 acima.

(5) R. Cottingham (1992), *A Descartes dictionary*, Oxford, Blackwell, p. 36; Platão, *Phaedo* (1971), in E. Hamilton e H.Cairns (orgs.), *The collected dialogues of Plato*, Bollingen Series, Pantheon Books, pp. 47-53.

6.Ver nota 3 acima.

(1) W. Faulkner (1949), Discurso de aceitação do prêmio Nobel. O contexto exato das palavras de Faulkner era a crescente ameaça nuclear, mas sua mensagem é intemporal.

(2) P. Éluard (1961), "Liberté", in G. Pompidou (org.), *Anthologie de la poésie française*, Paris, Hachette.

(3) As obras de Jonas Salk e Richard Lewontin citadas acima, que essas palavras evocam, contêm o otimismo e a determinação indispensáveis a um estudo abrangente da biologia humana.

(4) Ver nota 2, cap. 11.

(5) David Ingvar usou também o termo "memórias do futuro" exatamente com o mesmo significado.

(6) Howard Fields (1987), *Pain*. Nova York, McGraw-Hill Book Co; B. 'Davis (1994), "Behavioral aspects of complex analgesia" (a publicar).

(7) Há, hoje em dia, processos cirúrgicos novos, menos mutilantes, com vista ao controle da dor. Embora a leucotomia pré-frontal não fosse tão limitadora como outros processos ditos psicocirúrgicos e tivesse um resultado positivo no alívio do sofrimento intratável, apresentou também um resultado negativo: a diminuição da emoção e do sentimento, cujas conseqüências a longo prazo só agora podem ser compreendidas.

BIBLIOGRAFIA SELECIONADA

O que se segue é uma lista breve de livros que abrangem os tópicos que acabei de discutir. Trata-se, como é óbvio, de uma lista bibliográfica não exaustiva. Os títulos foram agrupados por áreas gerais, mas muitos deles pertencem a mais de uma categoria.

FONTES CLÁSSICAS

Darwin, Charles (1872).*The expression of the emotions in man and animals*. Nova York, New York Philosophical Library.

Geschwind, N. (1974). *Selected papers on language and brain*. Boston Studies in the Philosophy of Science, vol. XVI, Holanda, D. Reidel Publishing Company.

Hebb. D. O. (1949). *The organization of behavior*. Nova York, Wiley.

James, W. (1890). *The principles of psychology*. Vols. 1 e 2. Nova York, Dover Publications , 1950.

FONTES TÉCNICAS ATUAIS

Churchland, P. S. e T. J. Sejnowski (1992). *The computational brain: models and methods on the frontiers of computational neuroscience*. Cambridge, MA, Bradford Books, MIT Press.

Damásio, H. e A. R. Damásio (1989). *Lesion analysis in neuropsychology*. Nova York, Oxford University Books.

Damásio, H. (1994). *Human brain anatomy in computerized images*. Nova York, Oxford University Press.

Kandel, E. R., J. H. Schwartz e T. M. Jessel (orgs.) (1991). *Principles of neural science*. 3ª ed. Norwalk, CT, Appleton and Lange.

EMOÇÃO

De Sousa, R. (1991), *The rationality of emotion*. Cambridge, MA, MIT Press.
Izard, C. E., J. Kagan e R. B. Zajonc (1984).*Emotion, cognition and behavior*. Nova York, Cambridge University Press.
Kagan, J. (1989). *Unstable ideas: temperament, cognition, and self*. Cambridge, MA, Harvard University Press.
Mandler, C. (1984). *Mind and body: psychology of emotion and stress*. Nova York, W. W. Norton & Co.

PENSAMENTO E RACIOCÍNIO

Fuster, Joaquin M. (1989). *The prefrontal cortex: anatomy, physiology and neuropsychology of the frontal lobe*. 2.ª ed., Nova York, Raven Press.
Gardner, H. (1983). *Frames of mind: the theory of multiple intelligences*. Nova York, Basic Books.
Johnson-Laird, P. N. (1983). *Mental models*. Cambridge, MA, Harvard University Press.
Pribram, K. H. e A. R. Luria (orgs.) (1973). *Psychophysiology of the frontal lobe*. Nova York, Academic Press.
Sutherland, S. (1992). *Irrationality: the enemy within*. Londres, Constable.

DA FILOSOFIA DA MENTE À NEUROCIÊNCIA COGNITIVA

Churchland, P. S. (1986). *Neurophilosophy: toward a unified science of the mind-brain*. Cambridge, MA, Bradford Books, MIT Press.
Churchland, P. M. (1984). *Matter and consciousness*. Cambridge, MA, Bradford Books, MIT Press.
———. (1994). *The engine of reason, the seat of the soul: a philosophical journey into the brain*. Cambridge, MA, MIT Press.
Dennett, D. C. (1991). *Consciousness explained*. Nova York, Little Brown. Dudai, Y. (1989). *The neurobiology of memory: concepts, findings, trends*. Nova York, Oxford University Press.
Flanagan, O. (1992). *Consciousness reconsidered*. Cambridge, MA, MIT Press.
Gazzaniga, M. S. e J. E. LeDoux (1978). *The integrated mind*. Nova York, Plenum Press.
Hinde, R. A. (1990). "The interdependence of the behavioral sciences." *Phil. Trans. of the Royal Society*, Londres, 329: 217-27.
Hubel, D. H. (1987). *Eye, brain and vision*. Scientific American Library. Distribuído por W. H. Freeman, Nova York.
Humphrey, N. (1992). *A history of the mind: evolution and the birth of consciousness*. Norwalk, CT, Simon & Schuster.
Johnson, M. (1987). *The body in the mind: the bodily basis of meaning, imagination, and reason*. Chicago, University of Chicago Press.

Kosslyn, S. M. e O. Koenig (1992). *Wet mind: the new cognitive neuroscience.* Nova York, The Free Press.

Lakoff, G. (1987). *Women, fire and dangerous things: what categories reveal about the mind.* Chicago, University of Chicago Press.

Magnusson, D. (*c.* 1988). *Individual development in an interational perspective: a longitudinal study.* Hillsdale, NJ, Erlbaum Associates.

Miller, J. (1983). *States of mind.* Nova York, Pantheon Books.

Ornstein, R. (1973). *The nature of human consciousness.* San Francisco, W. H. Freeman.

Rose, S. (1973). *The conscious brain.* Nova York, Knopf.

Rutter, M. e Rutter, M. (1993). *Developing minds challenge and continuity across the lifespan.* Nova York, Basic Books.

Searle, J. R. (1992). *The rediscovery of the mind.* Cambridge, MA, Bradford Books, MIT Press.

Squire, L. R. (1987). *Memory and brain.* Nova York, Oxford University Press.

Zeki, S. (1993). *A vision of the brain.* Cambridge, MA, Blackwell Scientific Publications.

BIOLOGIA GERAL

Barkow, J. H., L. Cosmides e J. Tooby (orgs.) (1992). *The adapted mind: evolutionary psychology and the generation of culture.* Nova York, Oxford University Press.

Bateson, P. (1991). *The development and integration of behavior: essays in honour of Robert Hinde.* Nova York, Cambridge University Press.

Edelman, G. (1988). *Topobiology.* Nova York, Basic Books.

Finch, C. E. (1990). *Longevity, senescence, and the genome.* Chicago, University of Chicago Press.

Gould, S. J. (1990). *The individuaal in Darwin's world*, Edimburgo, Edinburgh University Press.

Jacob, F. (1982). *The possible and the actual.* Nova York, Pantheon Books.

Kauffman, S. A. (1993). *The origins of order: self — organization and seletion in evolution.* Nova York, Oxford University Press.

Lewontin, R. C. (1991). *Biology as ideology: the doctrine of DNA.* Nova York, Harper Perennial.

Medawar, P. B. e J. S. Medawar (1983). *Aristotle to zoos: a philosophical dictionary of biology.* Cambridge, MA, Harvard University Press.

Purves, D. (1988). *Body and brain: a trophic theory of neural connections.* Cambridge, MA, Harvard University Press.

Salk, J. (1973). *Survival of the Wisest.* Nova York, Harper & Row.

_____. (1985). *The anatomy of reality.* Nova York, Praeger.

Stent, G. S. (org.) (1978). *Morality as a biological phenomenon.* Berkeley, University of California Press.

NEUROBIOLOCIA TEÓRICA

Changeux, J.-P. (1985). *Neuronal man: the biology of mind.* L. Garey (trad.), Nova York, Pantheon.

Crick, F. (1994). *The astonishing hypothesis: the scientific search for the soul.* Nova York, Charles Scribner's Sons.

Edelman, G. M. (1992). *Bright air, brilliant fire.* Nova York, Basic Books.

Koch, C. e J. L. Davis (orgs.) (1994). *Large-scale neuronal theories of the brain.* Cambridge, MA, Bradford Books, MIT Press.

DE INTERESSE GERAL

Blakemore, C. (1988). *The mind machine.* Nova York, BBC Books.

Johnson, G. (1991). *In the palaces of memory.* Nova York, Knopf.

Ornstein, R. e P. Ehrlich (1989). *New world new mind: moving toward conscious evolution.* Norwalk, CT, Simon and Schuster.

Restak, R. M. (1988). *The mind.* Nova York, Bantam Books.

Scientific American (1992). Edição especial sobre "Mente e cérebro".

AGRADECIMENTOS

Durante a preparação do manuscrito, tive a boa sorte de receber os conselhos de vários colegas que o leram e que ofereceram sugestões. Entre eles, contam-se Ralph Adolphs, Ursula Bellugi, Patricia Churchland, Paul Churchland, Francis Crick, Victoria Fromkin, Edward Klima, Frederick Nahm, Charles Rockland, Kathleen Rockland, Daniel Tranel, Gary van Hoesen, Jonathan Winson, Steven Anderson e Arthur Benton. Aprendi imensamente com os debates amigáveis que seus comentários proporcionaram, em especial quando, como sucedeu por vezes, não houve acordo possível. Agradeço-lhes o tempo, os conhecimentos e a sabedoria que me ofereceram, embora não tenha palavras que cheguem para agradecer a Ralph, Dan, Pat e Charles a paciência com que leram as diferentes versões dos vários capítulos e me ajudaram a melhorá-los.

A experiência sobre a qual escrevo foi sendo acumulada ao longo de um período de 25 anos, dezessete dos quais passados na Universidade de Iowa. Estou grato aos meus colegas do Departamento de Neurologia, em particular aos membros da Divisão de Neurociência Cognitiva (Hanna Damásio, Daniel Tranel, Gary van Hoesen, Arthur Benton, Kathleen Rockland, Matthew Rizzo, Thomas Grabowski, Steven Anderson, Ralph Adolphs, Antoine Bechara, Robert Jones, Joseph Barrash, Julie Fiez, Ekaterin Semendeferi, Ching-Chiang Chu, Joan Brandt e Mark Nawrot) pelo que me ensinaram ao longo dos anos e pelo espírito e competência com que me ajudaram a criar um ambiente único para a investigação do cérebro e da mente. Estou igualmente reconhecido aos doentes neurológicos que foram estudados na minha unidade (e que ultrapassam agora os 1800) pela oportunidade que me deram de compreender seus problemas.

Gostaria de poder agradecer a John Harlow pelos documentos que nos deixou sobre Phineas Gage. Os primeiros capítulos deste livro baseiam-se nesses documentos. À luz dos conhecimentos atuais, eles permitem uma série de ingerências e conjeturas interessantes, mas não estão na origem da minha descrição de mr. Adams ou das condições atmosféricas no dia do acidente, que mais não são do que liberdade literária.

Betty Redeker preparou o manuscrito com a dedicação, profissionalismo e sentido de humor que caraterizam seu trabalho. Jon Spradling e Denise Krutzfeldt ajudaram-me na pesquisa bibliográfica com sua habitual competência.

Este livro não teria sido escrito sem influência profunda de dois amigos, Michael Carlisle e Jane Isay, cujo entusiasmo e lealdade são preciosos.

As idéias, descobertas, críticas, sugestões e inspiração de Hanna Damásio são parte inseparável deste livro. É impossível agradecer-lhe sua contribuição.

ÍNDICE REMISSIVO

serotonina, 102-4
neurovisualização, uso da tecnologia de, 46
neurônios, 48-54:
"moduladores", 139-40
neurônios, interligação dos, 52-4
nevralgia do trigêmeo, 297-8
Newsome, William T., 232, 313
núcleo, 49-50

Oatley, Keith, 232, 313
Olivier, A., 310
Olivier, Laurence, 171
organismos:
ambiente e, 117-21;
relação do corpo e cérebro com, 109;
estados dos, 112-4
Ornstein, R., 319, 320
Over, D. E., 313
oxitocina, 150-1

padrões neurais dispositivos:
adquiridos, 129-32;
emoções e, 165-6;
conhecimento contido nos, 129-32
Paixões da alma, As (Descartes), 152
Pandya, D. N., 306, 312
Parker, Dorothy, 254
Pascal, Blaise, 197, 233, 271, 311, 313
Passingham, R. E., 95, 163, 305, 310
Pauker, S. G., 303
Penfield, Wilder, 82, 163, 304
pensamento feito de imagens, 134-7
Pericman, E., 310
periférico, sistema nervoso, 47
Pert, C. B., 309
Petersen, S. E., 97, 305, 306, 313
Petrides, Michael, 215, 312
peptídeo geneticamente relacionado com a calcitonina, 148
peptídeos, sentimentos e, 174-5, 190-1
placebo, efeito, 287-8
Plum, Fred, 269, 305, 306, 312
Poggio, T. A., 306
Poincaré, Henri, 221-2, 312
Posner, Jerome, 269
Posner, M. I., 97, 305, 306, 313
Powel, T. P. S., 119, 306
Pribram, K. H., 163, 310, 318

Price, B. H., 304
Princípios da filosofia (Descartes), 279-80
projeções e visões, 84
Prozac, 103-4
psicopatia/sociopatia evolutiva, 210-1
Purves, D., 319

Quesney, L. F., 310
Quinn, M. J., 313

raciocínio:
atenção, memória de trabalho e, 228-32;
influências do, e criação de ordem, 231-4;
decidir e, 197-202;
emoção e, 223-8;
sensações e, 276-8;
razão nobre sobre, abordagem da, 203-5;
intuição, 220-3;
rede neural para os marcadores-somáticos, 213-6;
origem dos marcadores-somáticos, 209-13;
fora dos domínios pessoal e social, 222-4;
marcadores-somáticos manifestos e ocultos, 217-9;
num espaço pessoal e social, 200-2;
processo de, 201-5;
hipótese de marcadores-somáticos, 205-7
Raleigh, Michael, 102, 305
Ramachandran, V. S., 307
Rauch, S. L., 307
razão nobre, ponto de vista da, 203-4
Real, Leslie, 219-20, 312
região pré-frontal ventromediana, 56-7
regulação biológica e sobrevivência:
regulação química, 146-9;
parâmetros de sobrevivência, 142-6;
impulsos e instintos, papel dos, 142-3, 151-5;
hipotálamo e, 146-8;
oxitocina, 150-1
Reitboeck, H. J., 306
representação externa auxiliar, 193

1ª EDIÇÃO [1996] 5 reimpressões

ESTA OBRA FOI COMPOSTA PELA HELVÉTICA EDITORIAL EM ENGLISH TIMES
E IMPRESSA PELA PROL EDITORA GRÁFICA EM OFF-SET SOBRE PAPEL PÓLEN SOFT
DA COMPANHIA SUZANO PARA A EDITORA SCHWARCZ EM MAIO DE 2000